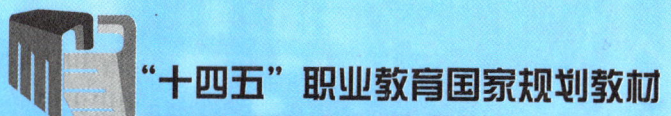

办公自动化
项目教程

（第2版）

主　编　王改香
副主编　牛文峰

北京希望电子出版社
Beijing Hope Electronic Press
www.bhp.com.cn

内 容 简 介

本书分为项目实战篇和实训操作篇,主要内容包括 Word 2019 文字处理、Excel 2019 电子表格、PowerPoint 2019 演示文稿、网络组建与 Internet 应用、Word 2019 文字处理实训、Excel 2019 电子表格实训、PowerPoint 2019 演示文稿实训、网络组建与 Internet 应用实训。

本书既可作为办公自动化课程的教材,也可作为广大在职人员提高业务水平及掌握现代办公技能的辅助用书。

图书在版编目(CIP)数据

办公自动化项目教程 / 王改香主编. —2 版. —北京:北京希望电子出版社,2022.8(2024.2 重印)
ISBN 978-7-83002-835-0

Ⅰ.①办… Ⅱ.①王… Ⅲ.①办公自动化—应用软件—教材 Ⅳ.①TP317.1

中国版本图书馆 CIP 数据核字(2022)第 151760 号

出版:北京希望电子出版社	封面:黄燕美
地址:北京市海淀区中关村大街 22 号	编辑:全 卫
中科大厦 A 座 10 层	校对:李小楠
邮编:100190	开本:787 mm×1092 mm 1/16
网址:www.bhp.com.cn	印张:18.25
电话:010-82626270	字数:378 千字
传真:010-62543892	印刷:大厂回族自治县聚鑫印刷有限责任公司
经销:各地新华书店	版次:2024 年 2 月 2 版 3 次印刷

定价:49.90 元

第2版前言

随着信息技术与计算机网络技术的迅速发展和广泛应用,越来越多的单位对工作人员的办公处理能力提出了更高的要求。学习办公自动化软件、适应信息化发展的需要,已成为目前高等职业院校各专业师生的共识。

本书第1版自2019年出版以来,深受广大教师、学生和办公自动化软件使用者的欢迎,但随着办公自动化技术的不断创新、计算机应用技术的飞速发展和教育教学改革的不断深入,部分内容已显不合时宜。特别是办公自动化的理念、内容与应用在深度和广度上都有了很大的变化。为此,本次修订从实际应用出发,以适应办公自动化技术与应用的新发展。

本次修订内容如下:

(1)挖掘和运用学科中蕴含的思政元素,促进专业课与思想政治理论课同向同行,将社会主义核心价值观、职业素养的培养融入日常教学,实现价值引领、知识传授和能力培养的有机统一。

(2)将Microsoft Office软件升级到Microsoft Office 2019版本。Microsoft Office 2019界面简洁明快,能够适应企业业务程序功能日益增多的需要,并提供了多个版本,能够适应各行各业的工作需求,得到了广泛使用。

(3)更新部分案例。力图通过与实际工作密切结合的典型案例,提高学生计算机操作能力,提升学生的信息素养,培养学生分析问题、解决问题的能力和计算思维能力。

(4)更新数字资源。发挥"互联网+教材"的优势,教材配备二维码学习资源,手机扫描教材上印制的二维码,即可获得在线的数字课程资源支持,便于学生即时学习和个性化学习。

为深入推进党的二十大精神进教材、进课堂、进头脑,坚持立德树人,培育和践行社会主义核心价值观,我们进一步修订了相关内容。修订后的教材具有更强的新颖性、科学性、实用性和可操作性,通过学习,学生能够熟练掌握Microsoft Office办公软件的各项操作,并能在实际生活和工作中进行综合应用,提高计算机应用水平和解决问题的能力。

本书由王改香任主编,牛文峰任副主编,邓文艳、李建华、裴沛、郭莹洁、王茜、王文婧、李祺、刘鹏翼参与了编写工作。

由于编者水平有限,书中存在的不足之处,恳请广大读者批评指正。

编　者

第1版前言

　　计算机在人们的工作和生活中扮演着越来越重要的角色,为了满足信息社会对高素质人才的需要,以及用人单位对毕业生掌握新知识、应用新技术的要求,本书以提高学生的综合竞争力为出发点,突出实践操作能力与职业能力的培养,将职业素养的培养融入日常教学,使学生具备较强的获取、整理、分析和共享信息的能力,以及较强的社会实践能力。

　　本书编者结合多年的教学实践经验,针对用人单位对计算机基本技能的要求精选案例,并巧妙地将知识体系和技能体系融入每一个案例,注重知识的实用性及可操作性,从基础应用开始,循序渐进,以达到提高学生的动手能力和综合应用能力的目的。在编写过程中,遵循"项目教学、案例驱动"的教学模式,采用"项目—任务"的编写方式。

　　本书分为两篇——项目实战篇和实训操作篇。项目实战篇包括4个项目,每个项目包含若干子项目,每个子项目又分解为若干任务。通过完成任务,学生可以掌握Office的基本操作方法,增强实践能力。实训操作篇也包括4个项目,每个项目包括若干实训,每个实训又都包含实训目标、实训形式、实训任务、实训时数和实训过程等内容。通过实训,学生可以快速掌握办公自动化的知识点和操作技巧,拓展知识面,提高分析问题、解决问题的能力。

　　本书内容通俗易懂,便于教师教学及学生自学,适合作为办公自动化课程的教材,也可作为提升办公技能的自学参考书。为了方便教学和自学使用,我们提供书中案例的素材与效果文件。另外,还给案例配备了相应的微课视频,学生只需要扫描书中提供的二维码便可随时观看教学视频。

　　本书由王改香任主编,牛文峰任副主编,邓文艳、李建华、裴沛、郭莹洁、王茜、王文婧参与编写工作。项目实战篇的编写分工如下:项目1由邓文艳编写,项目2由王改香编写,项目3由王改香和王文婧共同编写,项目4由牛文峰编写。实训操作篇的编写分工如下:项目5由王改香和王茜共同编写,项目6由李建华编写,项目7由裴沛编写,项目8由牛文峰和郭莹洁共同编写。

　　编者在编写本书过程中得到了许多同行的帮助,并参阅了大量的相关资料,在此向同行和相关作者表示诚挚的感谢。

　　由于编者水平有限,书中难免存在不足之处,敬请各位读者批评指正。

编　者

目录 CONTENTS

项目实战篇

项目 1　Word 2019 文字处理 ·· 2

子项目 1　创建 Word 2019 文档 ·· 2
　　任务 1　启动并认识 Word 2019 ·· 3
　　任务 2　在 Word 2019 文档中输入文本 ·· 4
　　任务 3　保存文档 ·· 6

子项目 2　杂志彩页的编排 ·· 12
　　任务 1　字符格式的设置 ·· 13
　　任务 2　段落格式的设置 ·· 13
　　任务 3　设置标题文字效果 ·· 13
　　任务 4　设置首字下沉 ·· 14
　　任务 5　设置分栏 ·· 14
　　任务 6　设置边框和底纹 ·· 15
　　任务 7　查找与替换功能的使用 ·· 16
　　任务 8　图片的插入及设置 ·· 17
　　任务 9　副标题的插入 ·· 19

子项目 3　文件的制作 ·· 24
　　任务 1　制作文件头 ·· 25
　　任务 2　处理文件正文 ·· 26
　　任务 3　制作文件尾 ·· 27

子项目 4　学生成绩单的制作 ·· 28
　　任务 1　创建表格 ·· 29
　　任务 2　制作表格中的斜线表头 ·· 30
　　任务 3　合并或拆分单元格 ·· 30
　　任务 4　调整表格的列数或行数 ·· 31
　　任务 5　计算总分 ·· 32

目 录

	任务 6 设置表格格式	32
子项目 5	**毕业论文的编排**	**36**
	任务 1 制作封面	38
	任务 2 中英文摘要设置	38
	任务 3 正文格式的设置	38
	任务 4 目录的制作	38
	任务 5 插入页码	42
	任务 6 插入页眉	44
	任务 7 文档结构图的使用	44
子项目 6	**邀请函和信封的制作**	**47**
	任务 1 邀请函的制作	48
	任务 2 信封的制作	51
子项目 7	**试卷的制作**	**56**
	任务 1 页面设置	57
	任务 2 密封区的制作	58
	任务 3 试卷标题区的制作	58
	任务 4 试题区的制作	59
	任务 5 试题中图形的制作	60

项目 2　Excel 2019 电子表格　　65

子项目 1	**制作学生成绩分析表**	**65**
	任务 1 输入数据并保存	66
	任务 2 计算总成绩	67
	任务 3 计算平均成绩	69
	任务 4 总评	69
	任务 5 排名次	70
	任务 6 求每门课程的最高分	71
	任务 7 求每门课程的最低分	71
	任务 8 工作表改名并复制	72
	任务 9 设定条件格式	72
	任务 10 工作表及单元格的保护	73
	任务 11 单元格格式的设置	74
	任务 12 数据筛选	77
	任务 13 页面设置及打印	78
子项目 2	**制作职工工资表**	**89**
	任务 1 生成职工表、职务工资表、通信交通午餐补助表、考核表	90
	任务 2 生成职工工资表	92

任务 3	生成职工工资条	93
任务 4	统计各部门实发工资的总和及平均值	95
任务 5	创建图表	96
任务 6	修饰图表	99

项目 3　PowerPoint 2019 演示文稿 ……………………………… 109

子项目 1　制作标题页 …………………………………………………… 109
　　任务 1　启动并认识 PowerPoint 2019 ……………………………… 110
　　任务 2　制作标题幻灯片 …………………………………………… 113
　　任务 3　制作目录页幻灯片 ………………………………………… 119
　　任务 4　保存文件 …………………………………………………… 121

子项目 2　设计母版及制作第三张幻灯片 …………………………… 124
　　任务 1　设计母版 …………………………………………………… 125
　　任务 2　制作"公司概况"幻灯片 …………………………………… 129

子项目 3　制作第四、五、六张幻灯片 ………………………………… 134
　　任务 1　制作"管理机构"幻灯片 …………………………………… 134
　　任务 2　制作"经营状况"表格幻灯片 ……………………………… 138
　　任务 3　制作"经营状况"图表幻灯片 ……………………………… 140

子项目 4　制作第七、八、九张幻灯片 ………………………………… 144
　　任务 1　制作"公司一览"幻灯片 …………………………………… 145
　　任务 2　制作"文化宣传"幻灯片 …………………………………… 146
　　任务 3　制作结束页 ………………………………………………… 151

子项目 5　进行幻灯片切换等设置 …………………………………… 153
　　任务 1　设置幻灯片切换方式 ……………………………………… 154
　　任务 2　设置超链接导航 …………………………………………… 154
　　任务 3　插入 Flash 动画 …………………………………………… 155
　　任务 4　打印演示文稿 ……………………………………………… 156

项目 4　网络组建与 Internet 应用 ……………………………… 163

子项目 1　小型局域网的组建 ………………………………………… 163
　　任务 1　认识计算机网络 …………………………………………… 164
　　任务 2　小型办公网络的组建 ……………………………………… 166

子项目 2　Internet 应用 ………………………………………………… 170
　　任务 1　认识 Internet ……………………………………………… 171
　　任务 2　使用搜索引擎进行信息检索 ……………………………… 174
　　任务 3　电子邮件的使用 …………………………………………… 178
　　任务 4　使用即时通信软件在线交流 ……………………………… 180

实训操作篇

项目 5　Word 2019 文字处理实训 ································· 184

实训 1　校园小报的制作 ·· 184
- 操作 1　页面设置 ··· 185
- 操作 2　刊头设计 ··· 186
- 操作 3　第一篇文章的格式设置 ··· 187
- 操作 4　第二篇文章的格式设置 ··· 187
- 操作 5　第三篇文章的格式设置 ··· 188
- 操作 6　第四篇文章的格式设置 ··· 189
- 操作 7　插入配有古诗的椭圆形图片 ··································· 189

实训 2　学历认证申请登记表的制作 ······································ 190
- 操作 1　表名及声明内容的录入 ··· 191
- 操作 2　认证人基本信息的录入 ··· 192
- 操作 3　学历基本信息表格的制作 ······································ 192
- 操作 4　认证情况的制作 ··· 193

实训 3　公司文件的制作 ·· 194
- 操作 1　制作文件头 ·· 195
- 操作 2　制作文件正文 ··· 196
- 操作 3　制作文件尾 ·· 196

实训 4　带照片准考证的制作 ·· 197
- 操作 1　主文档的页面设置 ·· 198
- 操作 2　主文档表格的制作 ·· 198
- 操作 3　主文档表格中文字的录入 ······································ 200
- 操作 4　创建数据源 ·· 201
- 操作 5　插入合并域(除照片以外) ······································ 202
- 操作 6　插入照片合并域 ··· 203

实训 5　科技公司员工手册的制作 ··· 206
- 操作 1　基本格式的设置 ··· 208
- 操作 2　封面设计 ··· 208
- 操作 3　组织结构图的设计和制作 ······································ 210
- 操作 4　员工考勤记录表的制作 ··· 212
- 操作 5　添加水印 ··· 213
- 操作 6　设置各级标题样式 ·· 214
- 操作 7　插入目录 ··· 214

操作 8	页眉设置	215
操作 9	页脚设置	216
操作 10	插入页码	216

项目 6　Excel 2019 电子表格实训　218

实训 1　员工基本资料表的制作　218
操作 1　创建工作簿　219
操作 2　输入数据　219
操作 3　设置表格　220
操作 4　移动或复制工作表　220
操作 5　高级筛选　221

实训 2　员工考核表的制作　223
操作 1　新建员工考核表　224
操作 2　输入员工考核表的基本数据　224
操作 3　使用函数排名及计算是否获年度奖金　224
操作 4　使用函数计算平均分和最高分　225
操作 5　设置表格样式　226
操作 6　插入图表　226
操作 7　增加系列　227

实训 3　销售统计表的制作　229
操作 1　新建销售统计表　230
操作 2　利用公式计算销售金额　230
操作 3　删除重复项　230
操作 4　定义名称及使用函数 SUMIF 计算各公司销售金额的总和　231
操作 5　定义名称及使用函数 SUMIF 计算产品销售数量的总和　232
操作 6　分类汇总　233
操作 7　利用数据透视表　234

实训 4　员工工资管理表的制作　236
操作 1　制作基本工资标准表　237
操作 2　制作基本工资表　238
操作 3　制作职务工资表　239
操作 4　制作补贴标准表　240
操作 5　制作补贴表　240
操作 6　制作缺勤扣款及奖金表　241
操作 7　制作工资明细表　243
操作 8　制作工资条　244

目 录

项目 7　PowerPoint 2019 演示文稿实训　247

实训 1　"教师节庆祝及表彰大会"演示文稿的制作　247
- 操作 1　新建演示文稿　248
- 操作 2　输入文字并插入 logo　249
- 操作 3　logo 及文字动画的设置　249
- 操作 4　插入 8 个正方形　249
- 操作 5　制作第一个紫色的正方形动画效果　250
- 操作 6　为第二、三个正方形添加动画效果　252
- 操作 7　制作第四个到第八个正方形的动画效果　253
- 操作 8　编辑窗口外的正方形的动画效果　254

实训 2　PowerPoint 线条动画的制作　255
- 操作 1　简单线条动画的制作　256
- 操作 2　复杂线条动画的制作　257

项目 8　网络组建与 Internet 应用实训　264

实训 1　浏览器的使用　264
- 操作 1　搜索"组装计算机 配件清单 5000 元"　265
- 操作 2　搜索"五笔输入法"教学视频　266
- 操作 3　搜索 logo 图片　266
- 操作 4　使用百度产品——百度翻译　268

实训 2　双绞线的制作　269
- 操作 1　认识网线制作材料与工具　269
- 操作 2　排列线序　270
- 操作 3　网线处理　271
- 操作 4　连接水晶头与电缆　272
- 操作 5　连通性测试　273
- 操作 6　连接计算机与设备　273

实训 3　打印机共享　274
- 操作 1　安装并共享本地打印机　274
- 操作 2　安装网络打印机　277
- 操作 3　打印机的基本设置　278

项目实战篇

- 项目 1　Word 2019 文字处理
- 项目 2　Excel 2019 电子表格
- 项目 3　PowerPoint 2019 演示文稿
- 项目 4　网络组建与 Internet 应用

项目 1

Word 2019 文字处理

随着信息技术的普及,人们在日常生活、工作、学习中用到的图文信息越来越多地通过计算机进行加工处理,形成电子文档。使用图文编辑软件对这些信息进行加工表达,已经成为现代生活的必备技能。

图文编辑软件有很多,合理选择使用工具软件,能使图文编辑更高效。WPS Office 和 Microsoft Word 是主流的文字处理软件。WPS Office 是由北京金山办公软件股份有限公司自主研发的一款办公软件套装,可以实现办公软件最常用的文字、表格、演示、PDF 阅读等多种功能,具有内存占用低、运行速度快、云功能多等优点。Microsoft Word 是 Office 办公软件中功能最强的软件之一,它主要用于文字处理,工作界面友好,不仅能够制作常用的文本、信函、备忘录等,还专门为用户提供了许多应用模板。

子项目 1 创建 Word 2019 文档

项目描述

小王在新力公司的办公室工作,经常需要处理各种办公文件、商业资料及信函,因此必须熟练掌握 Word 2019 的操作方法。

学习目标

(1)学会启动和退出 Word 2019,熟悉 Word 2019 的工作界面。
(2)学会用键盘输入文档内容(包括英文、中文、数字和各种符号)。
(3)掌握文档的新建、打开、保存及退出的方法。

项目实施

任务 1　启动并认识 Word 2019

视频讲解

1. 启动 Word 2019

执行"开始"→"所有程序"→"Word"命令,或双击桌面 Word 2019 快捷图标 ,即可启动 Word 2019。

2. 认识 Word 2019 的工作界面

Word 2019 的工作界面主要由标题栏、快速访问工具栏、组、标尺、文档编辑区、对话框启动器、滚动条、任务窗格及状态栏几部分组成(图 1-1)。Office 软件的其他组件也采用了类似的界面,熟悉了一种,对其他组件的界面也就不会感到陌生。

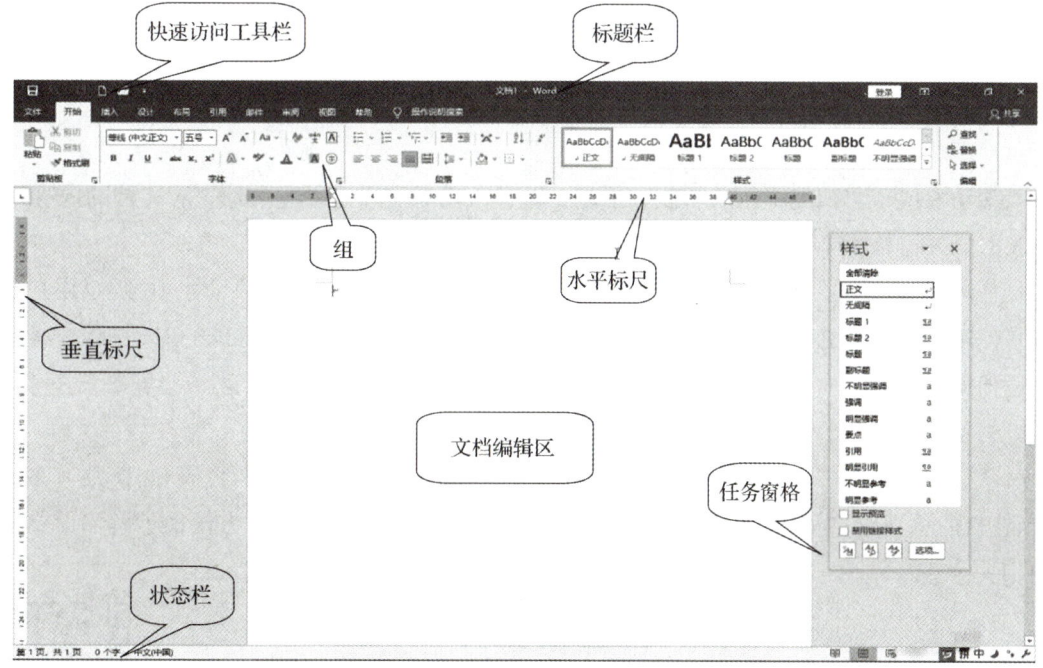

图 1-1　Word 2019 的工作界面

1)标题栏

标题栏是位于工作界面最上方的蓝色长条区域,中间区域显示文件的名称和软件名称,右边是"登录""组显示选项""最小化""向下还原""关闭"五个按钮。

2)快速访问工具栏

Word 2019 的快速访问工具栏中通常放置一些常用的命令,如保存、撤销,用户也可以根据需要自定义快速访问工具栏中的工具。

单击快速访问工具栏右侧的小三角,会弹出下拉命令菜单。在该命令菜单中可以看到一些命令前面有"√"标记,这表明该命令已在工具栏中显示。用户可以根据需要显示或隐藏某个命令。

3)组

组是位于窗口上方的长方形区域,它用于转换常用的功能按钮及下拉菜单等调整设置工具。组中包含多个选项卡,单击不同的选项卡即可显示相应的工具集合。选项卡包括"文件""开始""插入""设计""布局""引用""邮件""审阅""视图"等。

4)标尺

标尺位于文档编辑区的上边和左边,分水平标尺和垂直标尺两种。

5)文档编辑区

文档编辑区位于窗口中央,用来输入、编辑文本和绘制图形。闪烁的光标为插入点,它表示当前输入的位置。

6)对话框启动器

虽然 Word 的大多数功能都可以在组中找到,但仍有一些设置项目需要用到对话框。在组每个区域的右下角都有一个 按钮,我们称它为对话框启动器,单击这个按钮即可打开该组域对应的对话框。

7)滚动条

滚动条位于文档编辑区的右侧和下端。调整滚动条可以上下左右地查看文档的内容。

8)任务窗格

任务窗格集中了 Word 2019 应用程序的一些常用命令。由于它的尺寸小,所以用户可以在使用这些命令的同时继续处理文件。任务窗格可以被看成一种特殊的对话框,并被拖到任何位置。

9)状态栏

状态栏主要用来显示已打开的 Word 文档的当前状态,如当前文档页码、文档共有多少节、文档的总页码、当前光标的位置等信息。用户通过状态栏可以非常方便地了解当前文档的相关信息。

任务 2　在 Word 2019 文档中输入文本

视频讲解

Word 2019 有两种输入模式:一是插入模式,二是改写模式。系统默认的是插入模式。如果在状态栏中没有显示插入或改写字样,可以在状态栏的空白处右击,在弹出的快捷菜单中选择"改写"选项,然后在状态栏中就可以看到插入或改写字样。

在插入模式下输入一个字符,它将显示在光标当前指向字符之前,而光标将和它指向的字符一起后移一个字符的位置。在改写模式下,输入的字符将覆盖光标当前指向的字符,同时光标后移指向下一个字符。

按 Insert 键,插入模式将转换为改写模式,再次按 Insert 键,又回到插入模式。

Word 2019 有自动换行功能,写满一行后,光标会自动移向下一行,所以在输入过程中不必为换行进行任何操作。若需另起一段,则应按 Enter 键。

单击"插入"选项卡的"符号"组中的"符号"下拉按钮Ω,在打开的下拉列表中选择"其他符号"选项,打开"符号"对话框(图 1-2),选中需要插入的符号,单击"插入"按钮,即可在文档中插入符号。

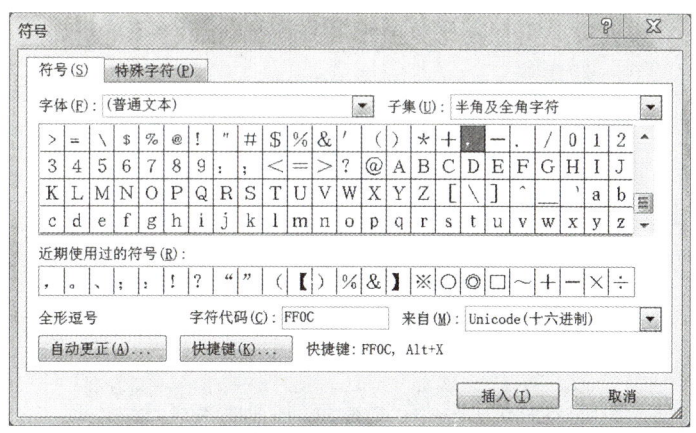

图 1-2 "符号"对话框

单击"插入"选项卡的"文本"组中的"日期和时间"按钮,打开"日期和时间"对话框(图 1-3),在"可用格式"列表框中选定一种格式,单击"确定"按钮。

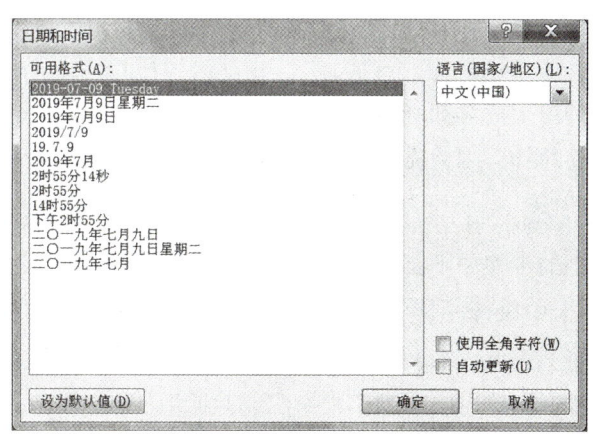

图 1-3 "日期和时间"对话框

输入图 1-4 所示的内容。

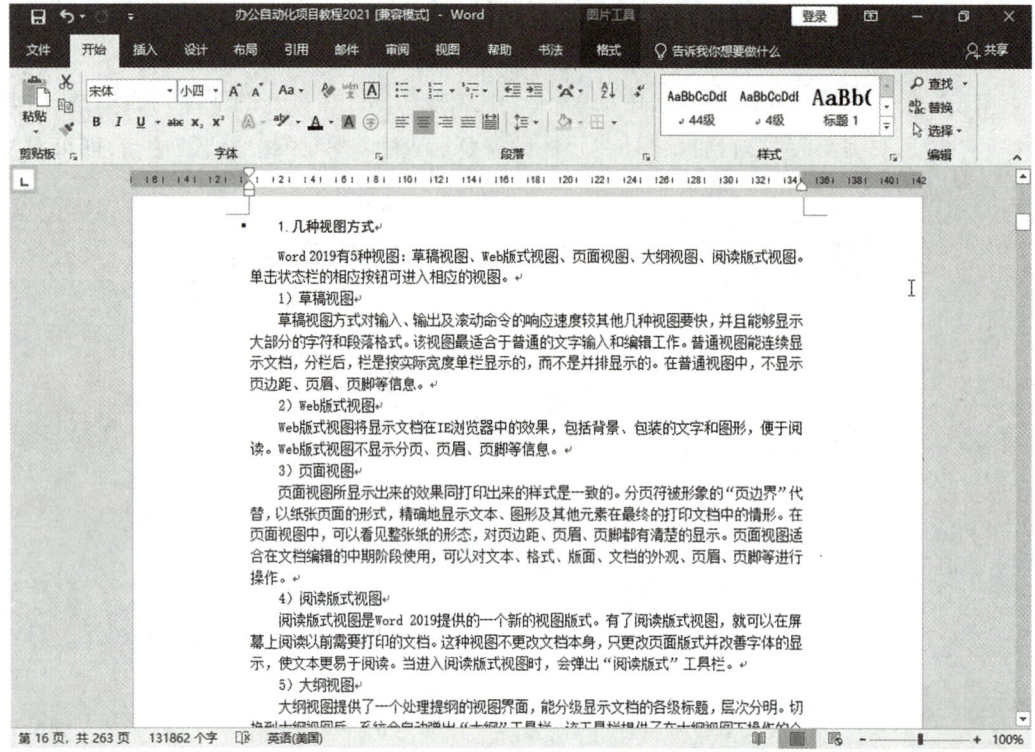

图 1-4　需要输入的文本

任务 3　保存文档

文档的编辑操作都是在计算机内存中进行的，如果突然断电或发生系统错误，所编辑的文档就会丢失，因此需要经常保存文档。

视频讲解

1. 保存未命名的文档

保存未命名的文档的步骤如下：

(1)在"文件"选项卡中执行"保存"命令或者单击快速访问工具栏中的"保存"按钮，将弹出"另存为"界面(图 1-5)。

(2)单击该界面中的"浏览"按钮，弹出"另存为"对话框(图 1-6)，选择文档要存放的路径或文件夹。

(3)在"文件名"文本框中输入要保存文档的名称(通常默认的文件名是文档中的第一句)。

(4)在"保存类型"下拉列表框中选择要保存文档的文件格式。

(5)设置完成后，单击"保存"按钮，即可完成保存操作。

另外，按 Ctrl＋S 组合键，也可以对文件进行保存。

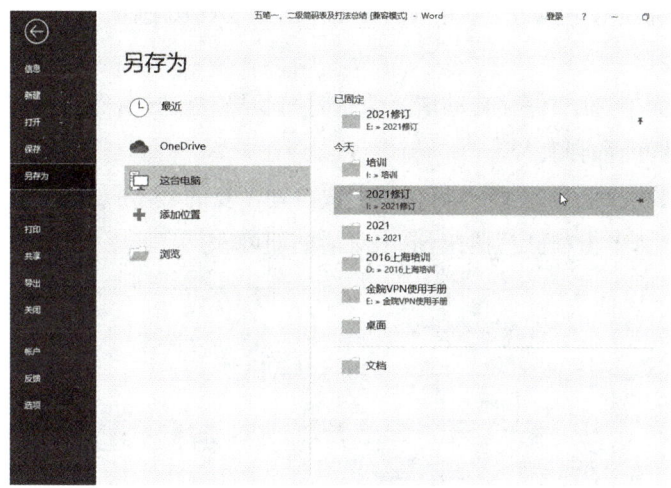

图 1-5 "另存为"界面

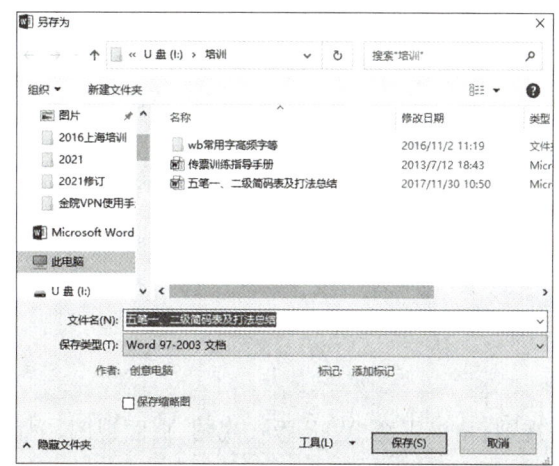

图 1-6 "另存为"对话框

2. 保存已有的文档

保存已有的文档有两种形式：一种是覆盖原文档进行保存，另一种是另建文件名进行保存。

（1）如果对已保存过的文档的修改进行保存，只要按 Ctrl＋S 组合键或者单击快速访问工具栏中的"保存"按钮即可。

（2）如果不想改变原文档，但是修改后的文档还需要进行保存，则执行"文件"选项卡中的"另存为"命令，在弹出的"另存为"对话框中为文档另外命名，然后保存即可。

3. 自动保存文档

Word 2019 提供了自动保存功能，每隔一段时间，系统会自动保存文档，用户也可根据需要设置文档的保存选项。

(1)在"文件"选项卡中执行"选项"命令,在弹出的"Word 选项"对话框中选择"保存"选项(图 1-7)。

(2)在右侧界面中选中"保存自动恢复信息时间间隔"复选框,然后在右侧的微调框中设置两次自动保存的间隔时间。

(3)选中"如果我没保存就关闭,请保留上次自动恢复的版本"复选框。

(4)设置完成后,单击"确定"按钮,退出对话框即可。

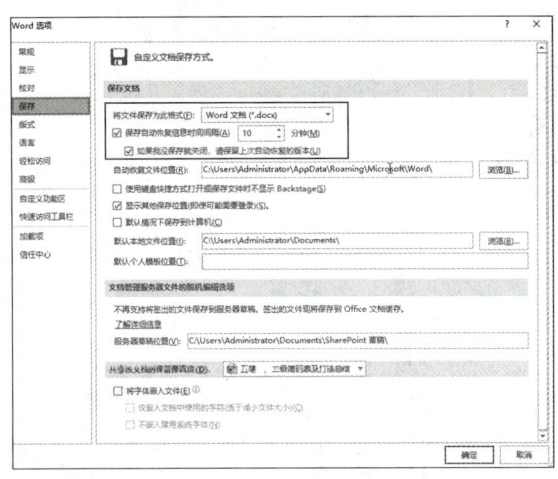

图 1-7 "Word 选项"对话框

知识链接

1. 几种视图方式

Word 2019 有 5 种视图:草稿视图、Web 版式视图、页面视图、阅读视图和大纲视图。单击"视图"选项卡的"视图"组中的相应按钮即可进入相应的视图。

1)草稿视图

草稿视图方式对输入、输出及滚动命令的响应速度较其他几种视图要快,并且能够显示大部分的字符和段落格式。该视图最适合于普通的文字输入和编辑工作。草稿视图能连续显示文档,分栏后,栏是按实际宽度单栏显示的,而不是并排显示。在草稿视图中,不显示页边距、页眉、页脚等信息。

2)Web 版式视图

Web 版式视图将显示文档在 IE 浏览器中的效果,包括背景、包装的文字和图形,便于阅读。Web 版式视图不显示分页、页眉、页脚等信息。

3)页面视图

页面视图所显示出来的效果同打印出来的效果是一致的。分页符被形象的"页边界"代替,以纸张页面的形式精确地显示文本、图形及其他元素在最终的打印文档中的样子。在页面视图中,可以看见整张纸的形态,对页边距、页眉、页脚都有清楚的显示。页面视图适合在文档编辑的中期阶段使用,可以对文本、格式、版面、文档的外观、页眉、页脚等进行操作。

4)阅读视图

有了阅读视图,就可以在屏幕上阅读以前需要打印出来阅读的文档。这种视图不改变文档本身内容,只更改页面版式并改善字体的显示,使之更易于阅读。进入阅读视图时,系统会弹出阅读版式工具栏。

5)大纲视图

大纲视图提供了一个处理提纲的视图界面,能分级显示文档的各级标题,层次分明。切换到大纲视图后,系统会自动弹出大纲工具栏,该工具栏提供了在大纲视图下操作的全部功能。

2. 打开文档

如果想再次编辑以前的文档,就需要将该文档打开。

1)打开已有的文档

执行"文件"选项卡中的"打开"命令(或者单击快速访问工具栏中的"打开"按钮),在出现的"打开"界面中,单击"浏览"按钮,弹出"打开"对话框,选择需要的文档后单击"打开"按钮,即可将文档打开。

2)打开最近的文档

在"打开"界面中,界面的右侧分别列出"今天""昨天""本周""上周""更早"使用过的文件,单击列表中任意一个文件名,文件便被打开。

3. 选取文本

选取文本的目的就是为了能够更方便地执行文本的移动、删除、复制等编辑工作。

1)运用鼠标选取文本

(1)将光标置于要选取的文字前,按下鼠标向后拖动,即可选取文字。

(2)在一个词内或文字上双击,可选取整个词或文字。

(3)在一段文本内单击三次,可选取整个段落。

(4)将光标置于句首,当光标变为 形状时单击,可选取整行文字。

(5)将光标置于句首,当光标变为 形状时双击,可选取整段文字。

2)运用键盘选取文本

(1)将光标置于被选文本的前(后)面,在按住 Shift 键的同时,按→或←方向键,可向后或向前选定文本。

(2)如果要实现文本的竖向选择,则应在按住 Shift 键的同时,按↑或↓方向键。

(3)按 Ctrl+A 组合键,可选取整篇文档。

(4)单击"开始"选项卡的"编辑"组中的"选择"下拉按钮 ,在弹出的下拉列表中选择"全选"选项,即可实现整篇文档的选取。

4. 删除、复制、粘贴、撤销和恢复文本

1）删除文本

（1）将光标置于要删除文字的后面，按 Backspace 键，即可删除文字。

（2）将光标置于要删除文字的前面，按 Delete 键，即可删除文字。

（3）如果需要修改整行的文字，可以先选取该行文本，按 Delete 键将其删除，然后输入正确的文字。

2）复制和粘贴文本

（1）选取要复制的文本。

（2）单击"开始"选项卡的"剪贴板"组中的"复制"按钮（按 Ctrl＋C 组合键），或者右击，在弹出的快捷菜单中选择"复制"选项，即可复制所选取的文本。

（3）将光标置于需要粘贴的位置。

（4）单击"开始"选项卡的"剪贴板"组中的"粘贴"按钮（按 Ctrl＋V 组合键），或者右击，在弹出的快捷菜单中选择合适的粘贴选项，即可将刚刚复制的内容粘贴到目标位置。

3）撤销和恢复操作

（1）运用光标选取文档内容。

（2）按 Delete 键，选取的文档被删除。

（3）单击快速访问工具栏中的"撤消"按钮（或者按 Ctrl＋Z 组合键），可撤销前一次删除文档的操作。

（4）单击快速访问工具栏中的"恢复"按钮（或者按 Ctrl＋Y 组合键），可返回到删除文档后的效果。

5. 设置页面格式和内容

利用"布局"选项卡的"页面设置"组中的工具可以对页边距、纸张方向、纸张大小、文字方向等内容进行设置。

此外，还可以单击"页面设置"组的对话框启动器，在打开的"页面设置"对话框中对页边距、纸张大小、纸张方向等进行设置。

1）设置页边距

（1）单击"布局"选项卡的"页面设置"组中的"页边距"下拉按钮。

（2）在弹出的下拉列表中，既可以选择合适的页边距，也可以选择"自定义边距"选项，在弹出的"页面设置"对话框的"页边距"选项组中设置"上""下""左""右"微调框中的数值，以确定文字与页面边缘的距离。

2）设置纸张方向

（1）单击"布局"选项卡的"页面设置"组中的"纸张方向"下拉按钮。

（2）在弹出的下拉列表中选择"横向"或"纵向"选项。在一篇文档中可以同时使用"横向"和"纵向"两种设置。当需要改变部分文档的纸张方向时，首先选取这部分文档，然后单击"页面设置"组的对话框启动器，弹出"页面设置"对话框，在"纸张方向"选项组中设置纸张

方向，在"应用于"下拉列表框中选择"所选文字"选项，单击"确定"按钮即可。

3）设置纸张大小

（1）单击"布局"选项卡的"页面设置"组中的"纸张大小"下拉按钮。

（2）在弹出的下拉列表中选择需要的纸张类型。

（3）如果需要自定义纸张大小，则选择"其他页面大小"选项，然后在弹出的"页面设置"对话框的"纸张"选项卡中对"宽度"和"高度"进行设置。

4）设置文字方向

（1）单击"布局"选项卡的"页面设置"组中的"文字方向"下拉按钮。

（2）在弹出的下拉列表中有"水平""垂直""将所有文字旋转90°""将所有文字旋转270°""将中文字符旋转270°"五个选项可供选择。

（3）如果选择下拉列表中的"文字方向选项"选项，将弹出"文字方向-主文档"对话框，在该对话框中可以对文字方向进行设置。

5）设置页面垂直对齐方式

页面垂直对齐方式是以整个页面为对象单位的，它决定了段落文字相对于上页边距和下页边距的位置。

（1）单击"页面设置"组的对话框启动器，弹出"页面设置"对话框，单击"版式"选项卡。

（2）在"垂直对齐方式"下拉列表框中选择所需的对齐方式。

6. 打印预览

执行"文件"选项卡中的"打印"命令，文档编辑区变为打印预览视图显示状态。打印预览窗口会显示出文档打印后的外观效果，在默认的情况下，该视图会显示出完整的页面，可以缩小或放大视图进行预览。

7. 打印文档

Word 2019有两种打印方法：一种是单击快速访问工具栏中的"快速打印"按钮进行打印，这种打印方法可以实现将全部文档打印一份；另一种是执行"文件"→"打印"命令，在右侧界面中出现关于打印设置的列表，根据打印要求，选择相应的选项即可。

（1）单击"份数"后面的增减按钮设置打印份数，或者直接在"份数"微调框中输入要打印的份数。

（2）单击"打印机"选项后面的小三角按钮，在弹出的下拉列表中选择所要使用的打印机，如果要使用当前所选择的打印机的附加选项，可单击"打印机属性"按钮，然后在打开的对话框中进行所需要的设置。

（3）"设置"选项组的第一个下拉列表用来设置打印范围，打印范围包括"打印所有页""打印所选内容""打印当前页"和"自定义打印范围"。如果要打印指定范围的文档，可选择"自定义打印范围"选项，并在其下侧的"页数"文本框中输入对应的页面的编号。如果要打印不连续的页面，则可输入页号，并以逗号分隔。对于某个范围的连续编号，可以输入该范围的起始编号和终止编号，并以连字符相连。例如，如果要打印第2、5、6和7页文档，则可以在"页数"右面的文本框中输入"2,5-7"。

(4)"设置"选项组的第二个下拉列表用来设置单面打印或手动双面打印。

(5)"设置"选项组的第三个下拉列表用来设置打印顺序。

(6)"设置"选项组的第五个下拉列表用来设置打印方向是横向或纵向。

(7)"设置"选项组的第五个下拉列表用来设置打印纸张大小。

(8)"设置"选项组的第六个下拉列表用来设置页面边距。

(9)"设置"选项组的第七个下拉列表用来设置一张纸缩打多页文档。

子项目 2　杂志彩页的编排

项目描述

新力公司要出一本关于树立远大理想、信念,树立正确的人生观、世界观、职业观方面的小册子。小王上网查了查,了解到用 Word 文字处理软件也可以做出漂亮的杂志彩页或电子报。本子项目就是小王所做的小册子中的一页(图 1-8)。

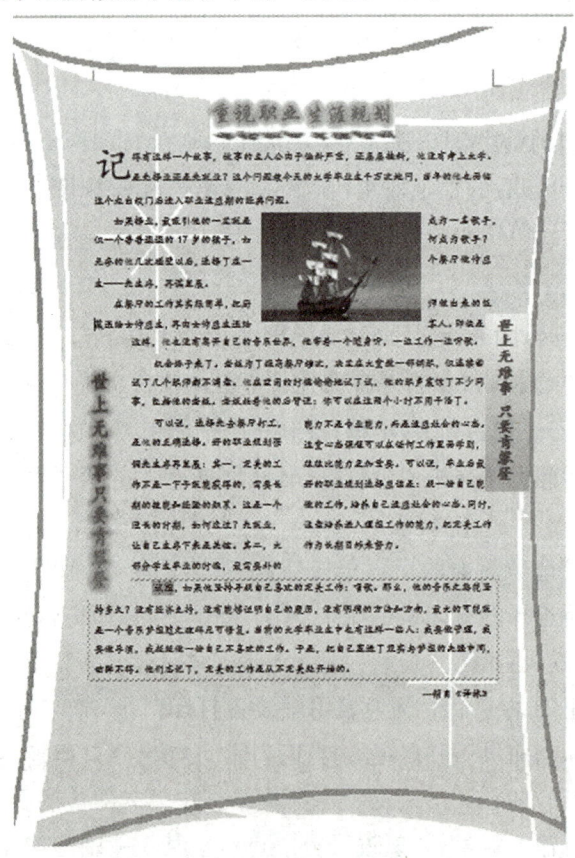

图 1-8　小册子的彩页样式

项目 1　Word 2019 文字处理

学习目标

(1) 学会设置文本的字符格式和段落格式。
(2) 学会设置首字下沉。
(3) 学会分栏操作。
(4) 学会设置边框和底纹。
(5) 学会查找与替换功能的使用。
(6) 学会插入和设置图片。
(7) 学会设置艺术字与文本框的格式。
(8) 树立正确的人生观、世界观、价值观,为民族复兴、国家强盛做出自己的贡献。

项目实施

任务 1　字符格式的设置

字符格式的设置步骤如下:

(1) 打开文件,将光标定位于行首,按 Enter 键,这样就有了输入文章标题的位置。输入文章的标题,然后将标题选中,在"开始"选项卡的"字体"组中设置字体为"华文楷体",字号为"小一",字体颜色为"蓝色"。

视频讲解

(2) 将其他文字内容选定,设置字体为"楷体",字号为"五号",字体颜色为"深蓝色"。

任务 2　段落格式的设置

段落格式的设置步骤如下:

(1) 将光标定位于第一行,单击"开始"选项卡的"段落"组中的"居中"按钮，将标题的对齐方式设置为"居中";将光标定位于最后一行,单击"右对齐"按钮，将正文的对齐方式设置为"右对齐"。

视频讲解

(2) 将除标题行外的其他文字内容选定,单击"段落"组的对话框启动器,弹出"段落"对话框,在"缩进和间距"选项卡的"特殊格式"下拉列表中选择段落的缩进方式为"首行缩进",在"磅值"微调框中输入"2 字符"。

任务 3　设置标题文字效果

(1) 选定标题文字,单击"开始"选项卡的"字体"组的对话框启动器,打开"字体"对话框,单击"文字效果"按钮,弹出"设置文本效果格式"窗格(图 1-9)。

视频讲解

(2) 选择"文字效果"下拉列表中的"阴影"选项,然后在"预设"下拉列表中选择一种样式。

(3)选择"文字效果"下拉列表中的"发光"选项,然后在"预设"下拉列表中选择一种样式。例如,选择第 2 行第 4 列的样式(图 1-9)。

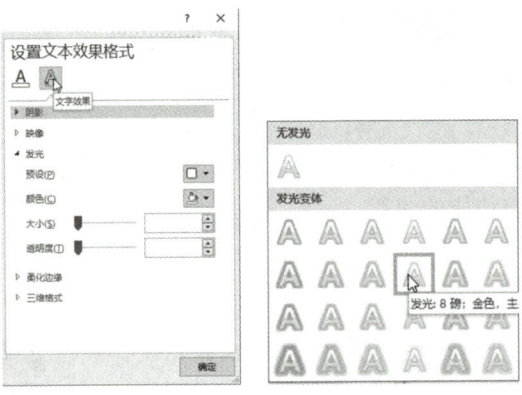

图 1-9　设置文本效果格式

任务 4　设置首字下沉

设置首字下沉的步骤是:将光标定位于第一段,单击"插入"选项卡的"文本"组中的"首字下沉"下拉按钮,在弹出的下拉列表(图 1-10)中选择"首字下沉选项"选项,弹出"首字下沉"对话框(图 1-11),设置"位置"为"下沉","下沉行数"为 2,单击"确定"按钮。

视频讲解

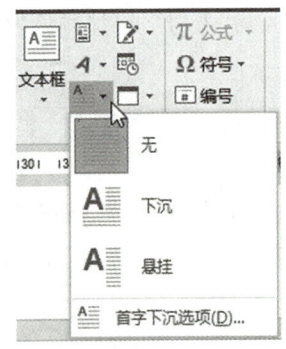

图 1-10　"首字下沉"下拉列表

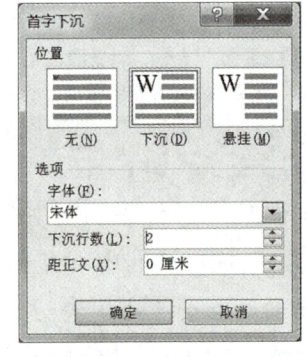

图 1-11　"首字下沉"对话框

任务 5　设置分栏

设置分栏的步骤是:选定文档的第五段,单击"布局"选项卡的"页面设置"组中的"栏"下拉按钮,在弹出的下拉列表(图 1-12)中选择其中一种;或者选择"更多栏"选项,弹出"栏"对话框(图 1-13),在"预设"选项组中选择"两栏"选项,单击"确定"按钮。

视频讲解

项目 1　Word 2019 文字处理

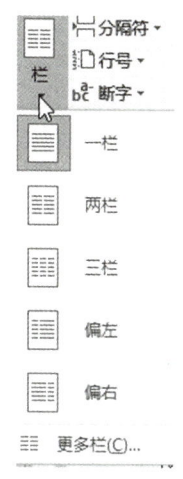

图 1-12　"栏"下拉列表

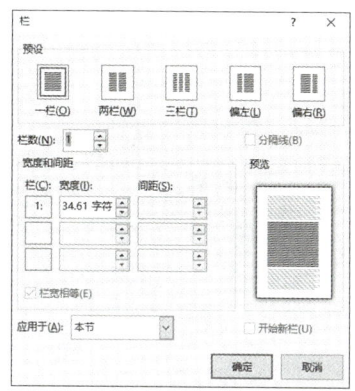

图 1-13　"栏"对话框

任务 6　设置边框和底纹

视频讲解

设置边框和底纹的步骤如下：

(1)选定文档最后一段的"试想"两字，单击"开始"选项卡的"段落"组中的"边框"下拉按钮，在弹出的下拉列表中选择"边框和底纹"选项，弹出"边框和底纹"对话框，切换到"底纹"选项卡(图 1-14)，设置"填充"为"浅绿"，"样式"为 12.5%，"颜色"为"深红"，"应用于"为"文字"，然后单击"确定"按钮。

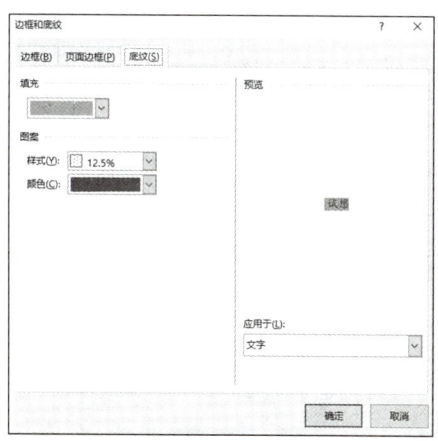

图 1-14　"底纹"选项卡

(2)选定文档的最后一段，单击"开始"选项卡的"段落"组中的"边框"下拉按钮，在弹出的下拉列表中选择"边框和底纹"选项，弹出"边框和底纹"对话框，切换到"边框"选项卡(图1-15)，在"设置"选项组中选择"方框"选项，设置"样式"为"波浪线"，"颜色"为"绿色"，"宽度"为 0.75 磅，"应用于"为"段落"，然后单击"确定"按钮。

15

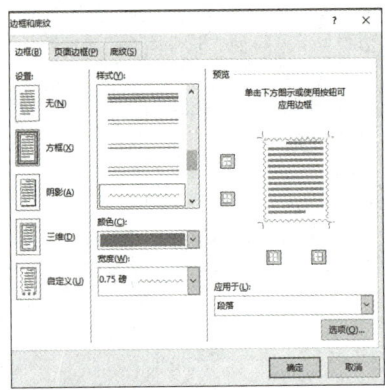

图 1-15 "边框"选项卡

任务 7 查找与替换功能的使用

(1)单击"开始"选项卡的"编辑"组中的"替换"按钮 ,弹出"查找和替换"对话框(图 1-16),在"查找内容"文本框中输入"他"。

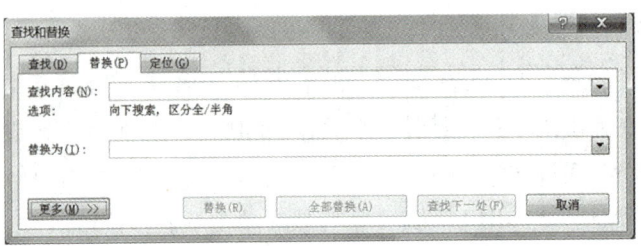

图 1-16 "查找和替换"对话框

(2)在"替换为"文本框中单击,然后单击"更多"按钮,在弹出的界面中单击"格式"按钮(图 1-17),在弹出的下拉列表中选择"字体"选项,弹出"查找字体"对话框(图 1-18),设置"字体颜色"为"绿色","下划线颜色"为"绿色","着重号"为".",然后单击"确定"按钮,返回"查找和替换"对话框。

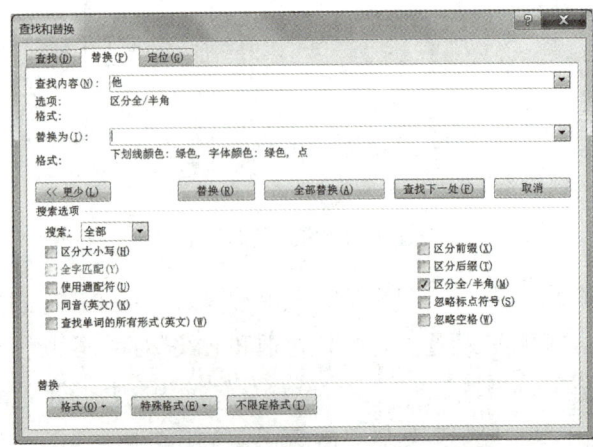

图 1-17 单击"格式"按钮

项目 1　Word 2019 文字处理

图 1-18　"查找字体"对话框

（3）单击"全部替换"按钮，弹出提示对话框（图 1-19），显示已完成对文档的全部搜索和替换。

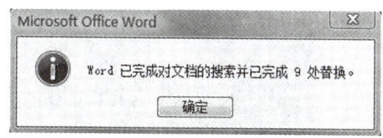

图 1-19　提示对话框

任务 8　图片的插入及设置

图片的插入及设置步骤如下：

（1）单击"插入"选项卡的"插图"组中的"图片"按钮，在弹出的"插入图片"对话框（图 1-20）中选择要插入的图片所在的文件夹，选中要插入的图片文件，然后单击"插入"按钮。

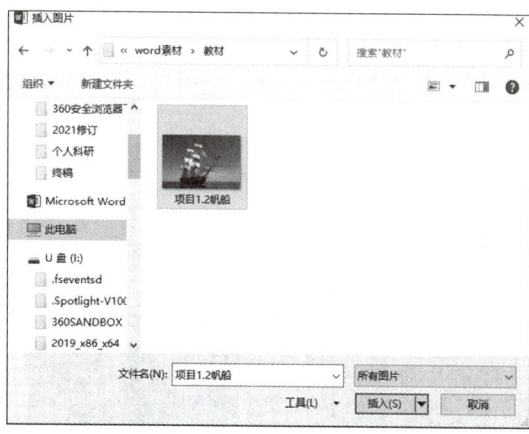

图 1-20　"插入图片"对话框

（2）插入图片后，同时会在选项卡中显示"图片工具-格式"选项卡（图 1-21），单击该选项卡中的按钮可以对图片的颜色、对比度、亮度、裁剪、旋转、边框及环绕文字等进行设置。

17

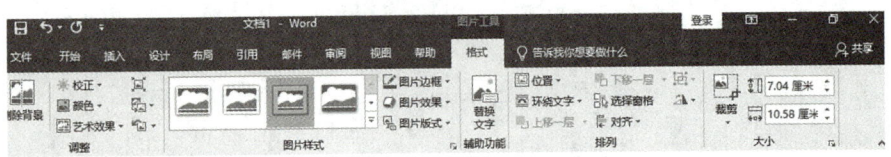

图 1-21 "图片工具-格式"选项卡

（3）单击"排列"组中的"环绕文字"下拉按钮，在弹出的下拉列表中选择"四周型"选项（图 1-22）；或者在插入图片后，在图片的右侧有一个"布局选项"按钮（图 1-23）。单击该按钮，会弹出"布局选项"列表，然后选择"四周型"选项。

图 1-22 "环绕文字"下拉列表　　　　　　图 1-23 "布局选项"按钮

（4）单击"插入"选项卡的"插图"组中的"联机图片"按钮，在文档窗口的右边出现"联机图片"对话框（图 1-24），在"联机图片"下面的文本框中输入要搜索的关键字"背景"，然后按 Enter 键，在弹出的界面中找到要插入的图片，双击，即可将其插入当前文档，同时也会显示"图片工具-格式"选项卡。单击"排列"组中的"环绕文字"下拉按钮，在弹出的下拉列表中选择"衬于文字下方"选项，将其作为文档的背景。

图 1-24 "联机图片"对话框

任务 9　副标题的插入

1. 利用艺术字插入副标题

利用艺术字插入副标题的步骤如下：

（1）单击"插入"选项卡的"文本"组中的"插入艺术字"下拉按钮，在弹出的"艺术字"下拉列表中选择第 3 行的第 3 个样式（图 1-25），接着出现"请在此放置您的文字"虚线框（图 1-26），在框中输入副标题的内容"世上无难事只要肯攀登"，设置其"字体"为"隶书"，"字号"为 36，单击"加粗"按钮。

图 1-25　"艺术字"下拉列表

图 1-26　"请在此放置您的文字"虚线框

（2）插入艺术字后，会同时出现"绘图工具-格式"选项卡，单击"排列"组中的"环绕文字"下拉按钮，在弹出的下拉列表中选择"四周型环绕"选项；单击"文本"组中的"文字方向"下拉按钮，将艺术字垂直放置（图 1-27）。

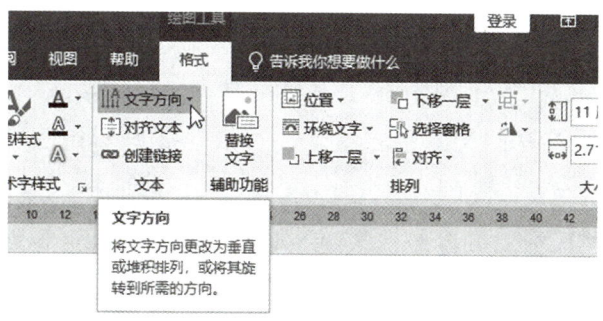

图 1-27　"文字方向"下拉按钮

（3）选定已经插入的艺术字，单击"绘图工具-格式"选项卡的"艺术字样式"组的对话框启动器，打开"设置形状格式"窗格（图 1-28），选择"文本选项"下的"文字效果"选项，展开"发光"选项，在"预设"下拉列表中选择一个"发光变体"样式。

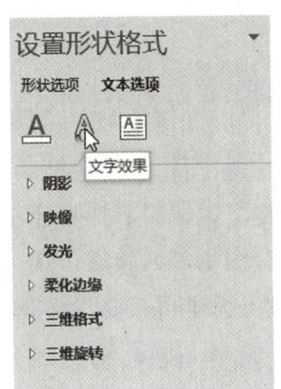 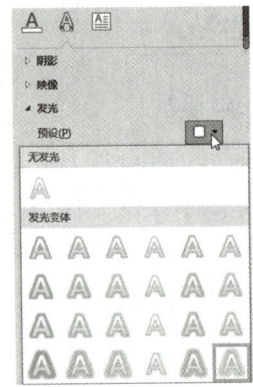

图 1-28 "设置形状格式"窗格

2. 利用文本框插入副标题

利用文本框插入副标题的步骤如下：

(1)单击"插入"选项卡的"文本"组中的"文本框"下拉按钮，在弹出的下拉列表中选择"绘制竖排文本框"选项，这时光标变为十字形状，在文档编辑区拖出一个长方形框，在长方形框内输入副标题的内容，设置其字体、字号和字体颜色。

(2)在文本框的边框位置右击，在弹出的快捷菜单(图 1-29)中选择"设置形状格式"选项，弹出"设置形状格式"窗格(图 1-30)，选择"形状选项"下的"填充与线条"选项，在"线条"选项组中选中"无线条"单选按钮；单击"填充"按钮，弹出"填充"选项组(图 1-31)，选择"渐变填充"单选按钮，在"预设渐变"效果列表中选择一种样式。

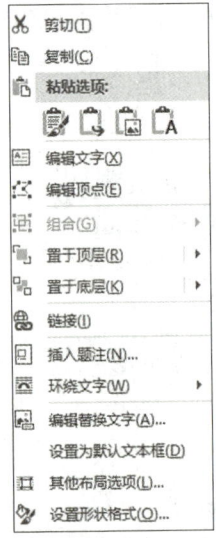

图 1-29 选择"设置形状格式"选项

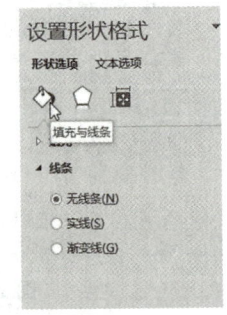

图 1-30 "填充与线条"选项

项目 1　Word 2019 文字处理

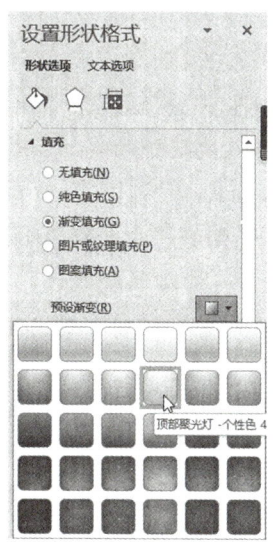

图 1-31　"填充"选项组

知识链接

1. 字符格式的设置

1）设置字符的字体

单击"开始"选项卡的"字体"组的对话框启动器，在弹出的"字体"对话框的"字体"选项卡中对字体进行设置，或通过"字体"组中的"字体"下拉列表框来设置字体，或选中文本，在弹出的浮动格式面板中的"字体"下拉列表框中设置字体。

2）设置字符的字号

单击"开始"选项卡的"字体"组的对话框启动器，在弹出的"字体"对话框的"字体"选项卡中对字号进行设置，或通过"字体"组中的"字号"下拉列表框来设置字号，或选中文本，在弹出的浮动格式面板中的"字号"下拉列表框中设置字号。

3）设置字形

字形是指字符的粗体、斜体和下划线。单击"开始"选项卡的"字体"组的对话框启动器，在弹出的"字体"对话框的"字体"选项卡中对字形进行设置。这些字形可以同时使用。也可以通过"字体"组中或浮动格式面板中的"加粗"按钮 B、"倾斜"按钮 *I*、"下划线"按钮 U 设置字形。

4）设置文字颜色

单击"开始"选项卡的"字体"组的对话框启动器，在弹出的"字体"对话框的"字体"选项卡中对文字颜色进行设置，或通过"字体"组或浮动格式面板中的"字体颜色"按钮 A 设置文字颜色。

5）设置字符间距与文字效果

单击"开始"选项卡的"字体"组的对话框启动器，在弹出的"字体"对话框的"高级"选项卡中对字符间距和文字效果进行设置。调整字距的方式有标准、加宽和缩紧三种。

2. 段落格式的设置

段落在 Word 中是以回车符作为标志的,一个回车符表示一个段落的结束,同时也表示下一个段落的开始。

当打开 Word 2019 时,如果发现没有段落标记,可以单击"开始"选项卡的"段落"组中的"显示/隐藏编辑标记"按钮,即可在文档工作区看到段落标记。

设置段落格式包括设置文本的对齐方式、文本的左右缩进、行之间的距离、段之间的距离、边框和底纹等。

对以上格式的设定可用以下方法实现:

(1)使用"段落"对话框。单击"开始"选项卡的"段落"组的对话框启动器,在打开的"段落"对话框中完成段落格式的设置。

(2)使用段落格式设置按钮完成设置。

(3)使用水平标尺可以实现段落的缩进。

(4)使用格式刷来设置段落格式。"开始"选项卡的"剪贴板"组中的"格式刷"按钮除了能复制文本格式以外,还能复制段落格式。

3. 段落边框和底纹的设置

1)段落边框的设置

单击"设计"选项卡的"页面背景"组中的"页面边框"按钮,在弹出的"边框和底纹"对话框中单击"边框"选项卡。在"设置"选项组中有 5 种边框类型,可以根据需要进行选取;在"样式"下拉列表框中可以选择所需的边框线的样式;在"颜色"下拉列表中可以设置边框的颜色;在"宽度"下拉列表中可以设置所选线型的宽度;在"预览"框中可以显示出边框的外观效果,通过单击其左侧和下部,可以删除或添加边框;单击"选项"按钮,弹出"边框和底纹选项"对话框,在该对话框中可以对边框和底纹选项进行设置。

如果选择"页面边框"选项卡,除了上述边框中的设置外,在"艺术型"下拉列表中可以设置各种彩色类型的边框。

2)底纹的设置

在"边框和底纹"对话框中单击"底纹"选项卡,在该选项卡中可以对所选文字或表格设置底纹颜色或图案。

4. 图片、自选图形的设置

1)插入联机图片

将光标定位在要插入图片的位置,单击"插入"选项卡的"插图"组中的"联机图片"按钮,在打开的"联机图片"对话框中搜索并选择图片插入。

2)插入图片

将光标定位于要插入图片的位置,单击"插入"选项卡的"插图"组中的"图片"按钮,在打开的"插入图片"对话框中选择图片插入。

3)插入艺术字

插入艺术字的步骤如下：

(1)将光标定位在要插入艺术字的位置，单击"插入"选项卡的"文本"组中的"插入艺术字"下拉按钮。

(2)在弹出的下拉列表中列举了15种艺术字样式，选中需要的艺术字样式后，在文本区域出现"请在此放置您的文字"虚线框。

(3)在"请在此放置您的文字"虚线框中可以输入要进行艺术处理的文字。

(4)选中刚刚插入的艺术字，会自动显示"绘图工具-格式"选项卡。利用该选项卡中的工具可以对艺术字的样式、文本、排列、大小等进行修改。

4)插入空白文本框

插入空白文本框的步骤如下：

(1)单击"插入"选项卡的"文本"组中的"文本框"下拉按钮，在弹出的下拉列表中有若干文本框模板可供选择。或者选择下拉列表中的"绘制文本框"或"绘制竖排文本框"选项，这时光标变成十字形状，按下鼠标左键并拖动即可画出适合的矩形文本框。

(2)在矩形文本框中既可以输入文本，也可以插入表格和图片。

(3)通过文本框周围的8个控制点，可以调整文本框的大小。当鼠标指针变为 时，按住鼠标左键拖动可以调整文本框在文档中的位置。

5)插入形状

插入形状的步骤如下：

(1)单击"插入"选项卡的"插图"组中的"形状"下拉按钮 ，在弹出的下拉列表中选择所需的图形，选好后，光标变成十字形状，按住鼠标左键并拖动即可画出所需的自选图形。

(2)通过自选图形周围的8个控制点，可以调整自选图形的大小。当光标变为 时，按住鼠标左键拖动可以调整自选图形在文档中的位置。

6)使用SmartArt图形

单击"插入"选项卡的"插图"组中的"SmartArt"按钮 ，弹出"选择 SmartArt 图形"对话框(图1-32)，根据需要选择SmartArt图形模板即可。

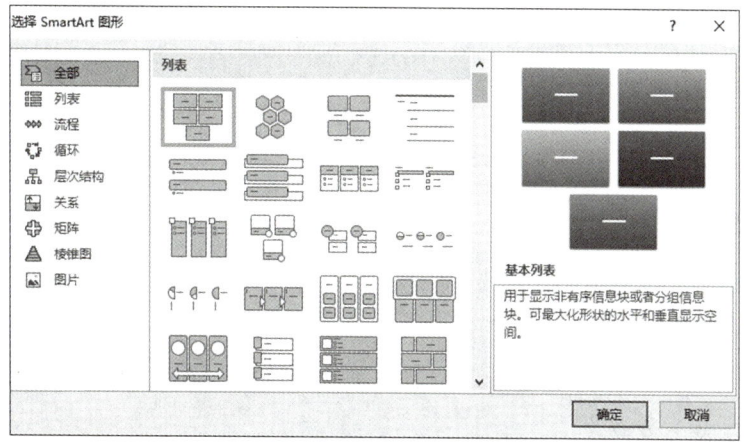

图1-32 "选择SmartArt图形"对话框

项目实战篇

SmartArt 功能更强大、种类更多样、效果更生动。SmartArt 提供了 8 大基本关系图形，分别是列表、流程、循环、层次结构、关系、矩阵、棱锥图和图片，使用它们可以快速、轻松地传达各种信息。例如，在编辑工作报告及各种杂志、宣传单等文稿，需要在文中插入生产流程、公司组织结构及表明相互关系的流程图时，都可以利用 SmartArt 快速完成。

子项目 3　文件的制作

项目描述

文件主要是由行政机关、企事业单位制定并发布的文档。文件一般由文件版头、主体和版记等组成。

文件具有保密等级，随着信息化进程的不断加快，信息安全问题也越来越突出，信息安全关系到国家的政治、军事、经济、科技、社会安全，社会安全关系到社会主义现代化建设的兴衰成败。

图 1-33 所示为本子项目要制作的案例效果图。

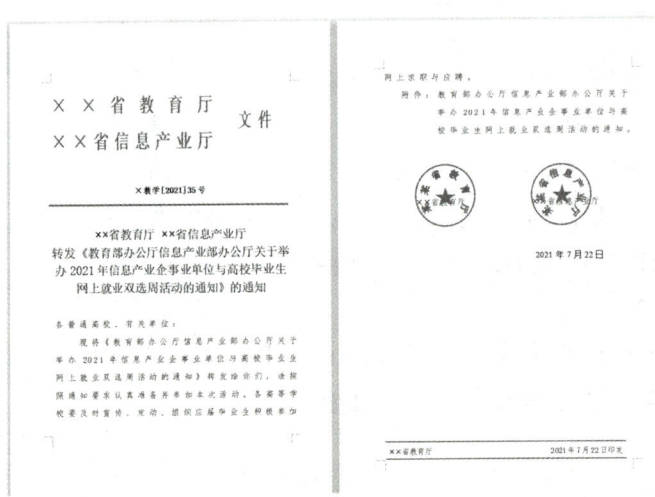

图 1-33　文件样式

学习目标

(1) 巩固字符格式、段落格式的设置方法。

(2) 巩固自选图形的相关操作。

(3) 提高职业素养，强化底线思维，增强忧患意识，警惕工作和生活中的泄密隐患，在工作中有保密责任和义务。

项目实施

任务 1　制作文件版头

视频讲解

制作由多家单位签发的文件的文件版头时,为了使两行内容左右对齐,需要灵活使用对齐方式中的"分散对齐"。"文件"这两个字使用文本框,红色的横线可以采用"形状"来完成,它们之间的位置调整,可以采用微调的方法,即按住 Ctrl 键的同时按方向键移动。

制作文件头的具体步骤如下:

(1)启动 Word 2019,新建空白文档,单击"布局"选项卡的"页面设置"组的对话框启动器,弹出"页面设置"对话框,选择"页边距"选项卡,设置上边距为 3.7 厘米,下边距分为 3.5 厘米,左边距为 2.8 厘米,右边距为 2.6 厘米。在文档中输入下列内容,并设置字体为"宋体",字号为"小初",字体颜色为"红色"。

××省教育厅

××省信息产业厅

(2)设置这两行文字的左右缩进。单击"开始"选项卡的"段落"组的对话框启动器,在弹出的"段落"对话框的"缩进"选项组中设置"左侧"为"0 字符","右侧"为"12 字符",对齐方式为"分散对齐"。

(3)将光标移动到"××省教育厅××省信息产业厅"的右侧,单击"插入"选项卡的"插图"组中的"形状"下拉按钮,在弹出的下拉列表中选择"基本形状"中的"矩形"选项,按住鼠标左键在文档窗口中进行绘制,同时窗口中显示"绘图工具-格式"选项卡,单击"形状样式"组中的"形状轮廓"下拉按钮,在弹出的下拉列表(图 1-34)中选择"无轮廓"选项。

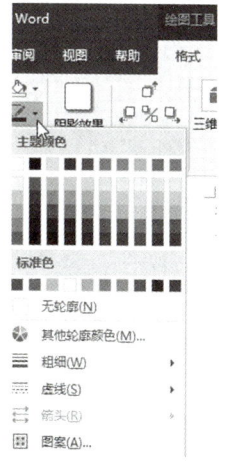

图 1-34　"形状轮廓"下拉列表

(4)在矩形图形上右击,在弹出的快捷菜单中选择"添加文字"选项,输入"文件"两个字;设置字体为"宋体",字号为"小初",字体颜色为"红色"。

(5)按住 Ctrl 键的同时按方向键来调整"文件"两个字的位置。

(6)输入文字"×教学〔2021〕35 号",设置其字体为"仿宋",字号为"三号",对齐方式为"居中"。

(7)单击"插入"选项卡的"插图"组中的"形状"下拉按钮,在弹出的下拉列表中选择"线条"中的"直线"选项,在文字下方拖出一条直线,单击"绘图工具-格式"选项卡中的"形状轮廓"下拉按钮,在弹出的下拉列表中选择红色,"粗细"选择"3 磅"。

(8)输入文件的标题内容,设置标题字体为"宋体",字号为"二号"。将标题内容分为两段,"××省教育厅 ××省信息产业厅"为第一段,"转发教育部办公厅信息产业部办公厅关于举办2021年信息产业企事业单位与高校毕业生网上就业双选周活动的通知"为第二段,设置对齐方式为"居中"。

任务 2　处理文件主体

视频讲解

处理文件主体的步骤如下:

(1)输入文件的正文内容,设置正文字体为"仿宋",字号为"三号"。设置第二段和第三段的"首行缩进"为两个字符。

(2)将光标插入点移动到文件的正文内容"各普通高校、有关单位"之前,单击"布局"选项卡的"页面设置"组中的"分隔符"下拉按钮,在弹出的下拉列表(图 1-35)中选择"连续"分节符,再将光标插入点移动到文件的正文内容"……通知"之后,用上述同样的方法插入连续的分节符。

(3)将光标定位于文件的正文内容之中,单击"布局"选项卡的"页面设置"组的对话框启动器,弹出"页面设置"对话框,切换至"文档网格"选项卡(图 1-36),选中"网格"选项组中的"指定行和字符网格"单选按钮;设置"字符数"选项组中的"每行"为 28;设置"行数"选项组中的"每页"为 22,在"应用于"下拉列表框中选择"本节"选项,单击"确定"按钮。

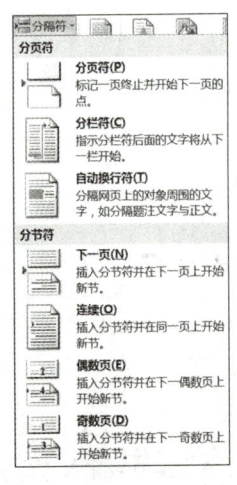

图 1-35　"分隔符"下拉列表

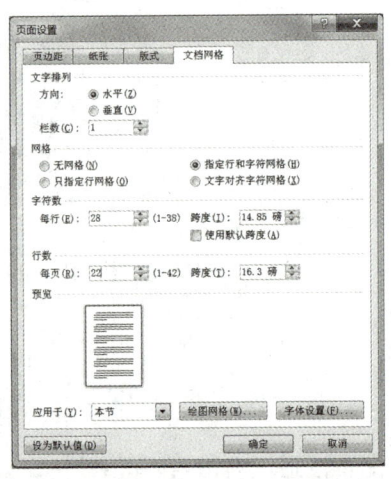

图 1-36　"文档网格"选项卡

(4)输入文件的发文单位"××省教育厅××省信息产业厅"。

(5)设置制表位。在"垂直标尺"顶部有一个"制表符"转换按钮,单击它可以在不同"制表符"之间转换(图1-37),单击它转换到"右对齐式制表符"。

(6)在"水平标尺"18字符位置单击,这样就可以在该位置增加一个右对齐的制表位;使用同样的方法,在36字符位置增加一个右对齐的制表位(图1-38)。

(7)在发文单位这段行首按Tab键,就可将这14个字符"××省教育厅××省信息产业厅"移动到标尺对应的第18字符位置,并且是右对齐方式。在"××省信息产业厅"的第一个字符处按Tab键,就可将这8个字符移动到标尺对应的第36字符位置,并且是右对齐方式(图1-33)。

(8)按Enter键,光标插入点到了下一行,按两次Tab键,光标插入点移动到了标尺对应的第36字符位置,然后插入日期(图1-33)。

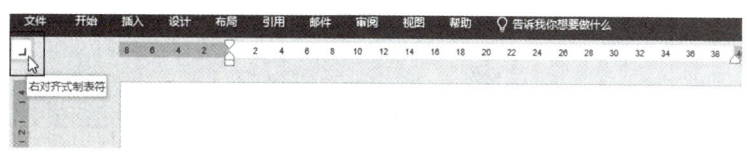

图 1-37　选择右对齐式制表符

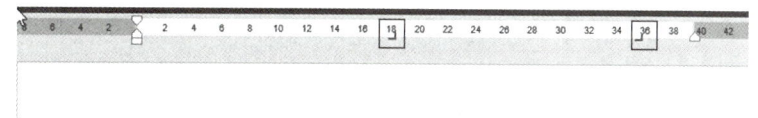

图 1-38　设置右对齐制表位

任务 3　制作文件版记

(1)输入文件的发文单位及发文日期"××省教育厅 2021 年 7 月 22 日印发"。

(2)设置该段落的左右缩进分别为"1 字符"。

(3)光标定位于"××省教育厅 2021 年 7 月 22 日印发"这段文字的日期之前,按空格键,让发文日期"2021 年 7 月 22 日印发"与右缩进位置对齐。

(4)单击"插入"选项卡的"插图"组中的"形状"下拉按钮,在弹出的下拉列表中选择"线条"中的"直线"选项,在文字下方拖出一条直线,单击"绘图工具－格式"选项卡中的"形状轮廓"下拉按钮,"粗细"选择"1 磅"。

(5)复制一条上面插入的直线,调整位置,让这两条直线分别位于"发文单位及发文日期"的上下。

视频讲解

子项目 4　学生成绩单的制作

项目描述

小王在办公室经常需要完成表格制作方面的工作，对 Word 中表格的使用非常熟练，新来的同事小李向他请教如何使用表格，小王通过制作学生成绩表来为小李进行讲解（表 1-1），这是简单的表格制作的典型案例。

青年人步入社会，要学习的东西很多，需要有自学和终身学习的能力。终身学习能帮助我们克服工作中的困难，解决工作中不断遇到的新问题。

表 1-1　学生成绩表

姓　名	课　程				总　分
	语　文	英　语	数　学	物　理	
张小明	79	87	89	78	333
李江	90	76	78	76	320
白娟	87	97	52	86	322
李小芳	65	65	89	83	302
王丽花	98	89	94	86	367
徐婧	56	78	95	85	314
牛景玲	78	76	91	94	339
杨曼	89	88	99	87	363
备注					

学习目标

（1）学会插入表格和设置表格中文本对齐方式的方法。

（2）学会选定行列单元格及单元格的合并和拆分，以及拆分表格。

（3）掌握插入行列、删除行列及表格的方法，以及删除表格内容的方法。

（4）学会表格的移动和复制的方法，会利用公式进行计算。

（5）了解表格的属性、表格的边框和底纹及自动套用格式的设置方法。

（6）培养学生的敬业、专业、严谨、认真的职业素养，以及自学和终身学习的能力。

项目实施

任务 1　创建表格

创建表格的步骤如下：

(1)启动 Word 2019,将光标定位于需要插入表格的位置,单击"插入"选项卡的"表格"组中的"表格"下拉按钮,在弹出的下拉列表(图 1-39)中选择"插入表格"选项,弹出"插入表格"对话框(图 1-40),在"列数"微调框中输入 6,在"行数"微调框中输入 10,单击"确定"按钮,即可插入一个 6 列 10 行的表格。

图 1-39　"表格"下拉列表

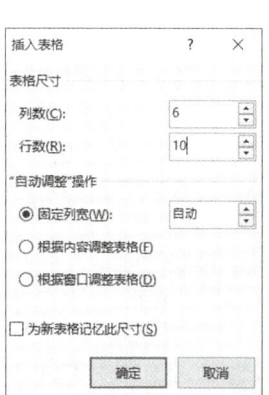

图 1-40　"插入表格"对话框

(2)插入表格后,窗口上方会自动显示"表格工具"选项卡(图 1-41),该选项卡包含两个选项卡,分别是"设计"选项卡和"布局"选项卡,如图 1-41(a)和图 1-41(b)所示。

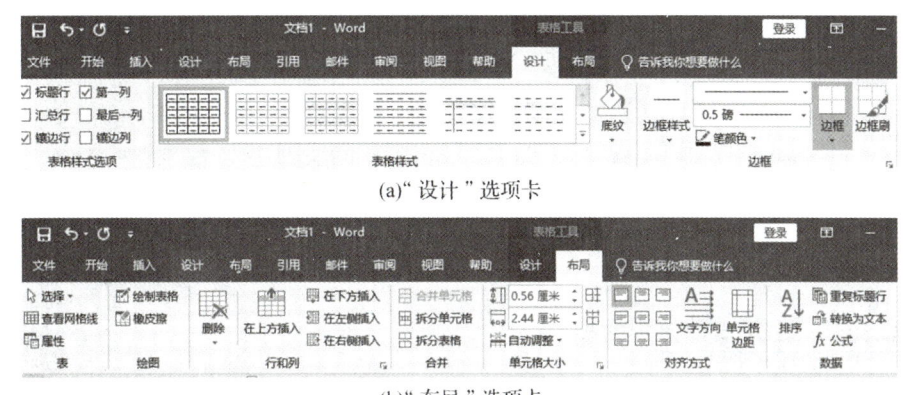

(a)"设计"选项卡

(b)"布局"选项卡

图 1-41　"表格工具"选项卡

(3)输入表格内容。

(4)选定表格,单击"表格工具-布局"选项卡中的"对齐方式"组中的"水平居中"按钮(图 1-42)。

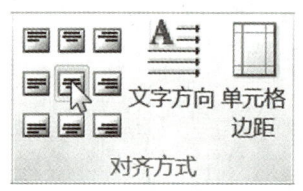

图1-42 单击"水平居中"按钮

任务2 制作表格中的斜线表头

制作表格中斜线表头的步骤如下：

(1)调整第一行的行高。将光标置于第一行单元格的下边框线，当指针变成带有上下箭头的双横线时，按住鼠标左键向下拖动，即可调整行高。

(2)将光标定位于左上角的第一个单元格内，单击"表格工具-设计"选项卡的"边框"组中的"边框"下拉按钮，在打开的下拉列表中选择"斜下框线"选项(图1-43)，在单元格中按空格键将光标调整到合适位置，输入"课程"，接着按 Enter 键，输入"姓名"。

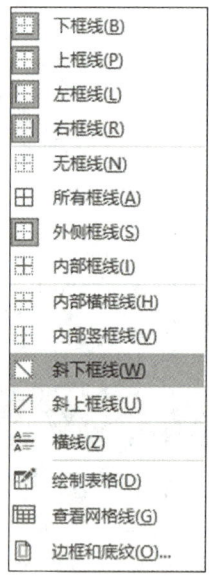

图1-43 选择"斜下框线"选项

任务3 合并或拆分单元格

1. 合并单元格

选定表格最后一行(第一个单元格除外)的单元格，单击"表格工具-布局"选项卡的"合并"组中的"合并单元格"按钮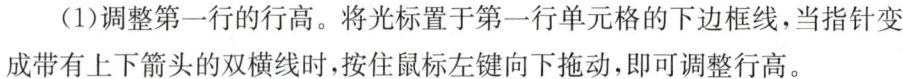，即可实现所选定单元格的合并。

2. 拆分单元格

如果最后一行的备注需要分成两行,可以单击"表格工具-布局"选项卡的"合并"组中的"拆分单元格"按钮,在弹出的"拆分单元格"对话框(图 1-44)中输入要拆分成的列数和行数,单击"确定"按钮。

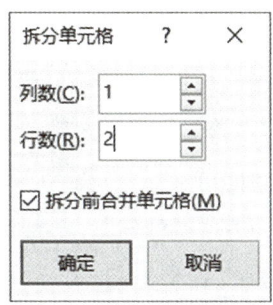

图 1-44 "拆分单元格"对话框

任务 4 调整表格的列数或行数

1. 删除不需要的行(或列)

将光标定位于要删除的行或列(或者选定要删除的若干行或若干列),单击"表格工具-布局"选项卡的"行和列"组中的"删除"下拉按钮,在弹出的下拉列表(图 1-45)中选择"删除行"或"删除列"选项即可。

视频讲解

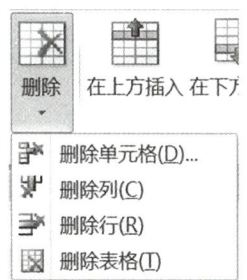

图 1-45 "删除"下拉列表

2. 增加行(或列)

将光标定位于要插入行(或列)的位置,单击"表格工具-布局"选项卡的"行和列"组中的相应按钮(图 1-46),即可增加行(或列)。

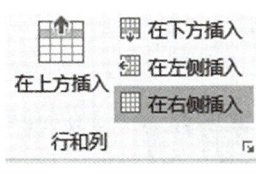

图 1-46 增加行或列

任务 5　计算总分

计算总分的步骤如下：

(1) 将光标定位于最后一个学生的"总分"单元格内，单击"表格工具-布局"选项卡的"数据"组中的"公式"按钮 f_x，弹出"公式"对话框（图 1-47），在"公式"文本框中自动出现"=SUM(LEFT)"，表示要对左侧的数据进行求和，这时可以不做任何调整，单击"确定"按钮即可。

(2) 将光标定位于倒数第二个学生的"总分"单元格内，使用相同的方法，依次将所有学生的总分计算出来。

如果是求平均值，就要对公式中的函数进行调整，在"公式"文本框中输入"=AVERAGE(LEFT)"。

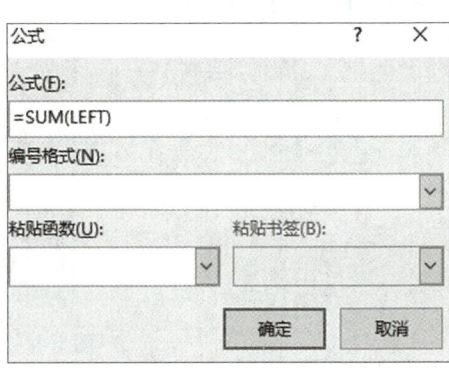

图 1-47　"公式"对话框

任务 6　设置表格格式

设置表格格式的步骤如下：

(1) 选定整个表格，单击"表格工具-设计"选项卡的"边框"组中的"边框"下拉按钮，在弹出的下拉列表中选择"边框和底纹"选项，弹出"边框和底纹"对话框，在"设置"选项组中选择"自定义"选项，在"样式"列表框中选择"双线"选项，单击"预览"框内的上、下、左、右边线，给表格的外边框加上双线（图 1-48）。

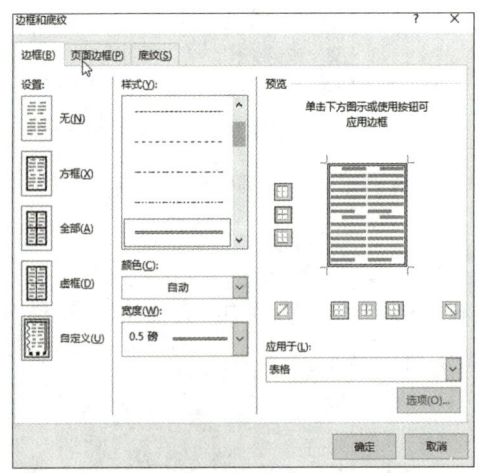

图 1-48　设置表格外边框

(2) 在"样式"列表框中选择"细线"选项，然后单击"预览"框内中间的按钮，给表格的内部加上细线。

（3）选定表格的第一行，单击"表格工具-设计"选项卡的"边框"组中的"边框"下拉按钮，在弹出的下拉列表中选择"边框和底纹"选项，弹出"边框和底纹"对话框，切换至"底纹"选项卡，在"填充"下拉列表框中选择"浅蓝"选项，设置图案样式为"15％"，图案颜色为"黄色"（图1-49），单击"确定"按钮。

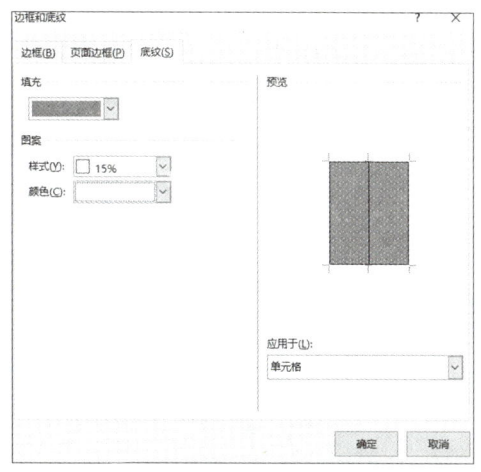

图 1-49　设置表格第一行的底纹

知识链接

1. 创建表格

1）快速制作 10×8 范围内的表格

当需要在文档中插入列数和行数在 10×8 范围内的表格时，可以单击"插入"选项卡的"表格"组中的"表格"下拉按钮，在弹出的下拉列表中拖动鼠标，所拖过的行数和列数就是要建立的表格的行数和列数。

2）制作超大表格

单击"插入"选项卡的"表格"组中的"表格"下拉按钮，在弹出的下拉列表中选择"插入表格"选项，弹出"插入表格"对话框，在"列数"微调框和"行数"微调框中输入要创建表格的列数和行数，单击"确定"按钮，完成创建表格工作。

2. 编辑表格

1）插入单元格

选中单元格，右击，在弹出的快捷菜单中选择"插入"→"插入单元格"选项，在弹出的"插入单元格"对话框中选择插入单元格后活动单元格的移动方向，最后单击"确定"按钮。

2）插入行

将插入点移到要插入的行中最右边的回车符上，按 Enter 键，即可在该行的下面插入一行。或者选中要插入的行,单击"表格工具-布局"选项卡的"行和列"组中的"在上方插入"按钮或"在下方插入"按钮,即可在所选行的上边或下边插入一行。

还可以在需要插入行的单元格内右击,在弹出的快捷菜单中选择"插入"→"在上方插入行"或"在下方插入行"选项,即可在单元格所在行的上边或下边插入一行。

3)插入列

如果要在某一列的左边或右边插入一列,可以先选中这一列,然后单击"表格工具-布局"选项卡的"行和列"组中的"在左侧插入"按钮或"在右侧插入"按钮,即可在所选列的左边或右边插入一列。

还可以在需要插入列的单元格内右击,在弹出的快捷菜单中选择"插入"→"在左侧插入列"或"在右侧插入列"选项,即可在单元格所在列的左边或右边插入一列。

4)删除单元格

选中要删除的单元格或单元格区域,单击"表格工具-布局"选项卡的"行和列"组中的"删除"下拉按钮,在弹出的下拉列表中选择"删除单元格"选项,在弹出的"删除单元格"对话框中选择删除后单元格的移动方向,单击"确定"按钮即可。

5)删除行或列

选中要删除的行或列,单击"表格工具-布局"选项卡的"行和列"组中的"删除"下拉按钮,在弹出的下拉列表中选择"删除行"或"删除列"选项。

6)修改行高和列宽

当插入点在表格内时,在水平标尺上有表格竖线的位置滑块,在垂直标尺上有表格横线的位置滑块,将光标移到相应的滑块上,按住鼠标左键拖动即可改变行高或列宽;也可以将光标移到要修改的表格线上,当光标变成双向箭头时,按住鼠标左键拖动即可改变行高或列宽。

还可以精确地调整行高和列宽。选定要改变行高的行或要改变列宽的列,单击"表格工具-布局"选项卡的"表"组中的"属性"按钮,弹出"表格属性"对话框,在"行"或"列"选项卡中设置行高或列宽;或者单击"表格工具-布局"选项卡,在"单元格大小"组中的"高度"微调框和"宽度"微调框中输入精确的值来调整行高和列宽。

7)自动调整表格

将插入点定位在表格中,单击"表格工具-布局"选项卡的"单元格大小"组中的"自动调整"下拉按钮,弹出下拉列表,如果选择"根据内容自动调整表格"选项,则表格中的单元格大小会发生变化,每个单元格中仅能容纳内容;如果选择"根据窗口自动调整表格"选项,则表格会充满Word窗口;如果选择"固定列宽"选项,则删除表格中的内容时列宽的大小不变。

选择表格中的若干行,单击"表格工具-布局"选项卡的"单元格大小"组中的"分布行"按钮,可以对选中行的行高进行平均分配。

选择表格中的若干列,单击"表格工具-布局"选项卡的"单元格大小"组中的"分布列"按钮,可以对选中列的列宽进行平均分配。

8)拆分与合并单元格

将插入点定位在要拆分的单元格中,单击"表格工具-布局"选项卡的"合并"组中的"拆分单元格"按钮,在弹出的"拆分单元格"对话框中输入要拆分成的行数和列数,单击"确定"按钮,即可将该单元格拆分成多个单元格。

合并单元格是指将相邻的几个单元格合并成一个单元格。选中要合并的单元格,单击"表格工具-布局"选项卡的"合并"组中的"合并单元格"按钮,即可将所选单元格合并为一个单元格。

9)设置表格内容的对齐方式

在默认情况下,表格内容在单元格中是靠左靠上对齐的,用户可以根据要求重新设置对齐方式。选中要设置对齐方式的表格内容,单击"表格工具-布局"选项卡的"对齐方式"组中的任一对齐方式按钮即可。

10)标题行的重复设置

当表格很长时,每页的表格都应有相同的表头。选择表格的表头,单击"表格工具-布局"选项卡的"数据"组中的"重复标题行"按钮,即可在每页上重复标题行。

11)拆分表格

将插入点移到表格待拆分的行上,单击"表格工具-布局"选项卡的"合并"组中的"拆分表格"按钮,则插入点所在行及其下边的各行组成一个独立的表格,插入点上边各行组成另一个独立的表格。

被拆分的两个表格之间有一个回车符,删除该回车符后,两个表格又合并成一个表格。

3. 公式和函数的运用

对表格中的数据进行计算的方法是:将插入点置于接收结果的单元格中,单击"表格工具-布局"选项卡的"数据"组中的"公式"按钮,弹出"公式"对话框,在"公式"文本框中输入公式;如果要使用函数,可以在"粘贴函数"下拉列表框中选择,最后单击"确定"按钮。

4. 数据排序

对表格中的数据进行排序的方法是:将插入点移到表格内,单击"表格工具-布局"选项卡的"数据"组中的"排序"按钮,弹出"排序"对话框,作为第一排序依据的"主要关键字",在它的下拉列表框中选择排序依据的"字段(列标题名)",在"类型"下拉列表框中选择排序的数据类型,再选择"递增"或"递减";在"主要关键字"相同时,可以进行"次要关键字"的设置,设置方法同"主要关键字"的设置,依此类推;最后单击"确定"按钮。

5. 给表格加上边框和底纹

添加边框的方法是:将插入点定位在表格中,单击"表格工具-设计"选项卡的"边框"组中的"边框"下拉按钮,在弹出的下拉列表中选择"边框和底纹"选项,弹出"边框和底纹"对话框,在"边框"选项卡中设置边框:在"设置"选项组中选择要添加边框的位置,在"样式"下拉列表框中选择线型,在"颜色"下拉列表中选择线的颜色,在"宽度"下拉列表中选择线宽,最后单击"确定"按钮。

添加底纹的方法是:在"边框和底纹"对话框中单击"底纹"选项卡,在"填充"下拉列表中选择底纹的颜色,在"图案"选项组中设置图案的式样和颜色,最后单击"确定"按钮。

子项目 5　毕业论文的编排

项目描述

使用 Word 进行日常办公时,长文档的制作是人们常常要面临的问题,如毕业论文的编排、活动计划的制作、宣传手册的制作等。这些文档由于内容较多、编排比较复杂,如不掌握一定的技巧,往往是费时费力也达不到满意的效果。

小王为了不断提高自己的业务水平,在工作之余攻读了在职研究生。毕业时,他的毕业论文需要进行排版。

本子项目以编排小王的毕业论文为例来介绍长文档的处理方法,制作效果如图 1-50～图 1-52 所示。

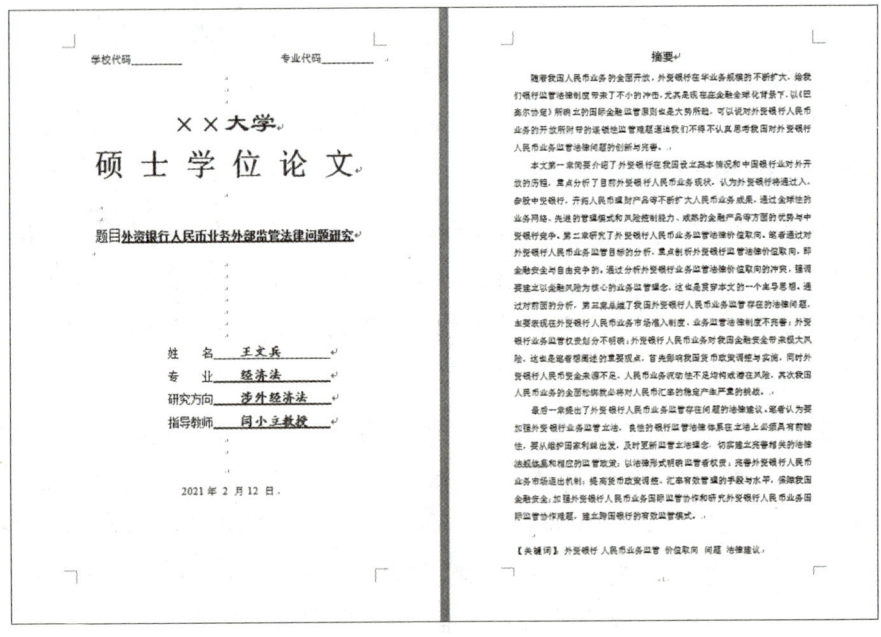

图 1-50　毕业论文封面及中文摘要样式

图 1-51　英文摘要及目录样式

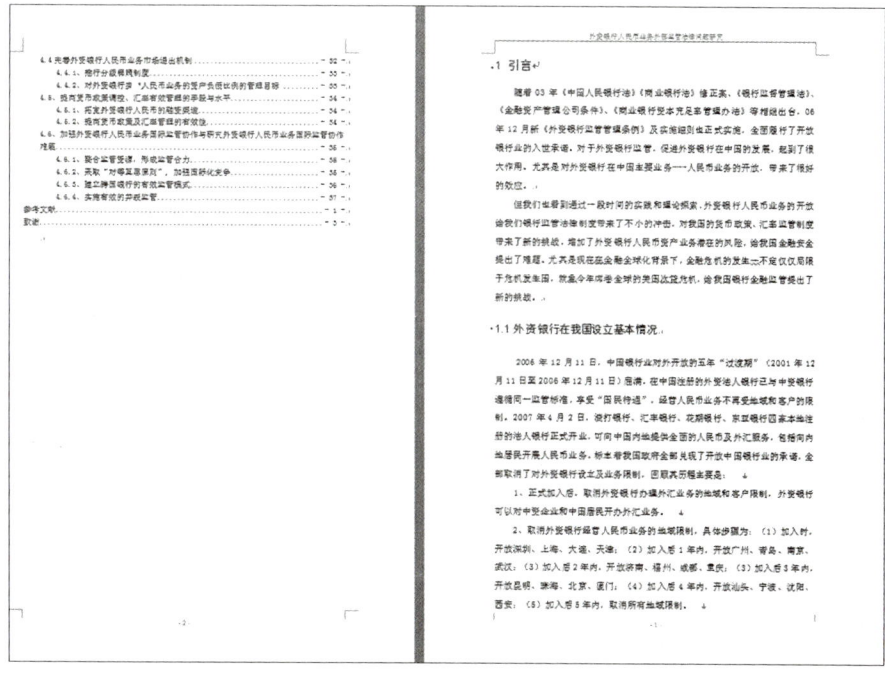

图 1-52　正文部分样式

学习目标

(1)学会插入页眉和页脚。

(2)学会使用分隔符和插入页码。

(3)学会插入目录。

(4)学会使用文档结构图。

(5)提高敬业、专业、不怕苦、不怕累的职业素养,培养面对困难,努力拼搏的勇气和精神。

项目实施

任务 1　制作封面

制作封面的步骤如下:

(1)启动 Word 2019,执行"文件"选项卡下的"打开"命令,打开已提供"素材"中给出的"论文格式要求"文档,选定第一页的内容,单击"开始"选项卡的"剪贴板"组中的"复制"按钮。

(2)打开没有排版的毕业论文文档,将光标定位在文件的开头位置,单击"粘贴"按钮。

(3)输入需要填写的内容(题目、姓名、专业、研究方向、指导教师等)。

视频讲解

任务 2　中英文摘要设置

中英文摘要的设置步骤如下:

(1)设置中文摘要中的标题"摘要"的字号为"三号",字体为"黑体",对齐方式为"居中"。

(2)设置中文摘要内容的字号为"小四",字体为"宋体";段落首行缩进为"2字符",段前间距为"7.5磅",段后间距为"7.5磅";段落行距为"固定值",设置值为"22磅"。

(3)设置英文摘要的标题"Abstract"的字号为"三号",字体为 Times New Roman,字形为"加粗"。

(4)设置英文摘要内容的字号为"小四",字体为 Times New Roman;段落首行缩进为"2字符",其他采用默认值。

视频讲解

任务 3　正文格式的设置

正文格式的设置步骤如下:

(1)设置正文字号为"小四",字体为"宋体"。

(2)段落的缩进与间距。设置"段前"为"0磅","段后"为"0磅";段落行距为"固定值",值为"22磅";段落首行缩进为"2字符"。

视频讲解

任务 4　目录的制作

编辑论文时,为了使文档的结构层次清晰,通常要设置多级标题。每级标题均采用特定的文档格式,这可为今后的目录编排带来便利。论文的编排通

视频讲解

常使用样式,排版相同的内容使用统一的样式,这样做能减少工作量和降低出错频率。如果要对排版格式进行调整,只需一次性修改相关样式即可。

1. 设置各级标题样式

(1)将光标定位于图 1-53 所示的"1 引言"这一行,单击"开始"选项卡的"样式"组中的"标题 1"样式。这样,这行文字就使用了"标题 1"的样式。

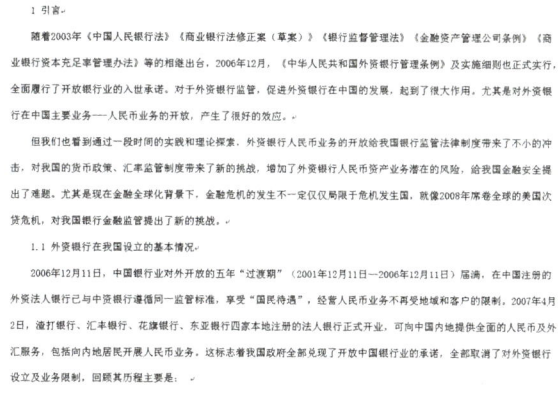

图 1-53　正文标题 1 设置

(2)修改"标题 1"样式。单击"开始"选项卡的"样式"组的对话框启动器,打开"样式"窗格(图 1-54)。

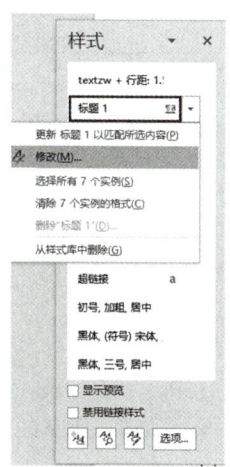

图 1-54　"样式"窗格

单击"标题 1"样式右侧的小三角按钮,在弹出的下拉菜单中选择"修改"选项,弹出"修改样式"对话框,在"格式"选项组中,设置字体为"黑体",字号为"三号",对齐方式为"居左"(图 1-55);单击该对话框底部的"格式"按钮,在弹出的菜单中选择"段落"选项,打开"段落"对话框,设置"段前"为"13 磅","段后"为"13 磅","行距"为"单倍行距"(图 1-56)。

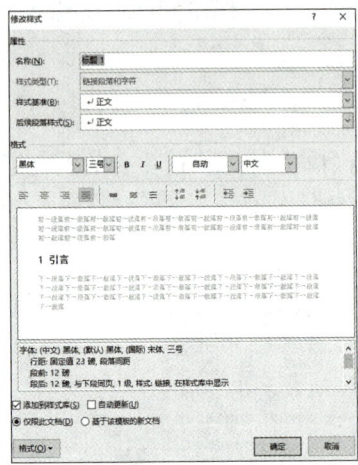
图 1-55 修改标题格式

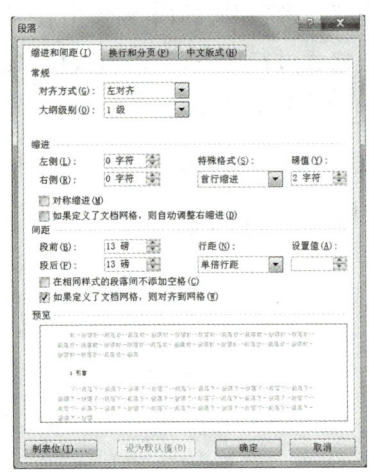
图 1-56 设置段落格式

(3)对文中的其他一级标题"2 外资银行业务监管法律价值取向与理念研究""3 外资银行人民币业务监管存在的法律问题""4 外资银行人民币业务监管存在问题的法律建议"也使用"标题1"样式。

(4)单击"样式"窗格底部的"选项"按钮,弹出"样式窗格选项"对话框,将要选择显示的样式从默认的"正在使用的格式"改为"所有样式"(图1-57),这样,在"样式"组和"样式"窗格中就会显示所有样式,包括下面会用到的"标题2""标题3"等。

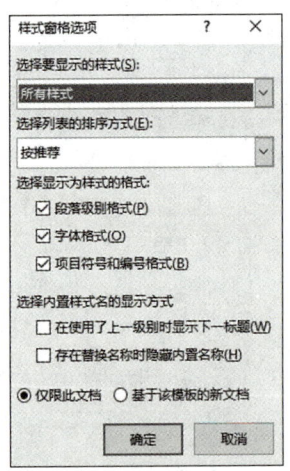
图 1-57 选择"所有样式"选项

(5)将光标定位于"1.1 外资银行在我国设立的基本情况"这一行,单击"样式"组中的"标题2"样式。

(6)按上述(2)的方法修改"标题2"的样式为"黑体""四号""居左"、段前13磅、段后13磅、单倍行距。

(7)按上述(3)(4)(5)的方法对文中的其他二级标题也使用"标题2"样式。

(8)使用和上面一样的方法,将文中所有的类似"1.2.1 入股中资银行,分享人民币业务成果"(图 1-58)的三级标题设置为"标题 3"样式,即"黑体""小四""居左"、段前 0 磅、段后 0 磅、单倍行距。

1.2.1 入股中资银行,分享人民币业务成果

外资银行参股中资银行的案例层出不穷,汇丰银行与上海银行、花旗集团与浦东发展银行合作、西班牙BBVA银行入股中信银行、广东发展银行由花旗控股20%等都成为媒体关注的焦点。

图 1-58　正文三级标题设置部分

2. 插入目录

使用 Word 自动生成的目录,在阅读和查找内容时比较方便,只要按住 Ctrl 键,再单击某一章节,即可自动跳转到相应的页。文档的标题或页码发生变化时,只需在目录上右击,在弹出的快捷菜单中选择"更新域"选项,即可自动更新目录。

(1)将光标定位于需要插入目录的页面中,输入"目录"两字,然后将其设置为"三号""黑体""居中"。

(2)单击"引用"选项卡的"目录"组中的"目录"下拉按钮,在弹出的下拉列表中选择"自定义目录"选项,打开"目录"对话框,选择"目录"选项卡(图 1-59)。在此选项卡中选中"显示页码"和"页码右对齐"复选框,设置"显示级别"为"3",如果目录只显示到二级标题,可以选择"2"。

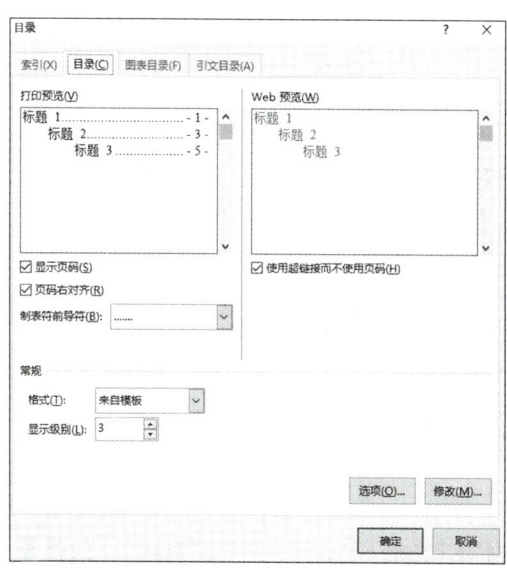

图 1-59　"目录"选项卡

(3)单击"确定"按钮,自动生成目录(图 1-60)。

目录

```
1 引言 ................................................................... - 1 -
   1.1 外资银行在我国设立基本情况 ................................... - 1 -
   1.2 目前外资银行人民币业务现状分析 ............................... - 2 -
       1.2.1 入股中资银行，分享人民币业务成果 ...................... - 2 -
       1.2.2 积极增设网点，打造业务平台 ............................ - 2 -
       1.2.3 开拓人民币理财产品，加强技术创新 ...................... - 3 -
       1.2.4 争取市场优质高端客户与优质金融人才 .................... - 4 -
2 外资银行业务监管法律价值取向与理念研究 ............................. - 4 -
   2.1 外资银行人民币业务监管法律价值取向 ........................... - 4 -
       2.1.1 外资银行人民币业务监管目标 ............................ - 4 -
       2.1.2 价值取向在监管目标中的体现 ............................ - 6 -
```

图 1-60　自动生成的目录

任务 5　插入页码

视频讲解

论文的封面不显示页码，中英文摘要及目录从"1"开始单独连续插入页码，从引言开始也是从"1"开始单独连续插入页码的。

插入页码的步骤如下：

(1) 单击"插入"选项卡的"页眉和页脚"组中的"页码"下拉按钮，在弹出的下拉列表[图 1-61(a)]中根据需要选择一种，如"页面底端"，在弹出的"页码格式"样式列表[图 1-61(b)]中选择合适的样式即可。

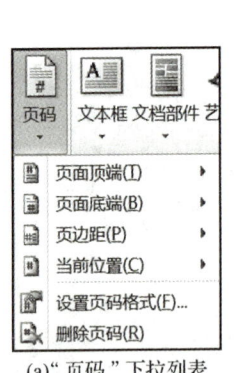

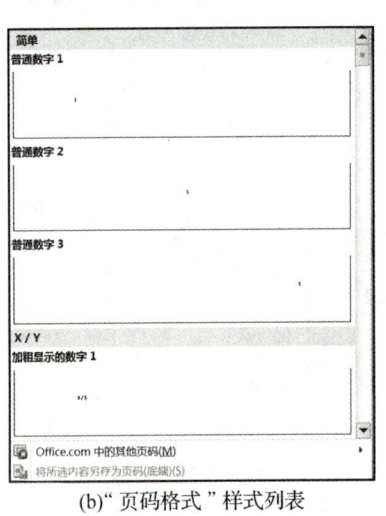

(a) "页码"下拉列表　　　　　(b) "页码格式"样式列表

图 1-61　设置页码位置

(2) 单击"插入"选项卡的"页眉和页脚"组中的"页码"下拉按钮，在弹出的下拉列表中选择"设置页码格式"选项，在弹出的"页码格式"对话框中选择"起始页码"为-1-(图 1-62)。

(3) 将光标定位在"摘要"之前，单击"布局"选项卡的"页面设置"组中的"分隔符"下拉按钮，在弹出的下拉列表中选择"分节符"类型中的"下一页"(图 1-63)，将论文分节。

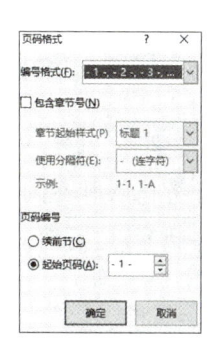

图 1-62　选择"起始页码"

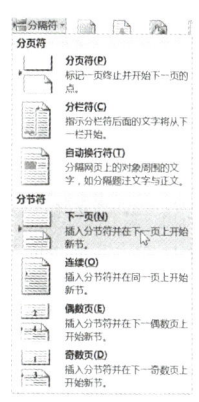

图 1-63　选择分节符

(4)按上述方法在"1 引言"之前也插入一个"下一页"的分隔符。这样把论文分为三节，封面为第一节，中英文摘要及目录为第二节，剩下的内容为第三节。

(5)将光标定位在第二页页脚，这时可以看到"页眉和页脚工具"选项卡，同时，页脚区显示"与上一节相同"几个字(图 1-64)。单击"导航"组中的"链接到前一节"按钮，断开第二节与第一节的链接，并使页脚区的"与上一节相同"几个字不显示。

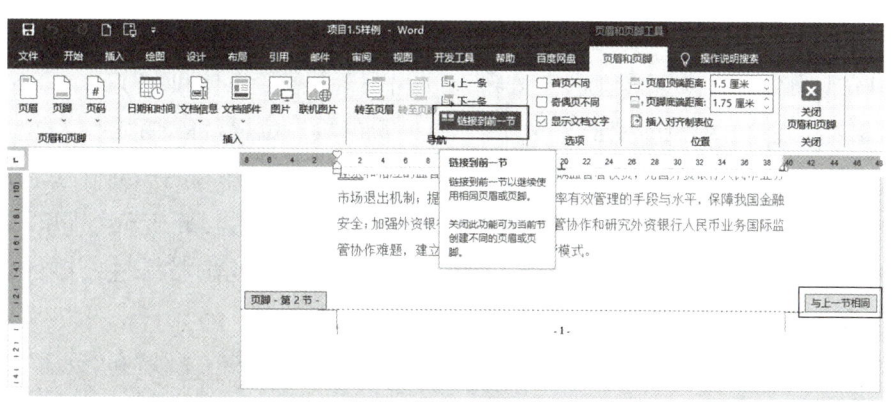

图 1-64　"页眉和页脚工具"选项卡

(6)移动光标到封面页脚位置，将封面页码删除。

(7)双击正文"摘要"这一页的页脚，单击"插入"选项卡的"页眉和页脚"组中的"页码"下拉按钮，在弹出的下拉列表中选择"设置页码格式"选项，在弹出的"页码格式"对话框中选择"起始页码"为 1。

(8)双击正文"1 引言"这一页的页脚，单击"插入"选项卡的"页眉和页脚"组中的"页码"下拉按钮，在弹出的下拉列表中选择"设置页码格式"选项，在弹出的"页码格式"对话框中选择"起始页码"为 1。

任务6　插入页眉

视频讲解

论文的封面、中英文摘要及目录这几页不显示页眉，论文正文从"1 引言…"这一页开始要求有页眉(页眉为各章的标题名称)。

要想达到上述效果，就需要对论文进行分节操作，即分别在"2 外资银行业务监管法律价值取向与理念研究""3 外资银行人民币业务监管存在的法律问题""4 外资银行人民币业务监管存在问题的法律建议""参考文献"和"致谢"之前插入下一页的分节符，将论文分为几节。

(1)将光标定位在"2 外资银行业务监管法律价值取向与理念研究"之前，单击"布局"选项卡的"页面设置"组中的"分隔符"下拉按钮，在弹出的下拉列表中选择"分节符"类型中的"下一页"，将论文分节。

(2)采用同样方法在"3 外资银行人民币业务监管存在的法律问题""4 外资银行人民币业务监管存在问题的法律建议""参考文献"和"致谢"之前插入下一页的分节符。这样就把论文从第一章引言开始分成六节。

(3)双击"1 引言"这一页的页眉位置，将光标定位于这一页的页眉，单击"页眉和页脚工具"选项卡的"导航"组中的"链接到前一节"按钮，断开这一节与上一节的链接，并且使页眉区上的"与上一节相同"几个字不显示。这样第三节页眉与第二节就断开了链接。

(4)在"1 引言"这一页页眉的位置处输入"1 引言"，并设置字体和字号。

(5)重复上述(3)的操作，双击"2 外资…"这一页的页眉位置，将光标定位于这一页的页眉，单击"页眉和页脚工具"选项卡的"导航"组中的"链接到前一节"按钮，断开这一节与上一节的链接，并使"与上一节相同"几个字不显示。这样第四节页眉与第三节就断开了链接。

(6)重复上述(4)的操作，在"2 外资…"这一页页眉的位置处输入"2 外资银行业务监管法律价值取向与理念研究"，并设置字体和字号。

(7)重复上述(3)和(4)的操作，在"3 外资…""4 外资…""参考文献"和"致谢"的页眉位置处输入相应的内容。

任务7　文档结构图的使用

在 Word 2019 中，可以使用文档结构图来方便地管理类似于毕业论文之类的长文档，它可以像在 Windows 的资源管理器中，使各级目录逐级展开或折叠，这样就可以清晰地看到长文档的结构，对文档的内容和层次有一个良好的认识，并快速查找和切换到所需内容。

要想使用文档结构图，就必须使用各级标题及正文格式显示。

(1)选中"视图"选项卡的"显示"组中的"导航窗格"复选框，在文档窗口中就会显示文档的结构图，窗口分为左右两部分，左边显示各级标题，右边显示当前标题对应的正文内容。

(2)在文档结构图中，单击左侧标题"3.1 外资银行人民币业务市场准入制度不完善"，右侧正文迅速定位到相应的位置。

> **知识链接**

1. 样式的使用

Word 中的样式是一组用于编辑的格式命令。样式有段落和字符两种类型。段落样式可设定字体、边框、语言、段落、制表位、图文框和编号七类格式。字符样式可设定字体、边框和语言三类格式。两种样式的使用方法相同,新建、修改的方法基本相同。

Normal 模板包含多种样式,用户可以根据需要进行修改,但是不能将它们删除或更名。用户可以新建样式。新建的样式若不添加到模板中,则只能在新建它的那个文档中使用。

1)查看某个样式规定的格式

以查看"正文"样式为例,在"样式"窗格中选中"正文"样式后,在右下角出现的长方形说明框中显示出它定义的格式,即"字体:(中文)宋体,(默认)Times New Roman,五号(中文)中文(中国),(其他)英语(美国),两端对齐,行距:单倍行距"。

使用样式可以保持文档的一致性,如同级的各个标题的字体、字号、字形、行距等完全一致。

使用样式可以大幅度减少编辑工作量。例如,当将某个段落样式应用到一个段落后,该段落即具备了该样式所规定的各项格式,而不必进行单项格式的设定。自 Word 97 起,样式中还新增了自动更新功能,当需要改变文档中具有同一样式的多个段落的格式时,只需改变该样式的格式,然后选中"修改样式"对话框中的"自动更新"复选框,就可实现有关段落格式的自动更新。

2)新建样式

新建样式的方法如下:

(1)在打开的"样式"窗格中单击"新建样式"按钮。

(2)打开"根据格式设置创建新样式"对话框,在"名称"文本框中输入新建样式的名称。单击"样式类型"下拉按钮,在弹出的下拉列表中包含段落(新建的样式将应用于段落级别)、字符(新建的样式将仅用于字符级别)、链接段落和字符(新建的样式将用于段落和字符两种级别)、表格(新建的样式主要用于表格)、列表(新建的样式主要用于项目符号和编号列表)五种类型。选择一种样式类型,如"段落"。

(3)单击"样式基准"下拉按钮,在弹出的下拉列表中选择 Word 2019 中的某一种内置样式作为新建样式的基准样式。

(4)单击"后续段落样式"下拉按钮,在弹出的下拉列表中选择新建样式的后续样式。

(5)在"格式"选项组中,根据实际需要设置字体、字号、颜色、段落间距、对齐方式等段落格式和字符格式。如果希望该样式应用于所有文档,则需要选中"基于该模板的新文档"单选按钮。设置完毕,单击"确定"按钮。

3) 修改样式

修改样式的方法如下：

(1) 在"样式"窗格中选中需要修改的样式后，右击，在弹出的快捷菜单中选择"修改"选项。

(2) 在打开的"修改样式"对话框中对需要更改的格式类别进行设置。

(3) 修改的样式若需添加至模板，则选中"添加到样式库"复选框；若需自动更新，则选中"自动更新"复选框，然后单击"确定"按钮。

4) 删除自建样式

只有用户自己建立的样式可以删除，方法是在"样式"窗格中选中需删除的样式后，右击，在弹出的快捷菜单中选择"删除"选项。

2. 目录与索引

1) 目录

目录就是文档中各级标题的列表，通常位于文章首页之后。目录的作用在于方便读者快速地查阅或定位到感兴趣的内容，有助于读者了解文章的纲目结构。

(1) 定义目录标题的样式。先选定文章中的任意一篇的标题，对各级标题进行字体、字号、加粗、颜色等字体格式的定义及居中、左右缩进、行距等段落格式的定义。

(2) 设定目录标题的样式。在文件中选中第一个目录标题的文本，单击"开始"选项卡的"样式"组的对话框启动器，打开"样式"窗格，并从中选取刚才定义的样式，其他各级目录标题文本也采用相同的方法处理。

(3) 插入目录。将光标移到要插入目录标题的位置，单击"引用"选项卡的"目录"组中的"目录"下拉按钮，在弹出的下拉列表中选择"自定义目录"选项，在打开的"目录"对话框中设置是否显示页码、前导符样式及显示级别。设置完成后，单击"确定"按钮，在光标处就会生成目录，该目录包含所选文本的目录标题及相应的页码。

(4) 更新目录。如果以后在文章中的某处插入了新的内容，则其后的所有页码将全部发生变化，如果没有采用样式产生相应目录，则还需将目录的页码全部手工更改一遍，但如果使用了以上方法，则只需选取目录右击，在弹出的快捷菜单中选择"更新域"选项，目录的目录标题及相应页码将全部被更新。

2) 索引

索引就是以关键词为检索对象的列表，它通常位于文章封底页之前。索引的作用在于读者可以根据相应的关键词，如人名、地名、概念、术语等，快速定位到正文的相关位置，并获得这些关键词更详细的信息。

子项目 6　邀请函和信封的制作

项目描述

　　小王就读在职研究生的学校要举办五十周年校庆活动,小王意识到,小到个人,大到国家,回顾和总结历史,可以提高思想认识水平和辨别能力,进一步锚定目标,激发奔向未来的勇气和力量。

　　小王看到校办的老师用 Word 的邮件合并功能制作的邀请函和信封的效果分别如图 1-65 和图 1-66 所示。

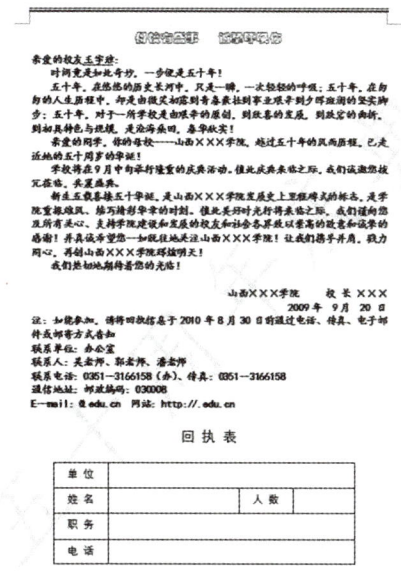

图 1-65　邀请函的效果

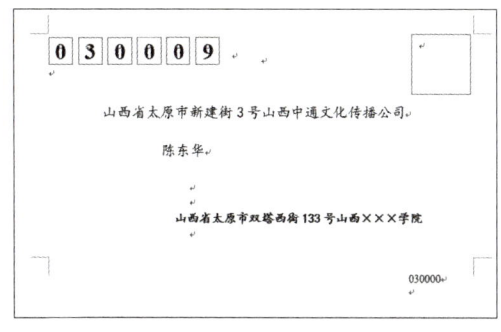

图 1-66　信封的效果

日常工作中经常需要处理一些制作量大、文档内容基本一样，只有某一处或某几处地方有些变化的文档，如信函、信封、成绩单、工资条等。对于这些工作可以使用邮件合并功能，从而大幅提高工作效率。

学习目标

(1)巩固字符格式与段落格式的设置方法、页眉与页脚的使用方法。

(2)学会邮件合并功能的使用。

(3)树立正确的历史观、世界观，具备立足中国、放眼世界的开阔视野，为学习与成长树立远景与目标。

项目实施

任务 1　邀请函的制作

视频讲解

1. 创建主文档

打开素材中提供的主文档，在主文档中编辑校庆邀请函的主文档，即那些固定不变的内容。

(1)启动 Word 2019，输入校庆邀请函中固定不变的内容。

(2)选中“母校有盛事 诚挚呼唤你”，设置字体为“华文彩云”，字号为“小三”，对齐方式为“居中”。

(3)选中余下文本，设置字体为“楷体”，字号为“小四”。设置第 1～6 段的首行缩进为“2 字符”。

(4)插入一个 4×4 的表格，分别将第 1、3、4 行除了第 1 列以外的单元格合并，在单元格中输入内容，选定整个表格，设置表格内容的对齐方式为“水平居中”(图 1-67)。

单　位			
姓　名		人　数	
职　务			
电　话			

图 1-67　创建 4×4 的表格

(5)单击“设计”选项卡的“页面背景”组中的“水印”下拉按钮，在弹出的下拉列表中选择“自定义水印”选项，弹出“水印”对话框(图 1-68)，选中“文字水印”单选按钮，在“文字”文本框中输入“五十周年庆典”，设置字体为“楷体”，字号为“120”，选中“斜式”单选按钮，单击“确定”按钮。

图 1-68 "水印"对话框

(6)在页脚位置输入学校的名称和地址。

(7)执行"文件"→"保存"命令,将其保存为"邀请函.docx"。

2. 创建数据源文件

数据源就是含有标题行的数据记录表,可以使用 Word、Excel、Access、Outlook 建立联系人记录表。本例使用 Excel 电子表格处理软件来建立数据源文件。

(1)新建一个 Excel 文件,输入表 1-2 所示的内容,在输入"邮编"时,注意要先输入单引号,然后输入数字,就可以将前面的"0"保留。

(2)执行"文件"→"保存"命令,将其保存为"邀请函要素.xlsx"。

表 1-2 新建 Excel 文件

姓　名	地　址	单位名称	邮　编
王宇琼	河南省××市迎新街 2 号	信息学院	047000
陈东华	山西省××市新建街 3 号	山西中通文化传播公司	030009
冯智勇	山西省××市迎西街 4 号	同车公司	030010
罗武	河北省×××市迎新街 5 号	金鑫网络有限公司	050010
原立光	河北省××市迎新街 6 号	北方建筑工程学院	050012
赵鑫	河南省××市西二街 3 号	大地影音公司	047000

3. 邮件合并

(1)打开主文档"邀请函.docx"。

(2)选取数据源,单击"邮件"选项卡的"开始邮件合并"组中的"选择收件人"下拉按钮,在弹出的下拉列表中选择"使用现有列表"选项(图 1-69),在打开的"选取数据源"对话框中选择"邀请函要素"文件(图 1-70),单击"打开"按钮。

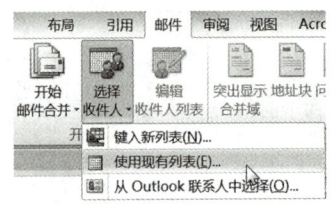

图1-69 选择"使用现有列表"选项

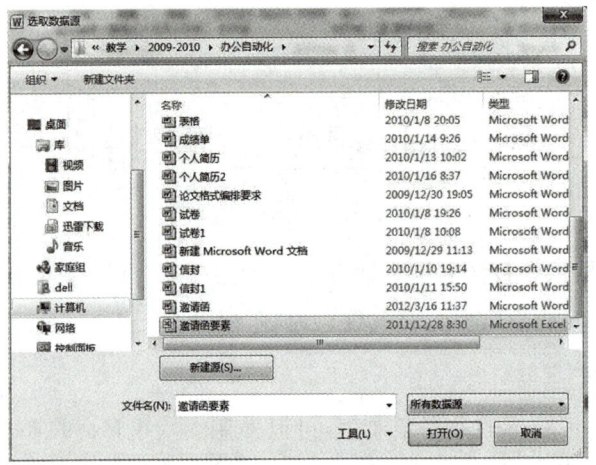

图1-70 选取数据源

(3)撰写信函。将光标定位于需要插入合并域的位置(信函中内容不同的地方),单击"插入合并域"下拉按钮,在弹出的下拉列表中选择"姓名"选项(图1-71),结果如图1-72所示。

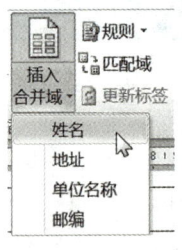

图1-71 "插入合并域"下拉列表

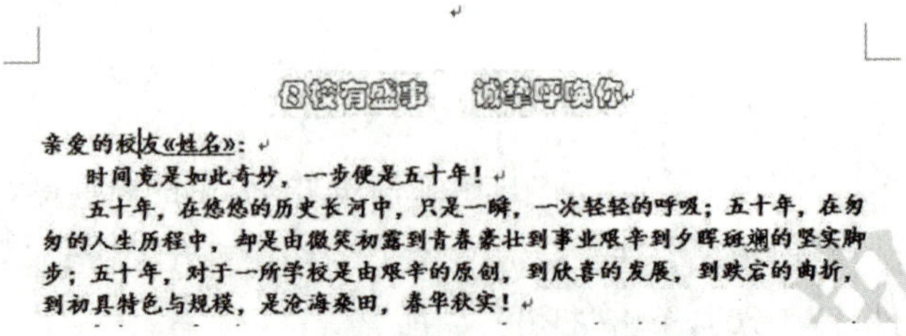

图1-72 插入合并域"《姓名》"

(4)单击"预览结果"按钮，即可以看到数据源中第一个人的姓名被插入指定的位置。

(5)如果没有需要修改的，单击"完成"组中的"完成并合并"按钮，在弹出的下拉列表(图 1-73)中根据需要进行选择。如果选择"编辑单个文档"选项，将弹出"合并到新文档"对话框(图 1-74)，选中"全部"单选按钮，单击"确定"按钮，生成一个新文档，其中每一个人的邀请函各占一个页面。

图 1-73 "完成并合并"下拉列表

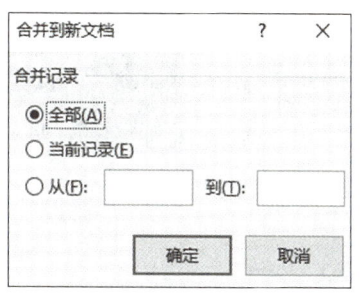

图 1-74 "合并到新文档"对话框

任务 2　信封的制作

1. 信封主文档的制作

(1)单击"邮件"选项卡的"创建"组中的"中文信封"按钮，弹出"信封制作向导"对话框(图 1-75)，单击"下一步"按钮。

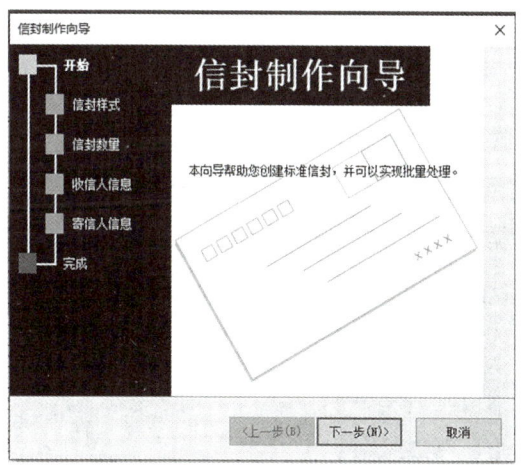

图 1-75 "信封制作向导"对话框

(2)如图 1-76 所示，选择信封样式为"国内信封-DL(220×110)"，选中"打印左上角处邮政编码框"等四个复选框，单击"下一步"按钮。

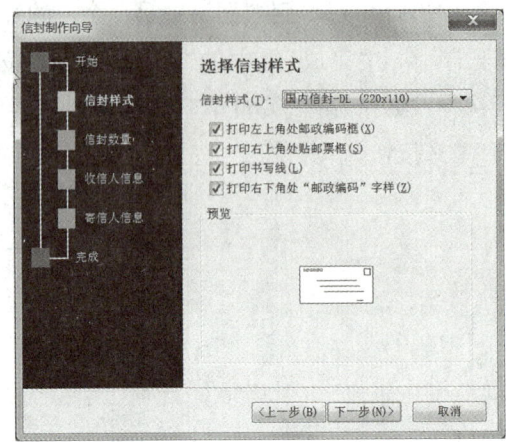

图 1-76 "选择信封样式"界面

(3)如图 1-77 所示,选中"键入收信人信息,生成单个信封"单选按钮,单击"下一步"按钮。

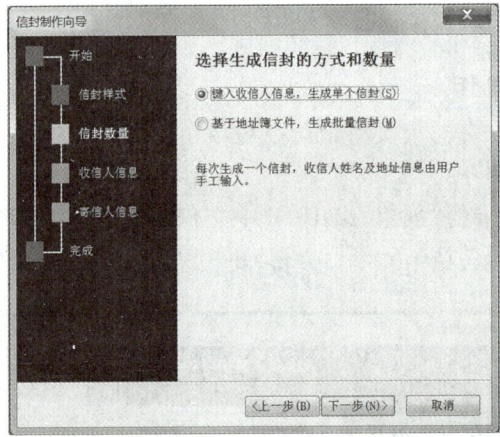

图 1-77 "选择生成信封的方式和数量"界面

(4)如图 1-78 所示,输入收信人的姓名、称谓、单位、地址和邮编,单击"下一步"按钮。

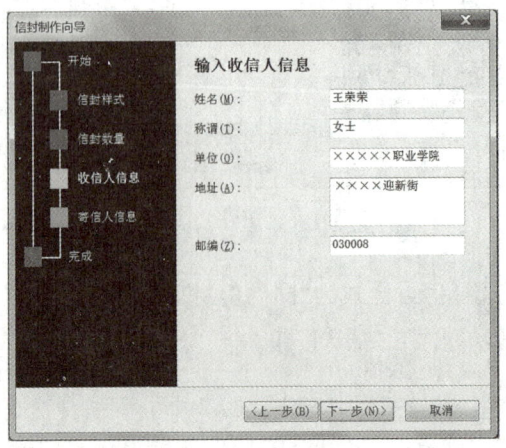

图 1-78 "输入收信人信息"界面

(5)如图 1-79 所示,输入寄信人的姓名和邮编,单击"下一步"按钮。在最后的界面中单击"完成"按钮,系统自动生成图 1-80 所示的信封。

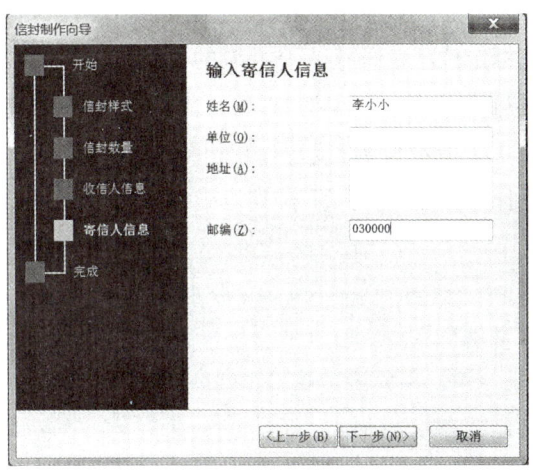

图 1-79 "输入寄信人信息"界面

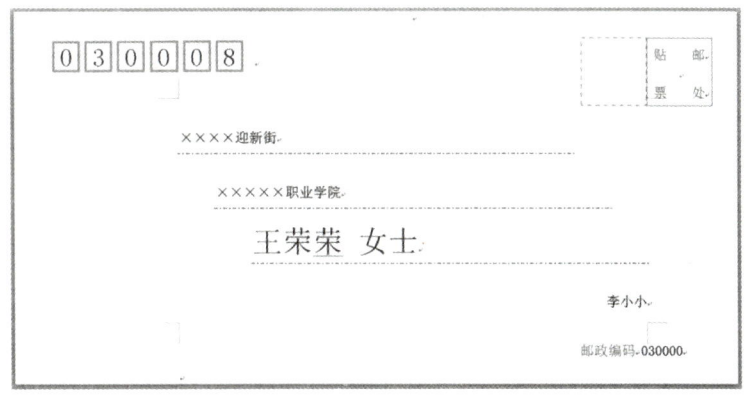

图 1-80 自动生成的信封

(6)单击邮政编码处的文本框,将里面的内容删除。

(7)选定收信人的姓名、地址、单位这三行,设置字体为"楷体",字形为"加粗",字号为"小三",然后将内容删除;选定寄信人的姓名这一行,设置字体为"楷体",字号为"四号",并修改为合适的姓名,以备作为信封的主文档使用。

(8)执行"文件"→"保存"命令,将其保存为"信封.docx"。

2. 信封数据源的使用

前面制作邀请函时,已经制作过数据源"邀请函要素.xlsx",这里可以继续使用,不需要重新建立。

3. 信封的生成

(1)打开文件"信封.docx"。

(2)选取数据源,单击"邮件"选项卡的"开始邮件合并"组中的"选择收件人"下拉按钮,在弹出的下拉菜单中选择"使用现有列表"选项,在打开的"选取数据源"对话框中选择"邀请函要素.xlsx",单击"打开"按钮。

(3)撰写信封。将光标定位于需要插入合并域的位置(信封中内容不同的地方)。首先,将光标定位在邮政编码位置的文本框中,单击"插入合并域"下拉按钮,在弹出的下拉列表中选择"邮编"选项,将其插入所指定位置;接着,将光标分别定位在收信人的地址、单位名称、姓名位置的文本框中,选择"插入合并域"下拉列表中的"地址""单位名称""姓名"选项,将其插入指定位置(图1-81)。

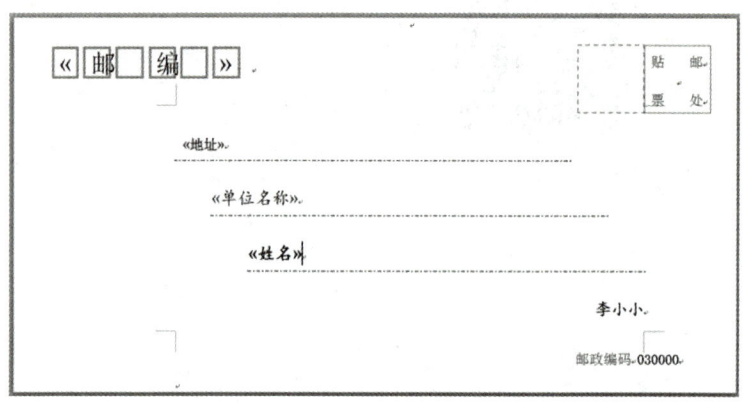

图1-81 插入域的信封

(4)预览信封。单击"预览结果"按钮,可以看到数据源中第一个人的"邮编""地址""单位名称""姓名"被插入指定的位置(图1-82)。

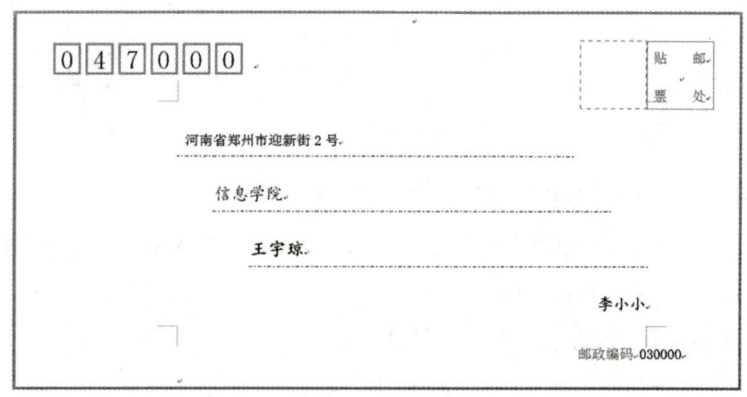

图1-82 预览信封

(5)如果没有需要修改的,单击"完成并合并"按钮,在弹出的下拉列表中选择"编辑单个文档"选项,在弹出的"合并到新文档"对话框中选中"全部"单选按钮,单击"确定"按钮,则自动生成一个包括若干信封的新文档(图1-83)。

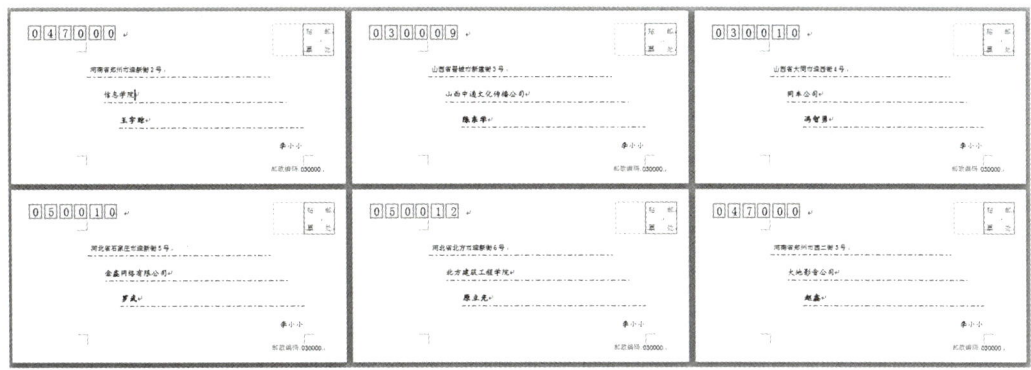

图 1-83　生成给每个人的信封

1. 邮件合并的概念

所谓邮件,包括两种类型的文件:一种是标准文件,被称为主文档;另一种是将要发出的与标准文件相关的信息保存到一个文件中,这个文件被称为数据源。所谓合并,就是把主文档中不变的内容与数据源中的大量信息合并在一起而重新组合成新的文件。

2. 邮件合并的应用场合

当需要批量处理的信函、工资条、成绩单、信封等文档具备以下两个规律时,通常使用邮件合并功能,这样可以大大提高办公效率。

(1)需要制作的数量比较大。

(2)文档内容分为固定不变的内容和变化的内容,如信封上的寄信人地址和邮政编码、信函中的落款等,这些都是固定不变的内容;而收信人的地址、姓名、邮编等就属于有变化的内容,其中变化的部分由数据表中含有标题行的数据记录表表示。

3. 邮件合并的三个基本过程

(1)建立主文档。主文档就是前面提到的固定不变的主体内容,如信封中的落款、信函中的对每个人都不变的内容等。

(2)准备好数据源。数据源就是前面提到的含有标题行的数据记录表,可以先考察是否有现成的表格,数据源表格可以是 Word、Excel、Access 或 Outlook 中的联系人记录表,如果没有,则需要根据主文档对数据源的要求建立。

(3)把数据源合并到主文档中。

子项目 7　试卷的制作

项目描述

　　试卷是一种特殊的文档，每所学校都要用到，所以掌握试卷的制作方法及要领就显得非常重要。图 1-84 所示为一份试卷。

　　制作试卷时，首先要进行整体的页面设置，即试卷所用纸张的大小、上下左右边距、分栏及页脚的设置等；其次要进行密封区的制作，密封区可采用文本框来完成；最后就是试卷中会涉及一些特殊符号及公式的输入，这就要使用 Word 2019 所提供的公式功能来编辑完成。

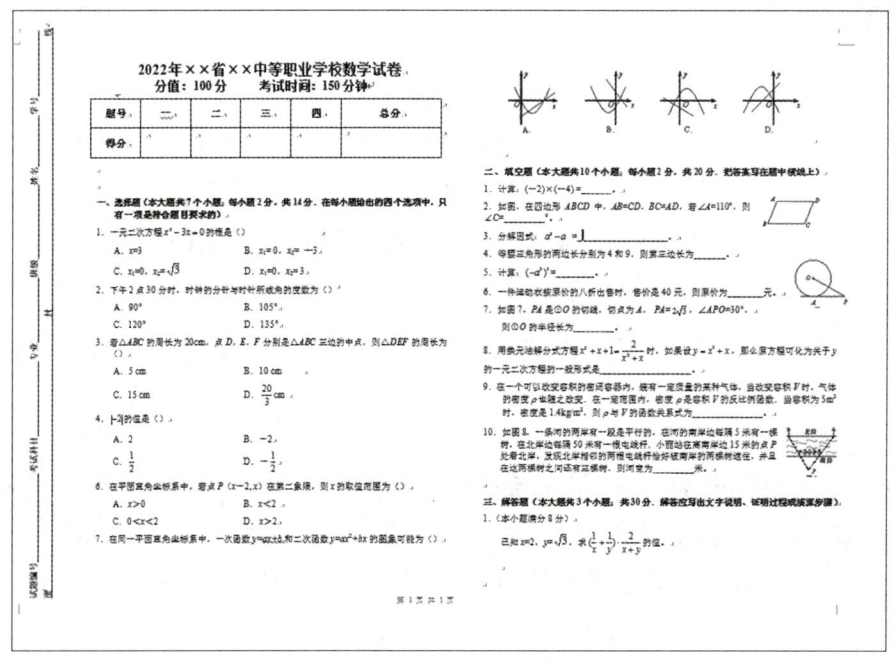

图 1-84　试卷样例

学习目标

　　(1) 学会整体的页面设置。

　　(2) 学会制作密封区。

　　(3) 会输入各种特殊符号及公式。

　　(4) 掌握几何图形的绘制方法。

　　(5) 培养诚实、守信、严谨、认真的职业素养。

项目实施

任务 1　页面设置

页面设置的步骤如下：

（1）启动 Word 2019，单击"布局"选项卡的"页面设置"组的对话框启动器，弹出"页面设置"对话框，选择"纸张"选项卡，在该选项卡中选择纸张大小为 B4；选择"页边距"选项卡，选择纸张方向为横向，在"页边距"选项组中设置"左"为"3.5 厘米"，"右"为"2 厘米"，"上"为"3 厘米"，"下"为"2 厘米"（图 1-85）。

图 1-85　试卷的页面设置

（2）单击"布局"选项卡的"页面设置"组中的"栏"下拉按钮，在弹出的下拉列表中选择"两栏"选项。

（3）单击"页码"下拉按钮，在弹出的下拉列表中选择"页面底端"→"加粗显示的数字 2"选项（图 1-86），这时在页面底端以"X/Y"的格式显示页码，其中 X 为当前页，Y 为共有的页数，因为当前是在第 1 页，所以显示的是"1/1"。

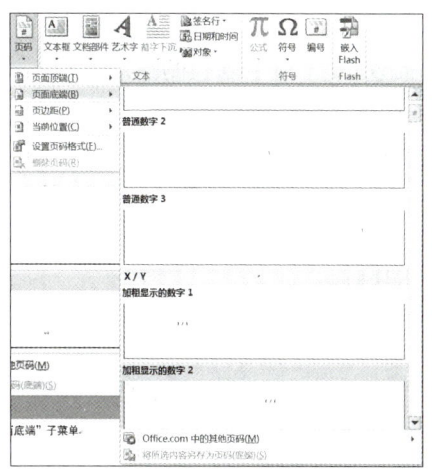

图 1-86　选择"加粗显示的数字 2"选项

(4)在第 1 个"1"前后分别输入"第""页",在第 2 个"1"前后分别输入"共""页",把中间的"/"删除,这样设置后,页码就可以用"第×页共×页"的形式显示。

任务 2 密封区的制作

视频讲解

密封区的制作步骤如下:

(1)单击"插入"选项卡的"文本"组中的"文本框"下拉按钮,在弹出的下拉列表中选择"绘制竖排文本框"选项,在试卷的左面由上到下地拖出一个文本框。

(2)选中文本框,在"绘图工具-格式"选项卡的"大小"组中设置高度为 23 厘米,宽度为 1.8 厘米;在"绘图工具-格式"选项卡的"形状样式"组中单击"形状轮廓"下拉按钮,在弹出的下拉列表中选择"无轮廓"选项。

(3)按住 Ctrl 键的同时利用方向键,将文本框调整到合适的位置。

(4)选中文本框,单击"布局"选项卡的"页面设置"组中的"文字方向"下拉按钮,在弹出的下拉列表中选择"将所有文字旋转 270°"选项(图 1-87)。

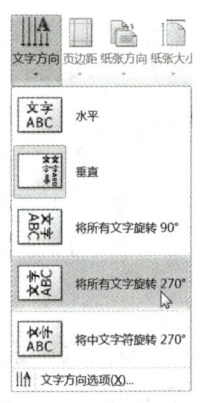

图 1-87 设置文字方向

(5)在该文本框的第一行中输入"试题编号""考试科目""专业""班级""姓名""学号"等项内容。在每一项的后面都插入 16 个有下划线的空格。

(6)在该文本框的第二行中输入"密封线"三个字。单击"开始"选项卡的"段落"组中的"分散对齐"按钮;选中"密封线"三个字,单击"开始"选项卡的"字体"组中的"下划线"按钮,添加下划线。

任务 3 试卷标题区的制作

试卷标题区的制作步骤如下:

(1)在第一行中输入"2022 年××省××中等职业学校数学试卷",设置字体为"宋体",字形为"加粗",字号为"小三"。

(2)在第二行中输入"分值:100 分　　考试时间:150 分钟",设置字体为"宋体",字形为

"加粗",字号为"四号"。

(3)选中这两行文字,设置对齐方式为居中。

(4)单击"插入"选项卡的"表格"组中的"表格"下拉按钮,在弹出的下拉列表中选择"插入表格"选项,在弹出的"插入表格"对话框中设置列数为6,行数为2。

(5)选定整个表格,设置表格内的字体为"宋体",字号为"四号",然后输入图1-88所示的内容。

题号	一	二	三	四	总分
得分					

图1-88 试卷表格

(6)选定整个表格,单击"表格工具-布局"选项卡下的"对齐方式"组中的"水平居中"按钮。

(7)选定整个表格,单击"表格工具-布局"选项卡下的"单元格大小"组中的"分布列"按钮,使表格各列列宽平均分配。

任务4 试题区的制作

试题区的制作步骤如下:

(1)输入文本"一、选择题(本大题共7个小题;每小题2分,共14分.在每小题给出的四个选项中,只有一项是符合题目要求的)",选中上述文本,设置字体为"宋体",字号为"五号",字形为"加粗"。

(2)输入文本"1. 一元二次方程的根是( )",然后将光标移动到"方程"之后,单击"插入"选项卡的"符号"组中的"公式"下拉按钮 π,在弹出的下拉列表中包含内置的一些公式,如"二次公式""二项式定理"等(图1-89)。

图1-89 "公式"下拉列表

(3)本题要输入的"$x^2-3x=0$"列表中没有,所以选择下拉列表中的"插入新公式"选项,这时光标处出现 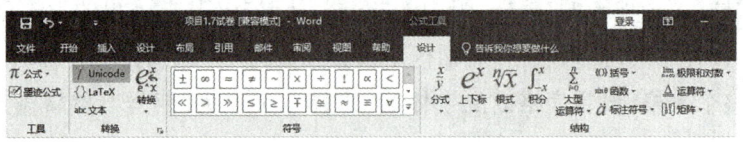,同时在标题栏中显示"公式工具"选项卡(图 1-90)。

图 1-90 "公式工具"选项卡

(4)单击"结构"组中的"上下标"下拉按钮,在弹出的下拉列表中选择"常用的下标和上标"中的 x^2 选项(图 1-91),接着输入公式中的其他内容。

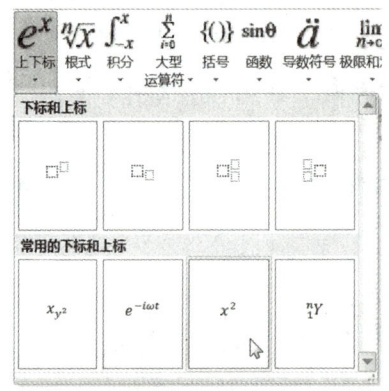

图 1-91 选择 x^2 选项

(5)单击"插入"选项卡的"表格"组中的"表格"下拉按钮,在弹出的下拉列表中选择"插入表格"选项,在弹出的"插入表格"对话框中设置行数为 2,列数为 2,插入一个 2×2 的表格。然后在单元格中依次输入"A.""B.""C.""D."(图 1-92)。

A.	B.
C.	D.

图 1-92 创建选项表格

(6)选定整个表格,单击"表格工具-设计"选项卡的"边框"组中的"边框"下拉按钮,在弹出的下拉列表中选择"无边框"选项。

(7)选定整个表格,单击"表格工具-布局"选项卡的"对齐方式"组中的"水平居中"按钮。

(8)输入该题的四个选项的内容。

(9)重复上述操作,输入试卷中的其他内容。

任务 5　试题中图形的制作

在数理化试卷排版时,少不了插入一些图形,如数学试卷中的向量图、几何图形,化学试卷中的实验装置简图,物理试卷中的受力图,等等。在 Word 2019 中,可以使用绘图工具栏提供的直线、椭圆、矩形、自选图形及文本框等工具绘制图形,如本试卷中要插入的图1-93所示的图形。

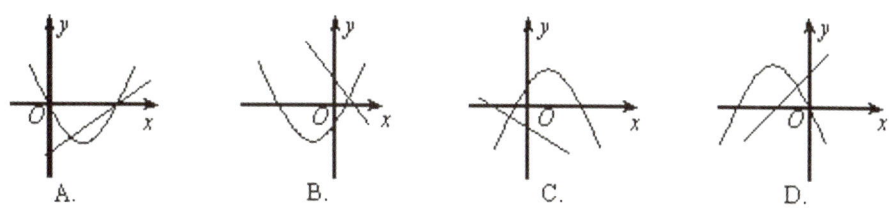

图1-93　要插入的图形

图形的制作步骤如下:

(1)单击"插入"选项卡的"插图"组中的"形状"下拉按钮,在弹出的下拉列表框中选择"新建绘图画布"选项,这时会在当前光标处插入一个长方形的画布(图1-94),同时显示"绘图工具"选项卡。

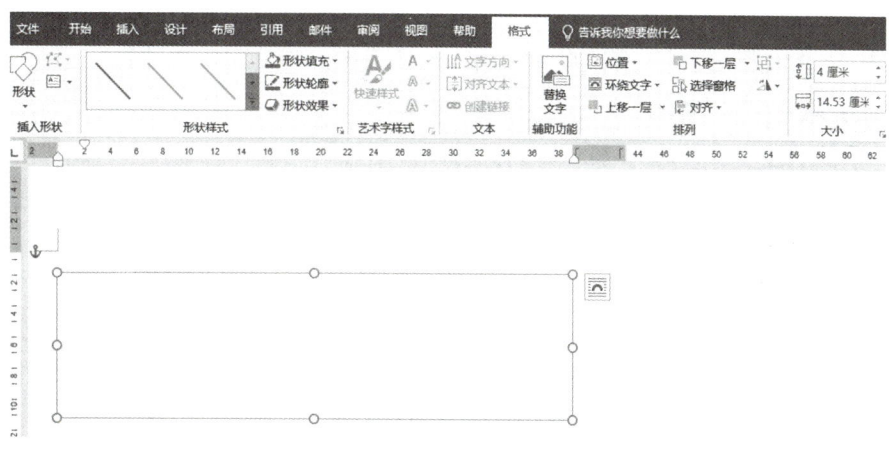

图1-94　新建绘图画布

(2)在"绘图工具-格式"选项卡的"大小"组中设置画布的高度为"4厘米",宽度为"14.62厘米"。

(3)单击"插入"选项卡的"插图"组中的"形状"下拉按钮,在弹出的下拉列表中选择"线条"组中的"箭头",在新建的绘图画布上画出坐标轴的横轴,然后用同样的方法画出坐标轴的纵轴。

(4)按住Shift键,选中横轴和纵轴,然后单击"绘图工具-格式"选项卡的"形状样式"组中的"形状轮廓"下拉按钮,在弹出的下拉列表中选择"粗细"组中的"1.5磅"的线型。

(5)单击"插入"选项卡的"插图"组中的"形状"下拉按钮,在弹出的下拉列表中选择"线条"组中的"曲线",画出曲线(图1-95);同样地,选择"线条"组中的"直线",画出倾斜的直线。

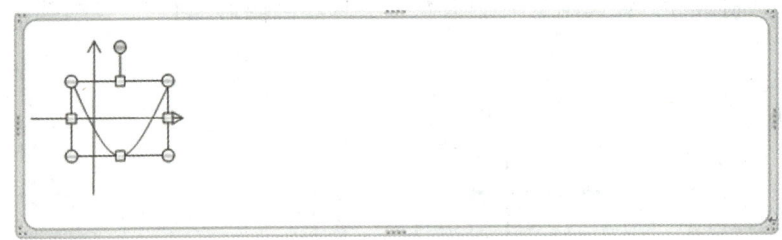

图 1-95　画出曲线

(6) 单击"插入"选项卡的"文本"组中的"文本框"下拉按钮,在弹出的下拉列表中选择"绘制文本框"选项,在上述图形的下面拖出一个小文本框,在文本框中输入"A.";在文本框上右击,在弹出的快捷菜单中选择"设置形状格式"选项,在打开的"设置形状格式"窗格中设置填充为"无填充",线条颜色为"无线条"。

(7) 使用步骤(6)的方法在坐标轴上分别输入 O、x 和 y。

(8) 按住 Ctrl 键的同时利用方向键来调整这些图形的位置。

(9) 按住 Shift 键,选择所有图形,然后右击,在弹出的快捷菜单中选择"组合"→"组合"选项,将它们组合成一个整体。

(10) 重复上述步骤(1)～步骤(7),将其他图形画好。

知识链接

1. 分隔符

分隔符是指可以人为精确地控制页面布局,使文档按照设计者的意愿进行分布的一种符号。Word 2019 提供的分隔符主要包括以下四种:

1) 分页符

分页符位于上一页的结束、下一页的开始处。当页面排满文字和图形时,Word 会自动插入分页符,并另起新页。要在指定位置强制分页,可插入人工分页符。在普通视图中,自动分页符显示为横穿页面的单点下划线;人工分页符则显示为标有分页符字样的单点画线。

2) 分栏符

分栏是指将一定范围内的文本在页面上分成几栏。分栏符是在分栏中使用的符号,如果在栏中插入分栏符,则系统会自动将分栏符后的文字移到下一栏中,即文档自动从下一栏开始。

3) 换行符

换行符用来结束当前行,并在下一行继续排列文字。在插入点处插入一个换行符后,插入点之后的文档自动从下一行开始。

4) 分节符

一个节可以看成文档中的一部分内容。当建立一个新的文档时,整篇文档的内容就看成一个节。用户可以在文档中插入分节符,将文档分成若干个节。文档的分节不会影响文档的内容及格式设置。分节的好处是可以在不同的节中应用不同的页面格式。

分节符和其他三种分隔符有所不同,分页符、分栏符和换行符是确定文本的下一个开始位置,而分节符则是用来确定不同格式文本的分界。

2. 分栏

分栏是广泛应用于报纸及其他宣传物的排版技术,主要是指将一定范围内的文本在页面上分成几栏来显示,这样能增加文档的阅读生动性。

设置分栏的方法是:单击"布局"选项卡的"页面设置"组中的"栏"下拉按钮,在弹出的下拉列表中选取所需的分栏数;或者在弹出的下拉列表中选择"更多栏"选项,在打开的"栏"对话框中设置等栏宽或不等栏宽的多栏显示格式。

对段落进行分栏时,可以指定栏宽和栏间距。如果指定的栏宽和栏间距之和超过纸张文本区的宽度,而小于页面纸张宽度,那么需要缩小纸张的页边距来满足指定的栏宽和栏间距。

在具有分栏效果的文档中可以插入分栏符,使插入点之后的内容从新的一栏开始。

注意:分栏效果只有在页面视图或打印预览时才能看到,在其他视图方式下只能显示单栏文本。

3. 页眉和页脚

所谓页眉,就是显示在每页最上端的文字,而页脚就是显示在每页最下端的文字。页眉和页脚通常包含页码、文档的标题、作者等内容,复杂的页眉和页脚可以包含图形、多行文本。还可以为奇偶页设置不同的页眉和页脚。

1)在文档中插入页眉和页脚

单击"插入"选项卡的"页眉和页脚"组中的"页眉"按钮或"页脚"按钮,进入页眉和页脚编辑状态。

2)删除页眉和页脚

在页眉和页脚区内选定所要删除的内容,按 Delete 键,完成删除。

3)插入页码的方法

插入页码的方法有以下两种:

(1)单击"插入"选项卡的"页眉和页脚"组中的"页码"下拉按钮,在弹出的下拉列表中选择插入页码的位置,然后在弹出的下一级列表中选择页码的格式。

(2)使用"页眉"或"页脚"按钮。编辑页眉或页脚时,可打开"页眉和页脚工具"选项卡,使用该选项卡可为文档添加或修改页眉和页脚的页码。

注意:

(1)在"普通视图"方式下是看不到页眉和页脚的。

(2)Word 2019 中的页码是作为页眉和页脚的一部分插入文档的。Word 2019 可以自动地编排页码,并随时更新页码。

4. 页面设置

Word 2019 有默认的页面设置值,通常情况下,用户可直接打印文档。如果有特殊需要,使用页面设置可以设置文档的打印方向、缩放比例、纸张大小、页边距、页眉和页脚的位置、页面的版式等。对打印页面所做的设置,就决定了打印的页面格式。

单击"布局"选项卡的"页面设置"组的对话框启动器,或者选择"文件"选项卡中的"打印"选项,在打开的"打印"界面中单击"页面设置"链接,都可以打开"页面设置"对话框。"页面设置"对话框包括"页边距""纸张""版式""文档网格"等选项卡。

1)"页边距"选项卡

页边距是指文档中的文字与纸张边线之间的距离。在"页边距"选项卡中,可以设置文本距纸张边线的上、下、左、右的距离,装订线的位置。另外,可以设置纸张方向、页码范围、所设格式的应用范围。"拼页"是指将两页文档打印在一张较大的纸张中,它常用于书籍等中。

2)"纸张"选项卡

在"纸张大小"下拉列表中可以设置纸型为 A4、A5、信封、标签、32 开、自定义大小等。如果选择"自定义大小"选项,则可以在"高度"和"宽度"微调框中设置纸张的大小。另外,还可以针对打印时的纸张来源进行设置,设置所设格式的应用范围。

3)"版式"选项卡

在"版式"选项卡中可以设置节的起始位置是新建页,还是奇数页或偶数页;设置页眉和页脚是否"奇偶页不同"或"首页不同";设置页面的垂直对齐方式是顶端对齐、居中对齐,还是两端对齐;设置页眉、页脚的位置等。另外,还有添加行号和边框按钮。

4)"文档网格"选项卡

在"文档网格"选项卡中可以指定文档中每行的字数、每页的行数、是否指定网格、指定哪种网格、网格的具体指定内容、文字排列方式等。

项目 2

Excel 2019 电子表格

Microsoft Excel 是 Office 办公软件中功能最强大的软件之一，可以用来制作电子表格，完成复杂的数据计算，进行数据的分析和预测，并具有强大的图表制作功能。

Microsoft Excel 的工作界面友好，数据处理能力强，它已成为管理公司和个人财务报表、统计数据、绘制各种专业表格的有力工具。

子项目 1　制作学生成绩分析表

项目描述

Excel 是专业的电子表格处理软件，不仅能存储大量的数据，而且可以方便、快捷地统计、分析和处理数据。

小王制作的“信息技术系计算机应用班 2015—2016 年第一学期成绩分析表”中涉及计算、分析和统计，使用 Excel 来处理比较方便、快捷。小王意识到，身处大数据时代，需要顺应潮流、转变思维，运用新技术、新方法解决不断出现的新问题。

学生成绩分析表基本数据如图 2-1 所示。

	A	B	C	D	E	F	G	H	I	J	K
1	信息技术系计算机应用班2015—2016年第一学期成绩分析表										
2	学号	姓名	Flash 动画设计	网页设计	高数	英语	C语言程序设计	总成绩	平均成绩	总评	排名
3	20150201	高云河	74	77	84	77	71				
4	20150202	王卓然	50	0	77	78	45				
5	20150203	李广林	94	84	60	86	61				
6	20150204	张雷	85	71	67	77	63				
7	20150205	马云燕	91	68	76	82	64				
8	20150206	郑俊霞	89	62	77	85	78				
9	20150207	王晓燕	86	79	80	93	96				
10	20150208	马丽萍	55	59	98	76	87				
11	20150209	张成详	97	94	93	93	68				
12	20150210	贾莉莉	93	73	78	88	88				
13	20150211	唐来云	80	73	69	87	89				
14	20150212	韩文岐	88	81	73	81	70				
15											

图 2-1　学生成绩分析表基本数据

项目实战篇

学习目标

(1) 熟悉 Excel 2019 的窗口布局,掌握输入数据、设置格式、利用公式进行计算等基本操作。

(2) 了解工作表的管理,学会工作表的移动、复制、删除、重命名等编辑操作。

(3) 学会数据的排序、筛选和分类汇总。

(4) 学会工作表与工作簿的保护,学会窗口的操作。

(5) 学会插入图表及图表的修饰。

(6) 培养科学素养,能够顺应潮流、转变思维,运用新技术、新方法解决不断出现的新问题。

项目实施

任务 1　输入数据并保存

输入数据并保存的步骤如下:

(1) 启动 Excel 2019,单击 A1 单元格,输入文字内容"信息技术系计算机应用班 2020—2021 年第一学期成绩分析表"。

视频讲解

(2) 在 A2~K2 单元格中按图 2-1 依次输入"学号""姓名"等内容。在输入"Flash 动画设计"时,要想达到分两行显示的效果,可以将光标移动到"动"之前,按 Alt+Enter 组合键将其换行。

(3) 输入每位学生的学号时,首先要注意把学号作为文本来输入,方法是在输入数字之前,先输一个英文状态下的单引号,接着采用序列填充的方法在第一个单元格中输入第一位学生的学号,单击该单元格,在单元格的右下角会看到方形点(图 2-2),然后将鼠标指针移至该方形点,当指针成➕形状时(这种状态称为填充柄),在按住 Ctrl 键的同时,按住鼠标左键向下拖拉,即可用序列填充每位学生的学号。

图 2-2　数据输入

(4)选定 C3~G14 单元格区域,单击"数据"选项卡的"数据工具"组中的"数据验证"下拉按钮,在打开的下拉列表中选择"数据有效性"选项,弹出"数据验证"对话框,在"允许"下拉列表框中选择"小数"选项,在"最小值"文本框中输入 0,在"最大值"文本框中输入 100(图 2-3)。

注意:如果输入的数值不在这个范围,就会提示输入错误。

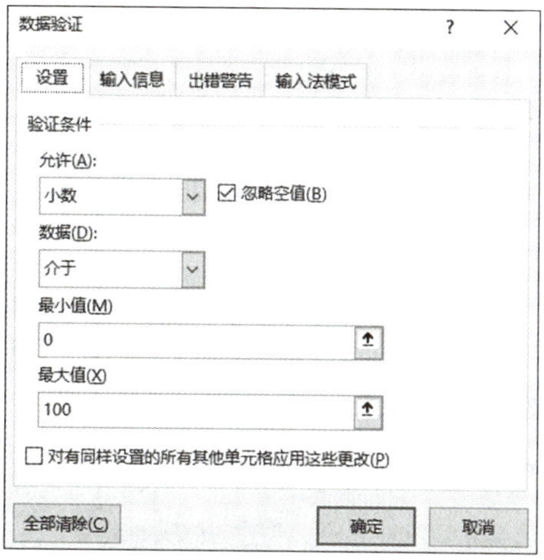

图 2-3 数据有效性设置

(5)将表中的其他内容输入完成后,选择"文件"选项卡中的"保存"选项,以"成绩分析表"名称进行保存。

任务 2 计算总成绩

计算总成绩的步骤如下:

(1)选定单元格 H3,输入"=",接着输入"C3+D3+E3+F3+G3"(图 2-4),按 Enter 键后,结果就会显示在单元格 H3 中;或者单击"插入函数"按钮 fx,打开"插入函数"对话框(图 2-5)。

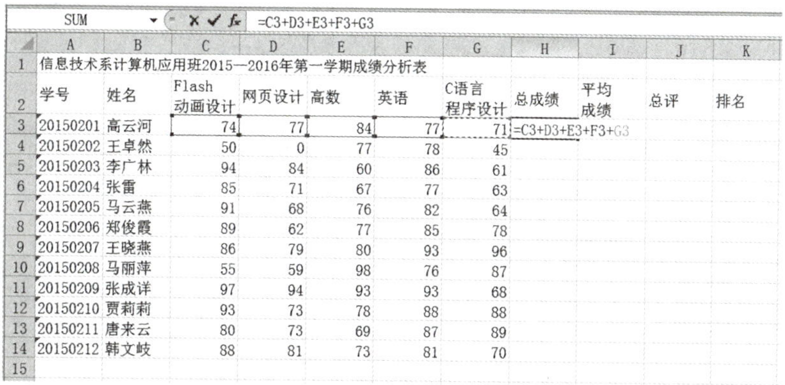

视频讲解

图 2-4 利用公式计算总成绩

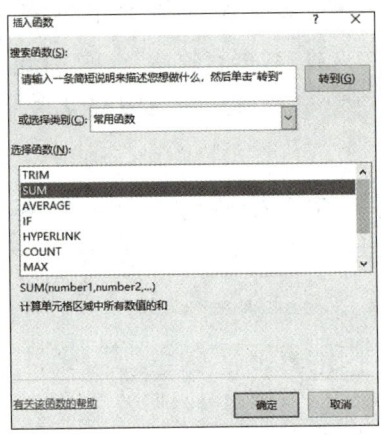

图 2-5 "插入函数"对话框

在"选择函数"列表框中选择 SUM 函数，单击"确定"按钮，打开"函数参数"对话框，将 Number1 数据区域的内容改为"C3:G3"（图 2-6），单击"确定"按钮，也可求出总成绩。

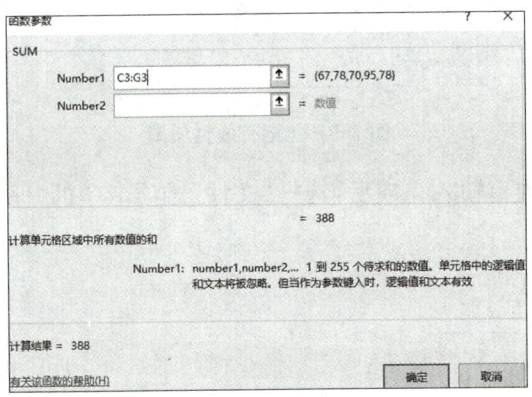

图 2-6 利用函数计算总成绩

（2）选定单元格 H3，向下拖动填充柄到单元格 H14 处，即可求出每位学生的总成绩（图 2-7）。

	A	B	C	D	E	F	G	H	I	J	K
1	信息技术系计算机应用班2015—2016年第一学期成绩分析表										
2	学号	姓名	Flash动画设计	网页设计	高数	英语	C语言程序设计	总成绩	平均成绩	总评	排名
3	20150201	高云河	74	77	84	77	71	383			
4	20150202	王卓然	50	0	77	78	45	250			
5	20150203	李广林	94	84	60	86	61	385			
6	20150204	张雷	85	71	67	77	63	363			
7	20150205	马云燕	91	68	76	82	64	381			
8	20150206	郑俊霞	89	62	77	85	78	391			
9	20150207	王晓燕	86	79	80	93	96	434			
10	20150208	马丽萍	55	59	98	76	87	375			
11	20150209	张成详	97	94	93	93	68	445			
12	20150210	贾莉莉	93	73	78	88	88	420			
13	20150211	唐来云	80	73	69	87	89	398			
14	20150212	韩文岐	88	81	73	81	70	393			
15											

图 2-7 计算每位学生的总成绩

任务 3　计算平均成绩

计算平均成绩的步骤如下：

(1) 选定单元格 I3，输入"＝"，接着输入"H3/5"，按 Enter 键后结果就显示出来；或者单击"插入函数"按钮，打开"插入函数"对话框，在"选择函数"列表框中选择函数"AVERAGE"，单击"确定"按钮，打开"函数参数"对话框，将 Number1 数据区域的内容改为"C3:G3"，单击"确定"按钮，也可求出平均成绩。

(2) 选定单元格 I3，向下拖动填充柄到单元格 I14 处，即可求出每位学生的平均成绩。选定单元格区域 I3～I14，单击"开始"选项卡的"字体"组的对话框启动器，打开"设置单元格格式"对话框，选择"数字"选项卡，设置小数位数为 1（图 2-8）。

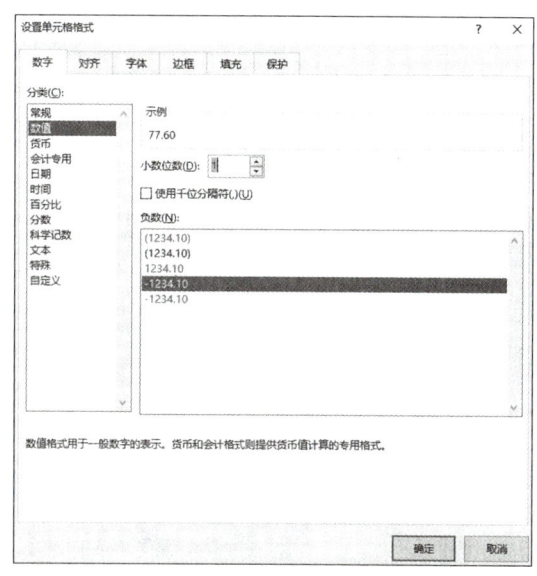

图 2-8　设置平均成绩的小数位数

任务 4　总评

视频讲解

总评是根据平均成绩得来的，平均成绩在 80 分以上（包含 80 分）为"优秀"；70（含）～80 分为"良"；60（含）～70 分为"及格"；60 分以下为"不及格"。

(1) 单击单元格 J3，输入公式"＝IF(I3＞＝80,"优秀",IF(I3＞＝70,"良",IF(I3＞＝60,"及格","不及格")))"，按 Enter 键后，总评的结果就显示出来（图 2-9）。

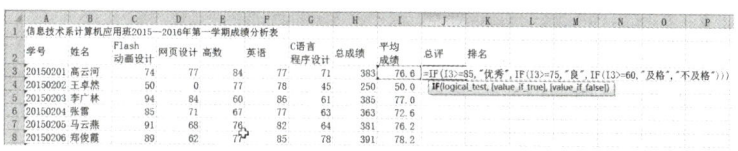

图 2-9　IF 函数的输入

(2)选定单元格 J3,向下拖动填充柄到单元格 J14 处,即可求出每位学生的总评结果(图 2-10)。

	A	B	C	D	E	F	G	H	I	J	K
1	信息技术系计算机应用班2015—2016年第一学期成绩分析表										
2	学号	姓名	Flash动画设计	网页设计	高数	英语	C语言程序设计	总成绩	平均成绩	总评	排名
3	20150201	高云河	74	77	84	77	71	383	76.6	良	
4	20150202	王卓然	50	0	77	78	45	250	50.0	不及格	
5	20150203	李广林	94	84	60	86	61	385	77.0	良	
6	20150204	张雷	85	71	67	77	63	363	72.6	及格	
7	20150205	马云燕	91	68	76	82	64	381	76.2	良	
8	20150206	郑俊霞	89	62	77	85	78	391	78.2	良	
9	20150207	王晓燕	86	79	80	93	96	434	86.8	优秀	
10	20150208	马丽萍	55	59	98	76	87	375	75.0	良	
11	20150209	张成详	97	94	93	93	68	445	89.0	优秀	
12	20150210	贾莉莉	93	73	78	88	88	420	84.0	良	
13	20150211	唐来云	80	73	69	87	89	398	79.6	良	
14	20150212	韩文岐	88	81	73	81	70	393	78.6	良	
15											

图 2-10 每位学生的总评结果

任务 5 排名次

视频讲解

排名次的步骤如下:

(1)选定单元格区域 A2:K14,单击"开始"选项卡的"编辑"组中的"排序和筛选"下拉按钮,在弹出的下拉列表(图 2-11)中选择"自定义排序"选项,打开"排序"对话框(图 2-12),选择"主要关键字"为"总成绩",次序为"降序",单击"确定"按钮,数据表中的数据即按总成绩由高到低排列。

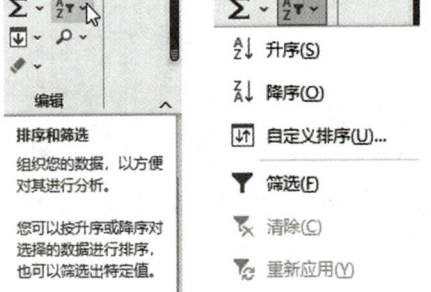

图 2-11 "排序和筛选"下拉列表

图 2-12 "排序"对话框

(2)单击单元格 K3,输入数字 1,单击单元格 K4,输入数字 2,选定 K3、K4 这两个单元格(图 2-13),拖动填充柄到单元格 K14,即可自动填充所有人的排名次序。

图 2-13　自动排名

任务 6　求每门课程的最高分

求每门课程最高分的步骤如下:

(1)单击单元格 B16,输入"最高分"。

(2)单击单元格 C16,单击"插入函数"按钮,打开"插入函数"对话框,在"选择函数"列表框中选择函数"MAX",单击"确定"按钮,打开"函数参数"对话框,将 Number1 数据区域的内容改为"C3:C14",单击"确定"按钮。

(3)选定单元格 C16,向右拖动填充柄到单元格 G16 处,即可求出每门课程的最高分(图 2-14)。

图 2-14　求每门课程的最高分

任务 7　求每门课程的最低分

求每门课程最低分的步骤如下:

(1)单击单元格 A17,输入"最低分"。

(2)单击单元格 C17,单击"插入函数"按钮,打开"插入函数"对话框,在"选择函数"列表框中选择函数"MIN",单击"确定"按钮,打开"函数参数"对话框,将 Number1 数据区域的内容改为"C3:C14",单击"确定"按钮。

(3)选定单元格 C17,向右拖动填充柄到单元格 G17 处,即可求出每门课程的最低分。

任务8　工作表改名并复制

视频讲解

(1)双击工作表 Sheet1,当表名变为反黑色显示时,输入新的表名"成绩分析表"。

(2)在"成绩分析表"上右击,在弹出的快捷菜单中选择"移动或复制"选项(图 2-15),打开"移动或复制工作表"对话框(图 2-16),在该对话框中选择复制后的工作表要存放的位置,并选中"建立副本"复选框。

图 2-15　选择"移动或复制"选项

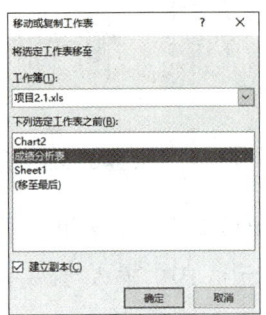

图 2-16　"移动或复制工作表"对话框

任务9　设定条件格式

视频讲解

本子项目要求在各门课程成绩的录入区域中,小于 60 分的成绩用红色显示,大于等于 90 分的成绩用绿色显示。

1. 设置小于 60 分的单元格用红色显示

(1)双击复制后的工作表"成绩分析表(2)"的表名位置,将其改名为"条件格式化的成绩分析表"。

(2)选定单元格区域 A3:G14,单击"开始"选项卡的"样式"组中的"条件格式"下拉按钮,在弹出的下拉列表中选择"突出显示单元格规则"→"小于"选项(图 2-17)。

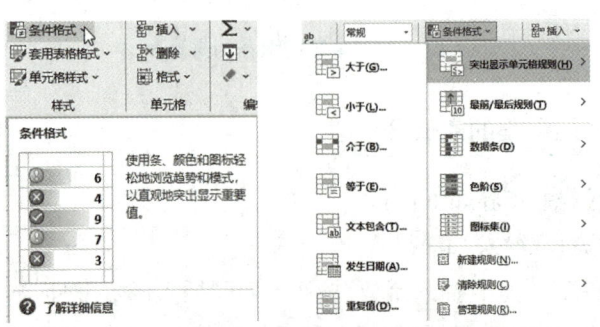

图 2-17　选择"突出显示单元格规则"→"小于"选项

（3）弹出"小于"对话框，在"为小于以下值的单元格设置格式"文本框中输入 60，在"设置为"下拉列表框中选择"浅红填充色深红色文本"选项（图 2-18）。如果不想使用已有样式，可以选择"自定义格式"选项，在打开的"设置单元格格式"对话框中根据需要进行设置。

（4）设置完成后，单击"确定"按钮。

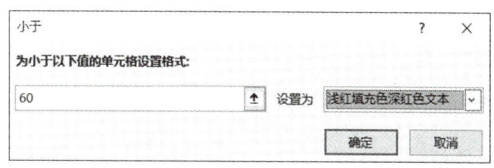

图 2-18　选择"浅红填充色深红色文本"选项

2. 设置大于等于 90 分的单元格用绿色显示

（1）选定单元格区域 A3:G14，单击"开始"选项卡的"样式"组中的"条件格式"下拉按钮，在弹出的下拉列表中选择"突出显示单元格规则"→"其他规则"选项。

（2）弹出"新建格式规则"对话框（图 2-19），在"只为满足以下条件的单元格设置格式"选项组中间的下拉列表框中选择"大于或等于"选项，接着在后面的文本框中输入数值 90。

图 2-19　"新建格式规则"对话框

（3）单击"格式"按钮，打开"设置单元格格式"对话框，将字体颜色设置为"绿色"。

（4）设置完成后，单击"确定"按钮。

任务 10　工作表及单元格的保护

（1）选定"条件格式化的成绩分析表"中的单元格区域 B3:B14，单击"开始"选项卡的"字体"组的对话框启动器，打开"设置单元格格式"对话框，选择"保护"选项卡，取消选中"锁定"复选框（图 2-20）。

视频讲解

项目实战篇

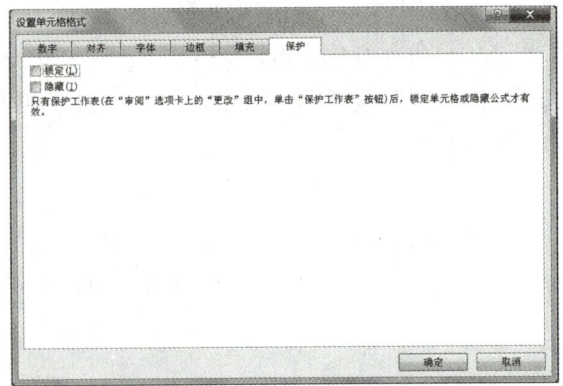

图 2-20　取消选中"锁定"复选框

(2)单击"审阅"选项卡的"更改"组中的"保护工作表"按钮，打开"保护工作表"对话框(图 2-21)，在"取消工作表保护时使用的密码"文本框中输入"123"，单击"确定"按钮，弹出"确认密码"对话框(图 2-22)，在"重新输入密码"文本框中输入"123"，单击"确定"按钮。

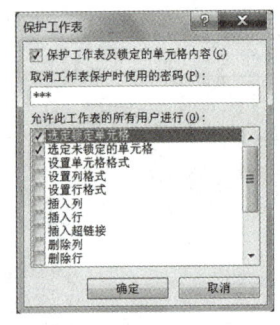

图 2-21　"保护工作表"对话框

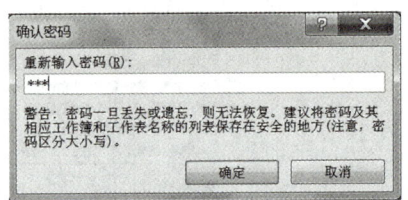

图 2-22　"确认密码"对话框

这样对于这个工作表，就只有"姓名"这一列的数据可以被修改，当双击其他单元格时就会出现图 2-23 所示的提示。如果要求所有的数据都不能被修改，则直接执行第(2)步操作即可。

图 2-23　操作被保护的工作表时出现的提示

任务 11　单元格格式的设置

单元格格式的设置步骤如下：

(1)在"成绩分析表"上右击，在弹出的快捷菜单中选择"移动或复制"选项，打开"移动或复制工作表"对话框。在该对话框中，首先选择复制后的工作

视频讲解

74

表要存放的位置,并选中"建立副本"复选框,然后将复制后的工作表重命名为"格式化的成绩分析表"。

(2)选定单元格区域 A1~K1,单击"开始"选项卡的"字体"组的对话框启动器,打开"设置单元格格式"对话框,选择"对齐"选项卡,分别设置水平对齐和垂直对齐为"居中",选中"合并单元格"复选框(图 2-24),单击"确定"按钮。

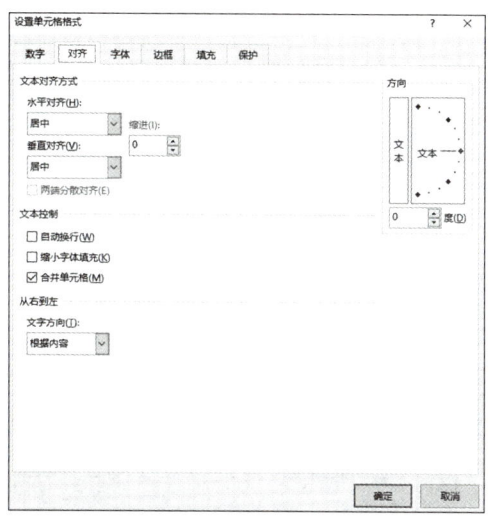

图 2-24　设置文本对齐方式

(3)选择"字体"选项卡,设置字体为"楷体",字形为"加粗",字号为"14",字体颜色为"深蓝"(图 2-25)。

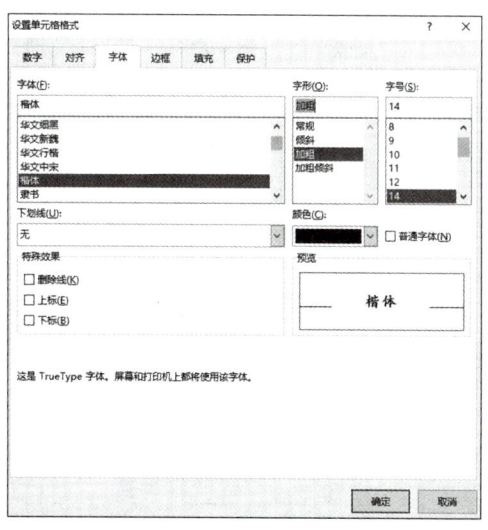

图 2-25　设置字体

(4)选择"填充"选项卡,设置单元格底纹的背景色为"浅蓝",图案颜色为"橙色",图案样式为"12.5% 灰色"(图 2-26)。

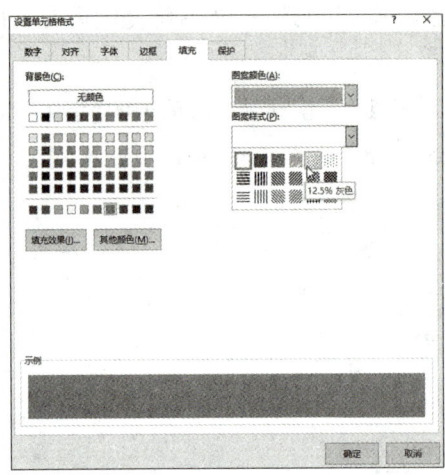

图 2-26　设置单元格底纹

（5）选定单元格区域 A2～K14，单击"开始"选项卡的"字体"组的对话框启动器，打开"设置单元格格式"对话框，选择"边框"选项卡（图 2-27），在"样式"列表中选择粗线，设置颜色为"深蓝"，单击"外边框"按钮；再在"样式"列表中选择细虚线，然后单击"内部"按钮，效果如图 2-28 所示。

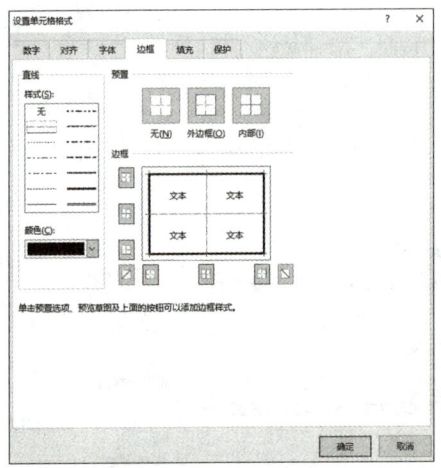

图 2-27　设置单元格边框

学号	姓名	Flash 动画设计	网页设计	高数	英语	C语言程序设计	总成绩	平均成绩	总评	排名
信息技术系计算机应用班2020—2021年第一学期成绩分析表										
20200101	高云河	67	78	70	95	78	388	77.6	良	8
20200102	王洋	87	78	76	86	87	414	82.8	优秀	3
20200103	李丽	80	89	62	87	87	405	81.0	优秀	5
20200104	钱贺佳	70	50	45	56	70	291	58.2	不及格	12
20200105	李磊	76	89	89	70	79	403	80.6	优秀	6
20200106	白志伟	62	80	80	76	62	360	72.0	良	11
20200107	张杰	81	70	57	67	90	365	73.0	良	10
20200108	张素娟	80	90	78	89	80	417	83.4	优秀	2
20200109	赵倩	83	86	89	80	83	421	84.2	优秀	1
20200110	高斌	78	90	78	67	59	372	74.4	良	9
20200111	韩文丽	78	86	78	87	78	407	81.4	优秀	4
20200112	刘兵	89	87	56	80	90	402	80.4	优秀	7

图 2-28　格式化的成绩分析表

任务 12　数据筛选

复制"格式化的成绩分析表",并将复制后的工作表改名为"数据筛选"。数据筛选有以下两种方法。

1. 方法一

(1)选定单元格区域 A2～K14,单击"数据"选项卡的"排序和筛选"组中的"筛选"按钮,在标题行的每一个单元格后出现下拉按钮。

(2)单击"高数"下拉按钮,在弹出的下拉列表中选择"数字筛选"→"大于或等于"选项(图 2-29)。

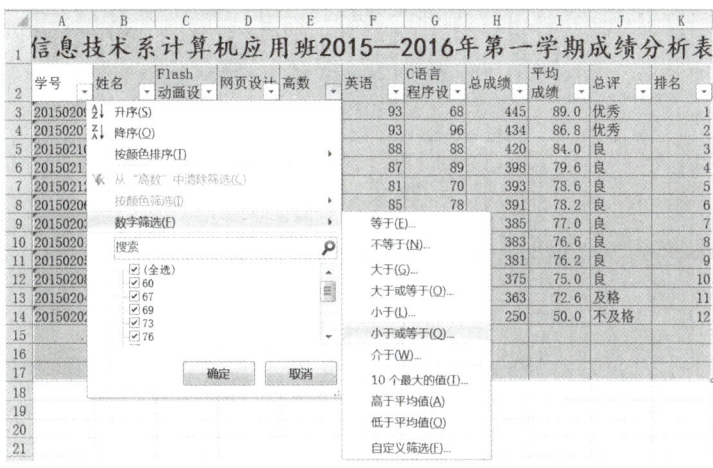

图 2-29　选择"大于或等于"选项

(3)弹出"自定义自动筛选方式"对话框,在"高数"下拉列表框中选择"大于或等于"选项,在右侧的文本框中输入 80(图 2-30),单击"确定"按钮,这样就可以筛选出数学成绩大于或等于 80 的数据。

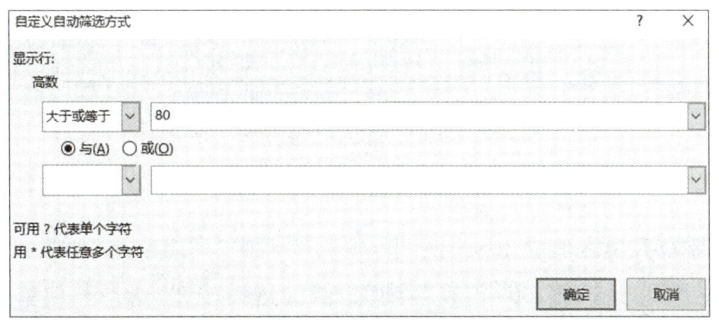

图 2-30　"自定义自动筛选方式"对话框

(4)单击"英语"下拉按钮,按照步骤(2)～(3)同样可以筛选出英语成绩大于或等于 85 的数据。

如果需要将所有的数据再次显示出来，选中"高数"下拉列表中的"全选"复选框即可。如果不想让自动筛选的三角按钮显示，只要再次单击"筛选"按钮即可。

2. 方法二

（1）选定单元格区域 A2～K2，单击"开始"选项卡的"剪贴板"组中的"复制"按钮，将光标移动到目标位置 A20，单击"粘贴"按钮，实现标题行的复制。

（2）在单元格 E21 中输入"＞＝80"，在单元格 F21 中输入"＞＝85"（图 2-31），这样输入表示同时都满足的情况，即"高数＞＝80"且"英语＞＝85"；如果是"高数＞＝80"或"英语＞＝85"，就要输入条件（图 2-32）。

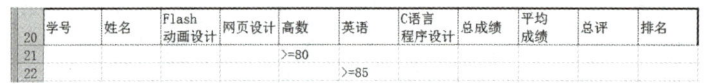

图 2-31　高级筛选条件输入（and 同时满足）

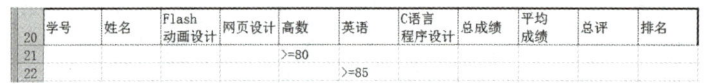

图 2-32　高级筛选条件输入（or 或者满足）

（3）单击"数据"选项卡的"排序和筛选"组中的"高级"按钮，打开"高级筛选"对话框（图 2-33），单击"列表区域"右侧的选择按钮，选择单元格区域 A2～K14；单击"条件区域"右侧的选择按钮，选择单元格区域 A20～K21，单击"确定"按钮，即可在原有区域中显示筛选结果。

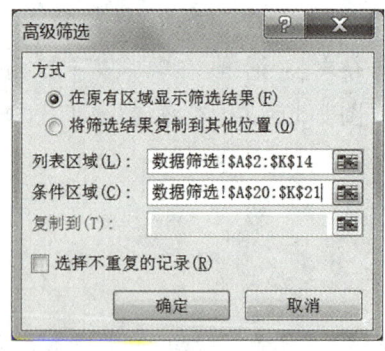

图 2-33　"高级筛选"对话框

（4）如果想要在其他区域显示筛选结果，则需要选中"高级筛选"对话框中的"将筛选结果复制到其他位置"单选按钮，单击"复制到"右侧的选择按钮，选择其他单元格区域，如 A24～K26，即可在这个区域中显示筛选结果。

任务 13　页面设置及打印

利用"页面布局"选项卡的"页面设置"组（图 2-34）中的按钮，可以对需要打印的文档进行页面设置。

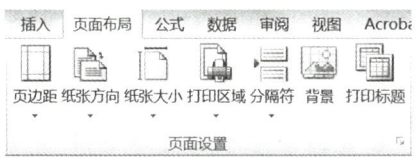

图 2-34 "页面设置"组

(1)单击"页边距"按钮,根据需要在弹出的下拉列表(图 2-35)中选择一种,或者选择"自定义边距"选项,打开"页面设置"对话框(图 2-36),在该对话框中可以设置上、下、左、右边距,页眉、页脚的边距,还可以设置整个表格的居中方式。

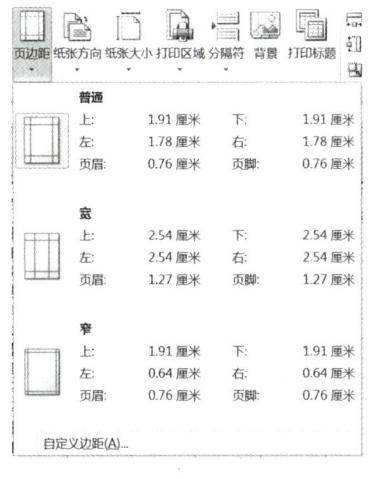

图 2-35 "页边距"下拉列表

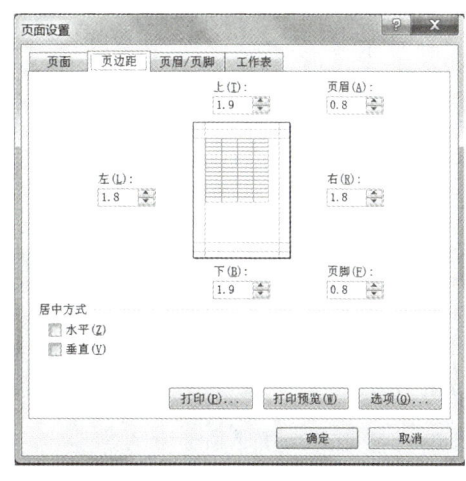

图 2-36 表格的"页面设置"对话框

(2)单击"纸张方向"按钮,弹出下拉列表(图 2-37),可以从中选择一种打印方向,即纵向或横向。

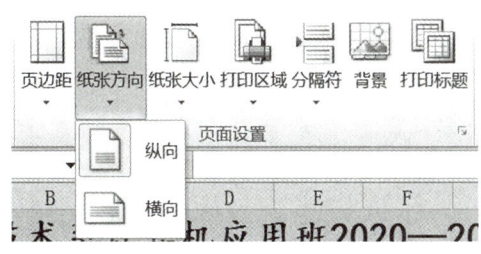

图 2-37 "纸张方向"下拉列表

(3)单击"纸张大小"下拉按钮,在弹出的下拉列表中选择一种,如 A4、B4 等。

(4)选定要打印单元格区域 A1~K18,单击"打印区域"下拉按钮,在弹出的下拉列表中选择"设置打印区域"选项(图 2-38),用户可以根据需要设置打印区域。

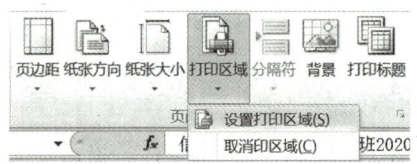

图 2-38 选择"设置打印区域"选项

(5)单击"打印标题"按钮,弹出"页面设置"对话框,选择"页眉/页脚"选项卡(图 2-39),单击"自定义页眉"按钮,打开"页眉"对话框(图 2-40),在"左"文本框中输入班级,在"右"文本框中输入姓名。

图 2-39 "页眉/页脚"选项卡

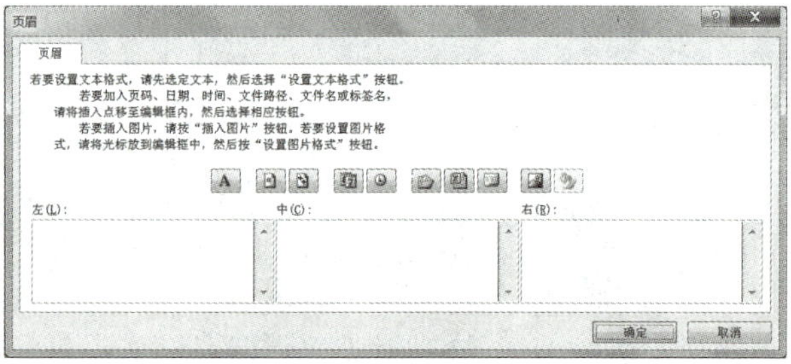

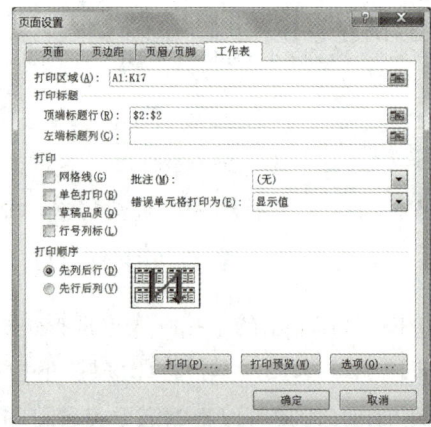

图 2-40 "页眉"对话框

(6)单击"打印标题"按钮,弹出"页面设置"对话框,切换至"工作表"选项卡,若只打印部分区域,则在"打印区域"框中输入要打印的单元格区域;如果工作表有多页,要求每页均打印表头,则单击"顶端标题行"和"左端标题列"右侧的选择按钮选择表头区域。若"顶端标题行"选择"＄2：＄2",则每页表头均以这个区域的数据作为标题行(图 2-41)。

图 2-41 打印顶端标题行的设置

(7)单击"工作表"选项卡中的"打印预览"按钮,弹出"打印"界面(图 2-42),观察效果是否满意。如果预览效果不理想,就关闭该界面,回到编辑窗口进行修改;如果预览效果满意,就可以正式打印,选择需要打印的份数,然后单击"打印"按钮即可。

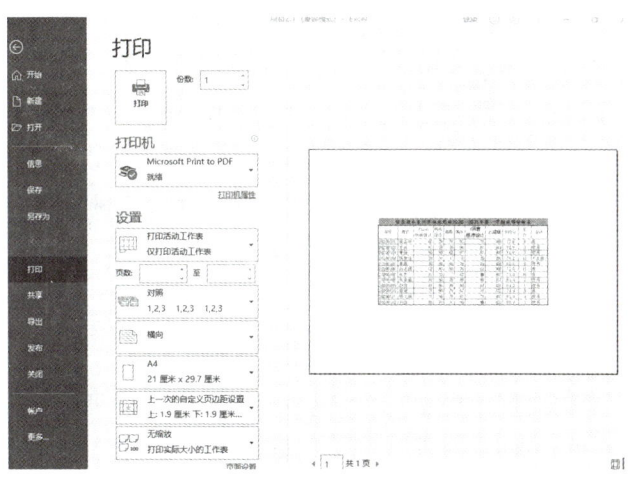

图 2-42　打印预览

知识链接

电子表格实际上是由行和列组成的矩阵构成的。矩阵中的每个元素都作为一个存储单位,称为单元格。每个单元格均可存放数值、变量、字符或公式等信息。用户利用电子表格可以实现数据计算和管理、数据分析和测试等功能,还可以把数据很容易地转换为图形。

1. 基本概念

(1)工作簿。工作簿是指在 Excel 环境中用来存储并处理工作数据的文件,扩展名为".xlsx"。在一个工作簿中可以拥有多个工作表,默认情况下,Excel 2019 新建工作簿后,包含 1 个工作表,工作表的名字是 Sheet1。

(2)工作表。工作表是由多个单元格组成的表格。工作表是工作簿窗口中由暗灰色的横竖线组成的表格,是 Excel 的基本工作平台。每张工作表的行号用数字 1,2,3,……表示,最多可达 1 048 576 行,而列标用 A,B,C,……表示,最多可达 16 384 列。每张表均可定义多个实际表格。

(3)单元格。单元格是表格中行与列的交叉部分,它是组成表格的最小单位。单个数据的输入和修改都是在单元格中进行的。单元格按所在行和列的位置来命名。例如,地址 B5 指的是 B 列与第 5 行交叉位置上的单元格。

2. 数据的输入

在工作表中输入数据是最基本的操作。Excel 允许接受以下三种类型的数据:

(1)文本。文本包括中英文的文字、符号、字符型数字及它们的组合。文本型数据在单元格中靠左对齐。

(2)数值。数值包括数字0~9和特殊符号(正号、负号、小数点、货币符号、百分号、指数符号E和e、千位分隔符及小括号)。数值型数据在单元格中靠右对齐。

(3)日期和时间。Excel中内置了一些日期和时间的格式。常见的日期格式为yy|mm|dd、yy-mm-dd、mm|dd、mm-dd。常见的时间格式是hh:mm:ss AM|PM。其中,AM代表上午,PM代表下午,hh:mm:ss与AM|PM之间应有空格,否则Excel会视作文本处理。

输入数据前,先单击某个单元格使之成为活动单元格,再输入数据。输入结束后,按Enter键、Tab键或单击编辑栏中的"√"按钮或单击另一单元格确认输入。按Esc键或单击编辑栏的"×"按钮,取消输入。

3. 数据的编辑

1)修改数据

修改数据时可以单击要修改的单元格,直接输入新内容即可;或者双击要修改的单元格,这时插入点出现在单元格中,将插入点移动到要修改处进行修改,修改完后,按Esc键或单击"编辑栏"中的"取消"按钮放弃修改,单击"输入"按钮或按Enter键确认修改;也可以在编辑栏中修改数据,方法是选中要修改的单元格,在编辑工作区中单击要修改的字符进行修改。

2)复制数据

方法1:单击要复制的数据所在的单元格,将鼠标指针移至单元格的边框附近,当鼠标指针变为十字箭头时,按住Ctrl键,再按住鼠标左键拖动到目标单元格即可。

方法2:选中要复制的数据所在的单元格,先将数据复制到"剪贴板"中(可以通过以下方法进行复制:单击"开始"选项卡的"剪贴板"组中的"复制"按钮;或使用"复制"的快捷键Ctrl+C;或者右击,在弹出的快捷菜单中选择"复制"选项),再选中目标单元格,将"剪贴板"中的数据粘贴到目标单元格中(可以通过以下方法进行粘贴:单击"开始"选项卡的"剪贴板"组中的"粘贴"按钮;或使用"粘贴"的快捷键Ctrl+V;或者右击,在弹出的快捷菜单中选择"粘贴"选项)。

3)移动数据

方法1:单击要移动的数据所在的单元格,鼠标指针接近其边框,当指针形状变为十字箭头时,按住鼠标左键拖动到目的单元格即可。

方法2:选中要移动的数据所在的单元格,先将数据剪切到"剪贴板"中(可以通过以下方法进行:单击"开始"选项卡的"剪贴板"组中的"剪切"按钮;或使用"剪切"的快捷键Ctrl+X;或者右击,在弹出的快捷菜单中选择"剪切"选项),再选中目标单元格,将"剪贴板"中的数据"粘贴"到目标单元格中(可以通过以下方法进行粘贴:单击"开始"选项卡的"剪贴板"组中的"粘贴"按钮;或使用"粘贴"的快捷键Ctrl+V;或者右击,在弹出的快捷菜单中选择"粘贴"选项)。

4)删除数据

选中要删除的数据,按 Delete 键即可。此种操作只是将单元格中的数据删除,而单元格本身仍然存在。要将单元格连同内容一起删除,可单击"开始"选项卡的"单元格"组中的"删除"下拉按钮,在弹出的下拉列表中选择删除单元格、行、列或整个工作表。

单击"开始"选项卡的"编辑"组中的"清除"按钮,在弹出的下拉列表中选择清除其数据、格式或批注等。

5)查找/替换数据

单击"开始"选项卡的"编辑"组中的"查找和选择"按钮,在弹出的下拉列表中选择"查找"选项,弹出"查找和替换"对话框,在"查找内容"文本框中输入要查找的内容,单击"查找下一处"按钮即可进行查找;当要将找到的内容进行替换时,可以切换至"替换"选项卡(或者单击"开始"选项卡的"编辑"组中的"查找和选择"下拉按钮,在弹出的下拉列表中选择"替换"选项),在"替换为"文本框中输入要替换的内容,每单击一次"替换"按钮,系统将找到的一个内容进行替换,若单击"全部替换"按钮,则系统将找到的全部内容进行替换。

6)选择性粘贴数据

选择性粘贴数据时,单击"开始"选项卡的"剪贴板"组中的"粘贴"下拉按钮,在弹出的下拉列表中选择"选择性粘贴"选项,在弹出的"选择性粘贴"对话框(图 2-43)的"粘贴"选项组中选择要粘贴的数据属性(如格式、数值等),在"运算"选项组中选择源单元格数据与目标单元格数据进行运算的种类,并将结果放在目标单元格中(如果不需要运算,则选中"无"单选按钮)。

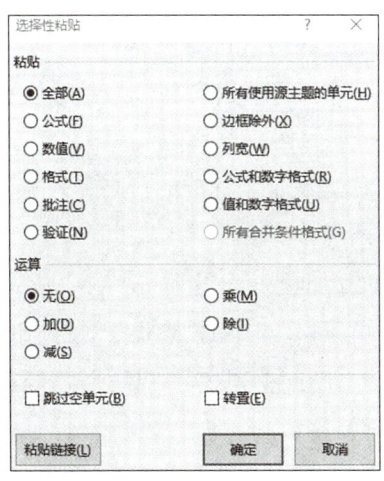

图 2-43 "选择性粘贴"对话框

7)撤销或恢复操作

在编辑时如有误操作,可以使用快速访问工具栏中的"撤消"按钮撤销刚才的操作。如果撤销操作有误,还可以使用"恢复"按钮恢复之前的操作。

4. 单元格格式的设置

1) 数字数据的显示格式

单元格中的数字格式可以通过"设置单元格格式"对话框中的"数字"选项卡或"开始"选项卡的"数字"组中的工具进行设置。

(1) 使用对话框。选中要设置数字格式的单元格,单击"开始"选项卡的"数字"组的对话框启动器,弹出"设置单元格格式"对话框,在"数字"选项卡的"分类"列表中选择需要的格式,最后单击"确定"按钮。

(2) 使用命令按钮。选中要设置数字格式的单元格,分别单击"数字"组中的"会计数字格式" 、"百分比样式"% 、"千位分隔样式" , 、"增加小数位数" 、"减少小数位数" 按钮即可。

2) 设置字体与对齐方式

(1) 设置字体。

① 使用命令按钮。选择要设置字符格式的单元格,在"开始"选项卡的"字体"组中设置字体、字号、颜色及其他修饰效果。

② 使用对话框。选择要设置字符格式的单元格,单击"开始"选项卡的"字体"组的对话框启动器,弹出"设置单元格格式"对话框,在"字体"选项卡中设置字符的格式。

(2) 设置对齐方式。

① 使用命令按钮。选定要设置对齐方式的单元格或单元格区域,根据需要单击"开始"选项卡的"对齐方式"组中的"文本左对齐""文本右对齐""居中"按钮。

② 使用对话框。选定要设置对齐方式的单元格,单击"开始"选项卡的"对齐方式"组的对话框启动器,弹出"设置单元格格式"对话框,在"对齐"选项卡中设置对齐方式。

3) 行高和列宽的调整

在默认情况下,Excel 为工作表设定了标准的行高和列宽,当达不到表格设计要求时,可重新调整。调整的方法有以下两种:

(1) 用鼠标拖动行号、列标的边框线。

(2) 单击"开始"选项卡的"单元格"组中的"格式"下拉按钮 ,在弹出的下拉列表中选择"行高""自动调整行高""列宽""自动调整列宽""默认列宽"等选项来完成设置。

4) 边框和底纹

默认情况下,电子表格的边框线是打印不出来的,要打印出边框线,则必须设置边框。另外,对表格中的单元格适当使用底纹,可使表格看起来更加美观。边框和底纹分别在"设置单元格格式"对话框的"边框"和"图案"选项卡中进行设置。

通常,打开"设置单元格格式"对话框有两种方式:一种方式是在已选中的单元格上右击,然后从弹出的快捷菜单中选择"设置单元格格式"选项;另一种方式是在选中要设置格式的单元格之后,单击"开始"选项卡的"字体"组的对话框启动器。

5. 公式

在单元格中输入公式和函数,可以快速地对表格中的数据进行计算。在数据被修改后,公式的计算结果也会自动更新。

输入公式时应以等号开始,在单元格中显示的是公式的计算结果,在编辑栏中显示的是公式。在公式中可以使用数学运算符、关系运算符、文本运算符、引用运算符和括号()。

(1) 数学运算符:+、-、*、/、^(乘方)、%(百分比)。

(2) 关系运算符:>、>=、<、<=、=、<>。

(3) 文本运算符:&。

(4) 引用运算符:区域符(:)、空格运算符、逗号运算符。

① 区域符用来指定一个区域,以便在公式中引用。例如,C3:C6 代表由 C3、C4、C5、C6 这四个单元格组成的区域。要计算这四个单元格中的数据之和,只要在某单元格中输入公式"=SUM(C3:C6)"即可。

② 空格运算符用来指定两个区域相交的部分。例如,在某单元格中输入公式"=SUM(C3:C6 C5:D7)",按 Enter 键后,该单元格中显示 C3:C6 单元格区域和 C5:D7 单元格区域的重叠部分,即 C5 和 C6 单元格中的数据总和。

③ 逗号运算符用来指定由多个单元格区域组成的区域。例如,在某单元格中输入公式"=SUM(C3,C4,C6)",按 Enter 键后,该单元格中显示的是 C3、C4、C6 单元格中的数据总和。

运算符的优先级按由高到低的次序是:( )、%、^、*、/、+、-、&、关系运算符。如果优先级相同,按从左到右的顺序计算。

6. 函数

Excel 提供了许多内置函数,很多复杂的数学计算、财务计算和统计计算都被设计成函数。

1) 函数的输入

(1) 手工输入。单击要输入函数的单元格,输入"="和函数。例如,输入"=SUM(D3:D6)"。

(2) 使用"插入函数"按钮。单击要输入函数的单元格,单击"插入函数"按钮,在弹出的"插入函数"对话框中选择要插入的函数,输入参数,单击"确定"按钮。参数可以是单元格引用、数值、字符和逻辑型常数。函数格式如下:

函数名(参数 1,参数 2,…,参数 n)

2) Excel 常用函数

(1) SUM(number1,number2,…)。

功能:求参数的总和。

如果参数的单元格引用中有文本、逻辑值或空单元格,则忽略其值。文本型的数字串直接作为参数时,则计算在内;逻辑值直接作为参数时,true 被当作 1,false 被当作 0。

例如,SUM("3",2,TRUE)等于 6;SUM(A1:A3),假设 A1 为文本"3",A2 为 true,A3 为 2,则结果为 2。

(2)AVERAGE(number1,number2,…)。

功能:求参数的算术平均值。

(3)COUNT(number1,number2,…)。

功能:计算所给参数中数字的个数。

(4)COUNTIF(range,criteria)。其中,range 为给定的单元格区域,criteria 为给定的条件,条件可以是数字、文本或表达式。

功能:计算给定区域内满足给定条件的单元格的数目。

例如,COUNTIF(F4:F6,90)是求 F4:F6 区域中等于 90 的单元格的数目,假设 F4:F6 区域的值分别为 50、100、90,则结果为 1;COUNTIF(F4:F6,">=90")是求 F4:F6 区域中大于或等于 90 的单元格的数目,假设 F4:F6 区域的值分别为 50、100、200,则结果为 2;若在某单元格中输入"=COUNTIF(F4:F6,">=80")-COUNTIF(F4:F6,">=90")",则是在求 F4:F6 区域中大于等于 80 且小于 90 的单元格的数目,假设 F4:F6 区域的值分别为 85、87、70,则结果为 2。

(5)MAX(number1,number2,…)。

功能:计算给定参数的最大值。

(6)MIN(number1,number2,…)。

功能:计算给定参数的最小值。

(7)SUMIF(range,criteria,sum_range)。其中,range 为用于条件判断的单元格区域,criteria 为条件,sum_range 为需要求和的单元格区域,只有当 range 中的单元格满足给定条件时,才对 sum_range 中的单元格求和。如果省略 sum_range,则直接对 range 中的单元格求和。

功能:根据指定条件对指定单元格求和。

(8)DATE(year,month,day)。

功能:返回给定日期。如果单元格中的数字格式设置为"常规",则返回与日期对应的序列数。

(9)NOW()。

功能:返回系统当前的日期和时间。如果单元格中的数字格式设置为"常规",则返回对应的序列数。函数 NOW()只有在重新计算时,其值才会更新。

(10)VLOOKUP (lookup_value,table_array,col_index_num,[range_lookup])。

功能:纵向查找函数,按列查找相匹配的值,返回与 lookup_value 关键字相匹配的记录的指定列对应的值。

VLOOKUP 参数具体作用见表 2-1。

表 2-1　VLOOKUP 参数

参　数	是否可选	作　用		
lookup_value（查找的值）	必选	lookup_value 是要在表格或区域的第一列中搜索的值。lookup_value 参数可以是值或引用 如果为 lookup_value 参数提供的值小于 table_array 参数第一列中的最小值，将返回错误值♯N/A		
table_array（查找区域）	必选	table_array 必须包含数据的单元格区域，可以使用对区域（如 A2:D8）或区域名称的引用 table_array 第一列中的值是由 lookup_value 搜索的值。这些值可以是文本、数字或逻辑值。文本不区分大小写		
col_index_num（在查找区域中的列数）	必选	table_array 参数中必须返回匹配值的列号。col_index_num 参数为 1 时，返回 table_array 第一列中的值；col_index_num 为 2 时，返回 table_array 第二列中的值，依此类推 如果 col_index_num 参数小于 1，则 VLOOKUP 返回错误值♯VALUE!。大于 table_array 的列数，则 VLOOKUP 返回错误值♯REF!		
range_lookup（模糊或精确匹配）	可选	range_lookup 是个逻辑值，为 TRUE 或 FALSE，指定 VLOOKUP 查找精确匹配值或近似匹配值		
		TRUE 或被省略	返回精确匹配值或近似匹配值。如果找不到精确匹配值，则返回小于 lookup_value 的最大值	
			必须按升序排列 table_array 第一列中的值；否则，VLOOKUP 可能无法返回正确的值	
		FALSE	不需要对 table_array 第一列中的值进行排序 只查找精确匹配值。如果 table_array 的第一列中有两个或更多值与 lookup_value 匹配，则使用第一个找到的值 如果找不到精确匹配值，则返回错误值♯N/A	

7. 单元格的引用

Excel 单元格的引用包括绝对引用、相对引用和混合引用三种。

1）绝对引用

单元格中的绝对单元格引用（如＄F＄6）总是在指定位置引用单元格。即使公式所在单元格的位置发生了改变，绝对引用的单元格也始终保持不变。即使多行或多列地复制公式，绝对引用也不做调整。默认情况下，新公式使用相对引用，需要将它们转换为绝对引用。例如，如果将单元格 B2 中的绝对引用（如＄F＄6）复制到单元格 B3，则这两个单元格中都将是＄F＄6。

2)相对引用

公式中的相对单元格引用(如 A1)是基于包含公式和单元格引用的单元格的相对位置。如果公式所在单元格的位置发生改变,引用也随之改变。如果多行或多列地复制公式,则引用会自动调整。默认情况下,新公式使用相对引用。例如,如果将单元格 B2 中的相对引用复制到单元格 B3,引用自动从"＝A1"调整到"＝A2"。

3)混合引用

混合引用具有绝对列和相对行,或是绝对行和相对列。绝对引用列采用＄A1、＄B1 等形式。绝对引用行采用 A＄1、B＄1 等形式。如果公式所在单元格的位置发生改变,则相对引用会改变,而绝对引用不变。如果多行或多列地复制公式,则相对引用会自动调整,而绝对引用不做调整。例如,如果将一个混合引用从 A2 复制到 B3,它将从"＝A＄1"调整到"＝B＄1"。

在 Excel 中输入公式时,只要正确使用 F4 键,就能简单地对单元格的相对引用和绝对引用进行切换。

8. 工作表的管理

1)工作表的选取

(1)单击工作表标签可查看表格。

(2)按住 Ctrl 键不放,单击其他工作表,可实现多个表的选取。

2)工作表的插入

单击工作表标签区域的 按钮即可插入新工作表;或者执行以下操作插入新工作表:选中某一工作表,右击,在弹出的快捷菜单中选择"插入"选项,弹出"插入"对话框,选择"工作表"选项,单击"确定"按钮。

3)工作表的复制

执行以下操作复制工作表:右击要复制的工作表,在弹出的快捷菜单中选择"移动或复制"选项,在弹出的"移动或复制工作表"对话框中选中"建立副本"复选框,单击"确定"按钮。

4)工作表的移动

执行以下操作移动工作表:单击工作表标签不放,拖动鼠标指针到另一工作表标签前面,松开鼠标左键。

5)工作表的重命名

执行以下操作对工作表重命名:右击新工作表的标签,在弹出的快捷菜单中选择"重命名"选项,输入名称,按 Enter 键。

6)工作表的删除

执行以下操作删除工作表:选定该工作表,右击,从弹出的快捷菜单中选择"删除"选项。

9. 数据排序

在 Excel 2019 中,可以根据需要对表格中的数据重新组织行的顺序,称为数据排序。在数据排序中,可以按字母或数字的升序、降序排序,对于汉字可以按拼音字母顺序或笔画多少排序。

排序的方法有以下两种：

(1)通过单击"数据"选项卡的"排序和筛选"组中的"升序"按钮 或"降序"按钮 来完成简单的排序；或者单击"开始"选项卡的"编辑"组中的"排序和筛选"下拉按钮，在弹出的下拉列表中选择"升序"或"降序"选项完成简单的排序。

(2)单击"数据"选项卡的"排序和筛选"组中的"排序"按钮，在弹出的"排序"对话框中进行设置，完成复杂的排序；或者单击"开始"选项卡的"编辑"组中的"排序和筛选"下拉按钮，在弹出的下拉列表中选择"自定义排序"选项，在弹出的"排序"对话框中进行设置，完成复杂的排序。

10. 数据筛选

数据筛选是指将符合指定条件的数据显示出来，而将不符合条件的数据隐藏起来。数据筛选的操作是通过单击"数据"选项卡的"排序和筛选"组中的"筛选"按钮来实现的，这种方式称为自动筛选，列标题中会出现一个筛选器图标▼，单击此图标会弹出下拉列表，用户可以根据需要进行筛选。

如果筛选条件只涉及一个字段，则使用"自动筛选"选项；如果筛选条件涉及多个字段，则使用"高级筛选"选项。

如果在筛选后要显示全部数据，则单击"清除"按钮，即可将数据全部显示出来。

要执行筛选操作，在数据列表中必须有列标题。

子项目2　制作职工工资表

　项目描述

Excel可以方便、快捷地统计、分析和处理数据。小王所在的新力公司的工资发放标准要综合员工的资历、岗位、业绩等因素制定，计算复杂且不能出错。他了解到Excel可以方便、快捷地完成职工工资表的制作。

通过完成这个任务，小王意识到做任何事情，一定要细心、认真、耐心，而且一定要克服畏难心理，要锲而不舍地钻研学习。

职工工资表的数据如图2-44所示。

	A	B	C	D	E	F	G	H	I	J	K	L	M	N	O	P
1								职工工资表								
2	编号	月份	姓名	部门	性别	工龄	工龄工资	职务工资	通信交通津贴	奖金	养老保险	住房公积金	应发工资	应纳税工资	应交税额	实发工资
3	001	7	张云帆	人事部	男	23	2000	1000	1200	2000	336	210	6200	654	19.62	6180
4	002	7	刘丹	销售部	女	17	2000	500	800	2000	264	165	5300	0	0	5300
5	003	7	江勇	研发部	男	20	2000	1000	1200	1800	336	210	6000	454	13.62	5986
6	004	7	李力明	销售部	男	16	2000	800	1000	1800	304	190	5600	106	3.18	5597
7	005	7	肖鹏	研发部	女	11	1500	500	800	1400	224	140	4200	0	0	4200
8	006	7	周陶	会计部	男	15	2000	1000	1200	2000	336	210	6200	654	19.62	6180
9	007	7	崔明宇	公关部	男	18	2000	800	1000	1800	304	190	5600	106	3.18	5597
10	008	7	黄丽娜	公关部	女	14	1500	800	1000	1800	264	165	5100	0	0	5100
11	009	7	陈勇亮	销售部	男	23	2000	1000	1200	1800	336	210	6000	454	13.62	5986

图2-44　职工工资表的数据

学习目标

(1)学会公式及常用函数的使用方法。

(2)学会对数据进行分类汇总。

(3)学会插入图表及对图表进行修饰。

(4)培养严谨、认真的职业素养和锲而不舍的拼搏精神,能够克服学习和工作中的畏难情绪。

项目实施

任务1　生成职工表、职务工资表、通信交通午餐补助表、考核表

1. 生成职工表

生成职工表的步骤如下:

(1)启动 Excel 2019,在 Sheet1 工作表中输入职工的基本信息(图 2-45),并将 Sheet1 重命名为"职工表"。

视频讲解　　视频讲解　　视频讲解

图 2-45　输入职工的基本信息

(2)工龄采用公式和函数来计算。在单元格 G3 中输入公式"= YEAR(NOW()) − YEAR(F3)",结果应为 23,但由于默认的单元格格式是日期格式,所以会显示为"1900/1/23"。首先单击"开始"选项卡的"字体"组的对话框启动器,打开"设置单元格格式"对话框,切换至"数字"选项卡,在"分类"列表中选择"常规"选项,单击"确定"按钮。然后拖动填充柄将公式复制到其他单元格,即可求出所有职工的工龄。

(3)选定单元格区域 A2:G11,在名称框中输入名称 jbxx,对这个单元格区域的名称进行定义,以便以后函数调用时使用(图 2-46)。

jbxx　　fx 编号

	A	B	C	D	E	F	G
1	职工表						
2	编号	姓名	部门	性别	职务	参加工作时间	工龄
3	001	张云帆	人事部	男	经理	1999/6/8	23
4	002	刘丹	销售部	女	职员	2005/7/9	17
5	003	江勇	研发部	男	经理	2002/9/16	20
6	004	李力明	销售部	男	业务	2005/9/1	16
7	005	肖丽	研发部	女	职员	2011/6/9	11
8	006	周陶	会计部	男	经理	2007/6/4	15
9	007	崔明宇	公关部	男	业务	2004/12/5	18
10	008	黄丽娜	公关部	女	业务	2008/6/23	14
11	009	陈勇亮	销售部	男	经理	1999/12/19	23

图 2-46　定义单元格区域的名称

2. 生成职务工资表

在 Sheet2 工作表中输入数据(图 2-47)。选定单元格区域 A3:B5,在名称框中输入名称 zwgz,对这个单元格区域的名称进行定义,以便以后函数调用时使用。将 Sheet2 改名为“职务工资表”。

3. 生成通信交通午餐补助表

在 Sheet3 工作表中输入数据(图 2-48)。选定单元格区域 A3:B5,在名称框中输入名称 txjt,对这个单元格区域的名称进行定义,以便以后函数调用时使用。将 Sheet3 改名为“通信交通午餐补助表”。

	A	B
1		
2	职务	职务工资
3	经理	1000
4	职员	500
5	业务	800

图 2-47　职务工资表

	A	B
1		
2	职务	标准
3	经理	1200
4	职员	800
5	业务	1000

图 2-48　通信交通午餐补助表

4. 生成考核表

生成考核表的步骤如下:

(1)插入新工作表,并将工作表改名为“考核表”。

(2)输入数据(图 2-49),计算奖金(90 分以上 2 000 元,80 分以上 1 800 元,70 分以上 1 600元,60 分以上 1 400 元,60 分以下一300 元)。在 D2 单元格中输入公式“=IF(C2>=90,2000,IF(C2>=80,1800,IF(C2>=70,1600,IF(C2>=60,1400,-300))))”,即可计算该名职工的奖金,然后拖动填充柄将公式复制到其他单元格,即可求出所有职工的奖金。

(3)选定单元格区域 A2:D10,在名称框中输入名称 kh,对这个单元格区域的名称进行定义,以便以后函数调用时使用。

图 2-49 考核表

任务 2　生成职工工资表

生成职工工资表的步骤如下:

(1)插入新工作表,然后输入图 2-44 所示的标题行,并将工作表改名为"职工工资表"。在职工表中,选定单元格区域 A2:D11,将"编号""姓名""部门""性别"这四列数据复制到"职工工资表"中。

(2)在"姓名"列前插入一列"月份",在 B3 单元格中输入"=MONTH(NOW())",然后拖动填充柄将公式复制到其他单元格。

(3)在 F2 单元格中输入"工龄",在 F3 单元格中输入"=VLOOKUP(A3,jbxx,7)",然后拖动填充柄将公式复制到其他单元格,将职工表中的"工龄"这一列的数据导入当前表中。

(4)工龄工资的计算通过使用 IF 函数的嵌套来实现。在 G2 单元格中输入"工龄工资",在 G3 单元格中输入"=IF(F3>=15,2000,IF(F3>=10,1500,IF(F3>=5,1000,IF(F3>=3,800,500))))",然后拖动填充柄将公式复制到其他单元格。

(5)职务工资的计算通过使用 VLOOKUP 函数的嵌套来实现。在 H2 单元格中输入"职务工资",在 H3 单元格中先使用"=VLOOKUP(A3,jbxx,5,FALSE)"求得该条记录的职务值,然后继续使用 VLOOKUP 函数导入"职务工资表"中对应的数据。在 H3 单元格中输入公式"=VLOOKUP(VLOOKUP(A3,jbxx,5,FALSE),zwgz,2,FALSE)",然后拖动填充柄将公式复制到其他单元格。

(6)通信交通津贴的计算也采用上述方法,即通过使用 VLOOKUP 函数的嵌套来实现。在 I2 单元格中输入"通信交通津贴",在 I3 单元格中输入公式"=VLOOKUP(VLOOKUP(A3,jbxx,5,FALSE),txjt,2,FALSE)",然后拖动填充柄将公式复制到其他单元格。

(7)奖金的计算可使用 VLOOKUP 函数来实现。在 J2 单元格中输入"奖金",在 J3 单元格中输入公式"=VLOOKUP(A3,kh,4)",然后拖动填充柄将公式复制到其他单元格。

(8)养老保险的计算。在 K2 单元格中输入"养老保险",在 K3 单元格中输入公式"=

SUM(G3:I3)*0.08",然后拖动填充柄将公式复制到其他单元格。

(9)住房公积金的计算。在L2单元格中输入"住房公积金",在L3单元格中输入公式"=SUM(G3:I3)*0.05",然后拖动填充柄将公式复制到其他单元格。

(10)应发工资的计算。在M2单元格中输入"应发工资",在M3单元格中输入公式"=SUM(G3:J3)",然后拖动填充柄将公式复制到其他单元格。

(11)应纳税工资的计算。从2018年10月1日起,我国个人所得税起征点由现行的每月3 500元提高到每月5 000元。若"应发工资"减去"五险一金"后(本子项目中减去"住房公积金"和"养老保险")大于5 000,那么超过部分就需要纳税,否则不需要纳税。利用IF函数来计算应纳税工资。在N2单元格中输入"应纳税工资",在N3单元格中输入公式"=IF(M3-K3-L3-5000>0,M3-K3-L3-5000,0)",然后拖动填充柄将公式复制到其他单元格。

(12)应交税额的计算。利用IF函数来计算应交税额。根据个人纳税等级(表2-2),应纳税工资在3 000元以内的乘以3%;应纳税工资在3 000~12 000元的乘以10%,然后减去速算扣除数210;应纳税工资在12 000~25 000元的乘以20%,然后减去速算扣除数1 410。在O2单元格中输入"应交税额",在O3单元格中输入公式"=IF(N3>=12000,N3*0.2-1410,IF(N3>=3000,N3*0.1-210,N3*0.03))",然后拖动填充柄将公式复制到其他单元格。

表2-2 个人纳税等级

级 数	应纳税所得额(含税)	税率/%	速算扣除数
1	不超过3 000元的部分	3	0
2	超过3 000元至12 000元的部分	10	210
3	超过12 000元至25 000元的部分	20	1 410
4	超过25 000元至35 000元的部分	25	2 660
5	超过35 000元至55 000元的部分	30	4 410
6	超过55 000元至80 000元的部分	35	7 160
7	超过80 000元的部分	45	15 160

(13)实发工资的计算。在P2单元格中输入"实发工资"。实发工资的计算结果要求是整数,所以在P3单元格中输入公式"=ROUND(M3-K3-L3-O3,0)",然后拖动填充柄将公式复制到其他单元格。

  任务3 生成职工工资条

生成职工工资条的步骤如下:

(1)新建工作表,并重命名为"工资条",复制工作表"职工工资表"的数据,使用"选择性粘贴",只粘贴数值到当前工作表中。

视频讲解

(2)选定 A2～P2 单元格区域,将该区域填充为"黄色";接着,单击"开始"选项卡的"剪贴板"组中的"复制"按钮,将光标移动到目标位置 A12,单击"开始"选项卡的"剪贴板"组中的"粘贴"按钮,复制标题行。

(3)选定 A12～P12 单元格区域,拖动填充柄,将标题行再复制 7 个(图 2-50)。

图 2-50 复制标题行

(4)在 Q3 单元格中输入"1",右键拖动填充柄到 Q11,在弹出的快捷菜单中选择"序列"选项,打开"序列"对话框,在"步长值"文本框中输入"2",然后单击"确定"按钮,即可在单元格区域 Q3:Q11 中输入数 1～17 的所有奇数。

(5)在单元格 Q12 中输入"2",同步骤(4)的方法一样,在单元格区域 Q12:Q19 中输入数 2～16 的所有偶数。

(6)单击 Q 列的任意一个单元格,单击"数据"选项卡的"排序和筛选"组中的"升序"按钮,结果如图 2-51 所示。

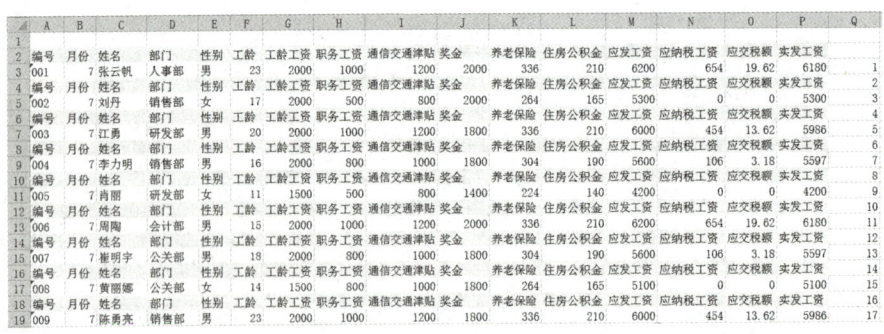

图 2-51 按升序排列数据

(7)选定 Q 列,单击"开始"选项卡的"单元格"组中的"格式"下拉按钮,在弹出的下拉列表中选择"隐藏和取消隐藏"→"隐藏列"选项,把 Q 列隐藏,这样职工工资条就制作好了(图 2-52)。

	A	B	C	D	E	F	G	H	I	J	K	L	M	N	O	P
1																
2	编号	月份	姓名	部门	性别	工龄	工龄工资	职务工资	通信交通津贴	奖金	养老保险	住房公积金	应发工资	应纳税工资	应交税额	实发工资
3	001	7	张云帆	人事部	男	23	2000	1000	1200	2000	336	210	6200	654	19.62	6180
4	编号	月份	姓名	部门	性别	工龄	工龄工资	职务工资	通信交通津贴	奖金	养老保险	住房公积金	应发工资	应纳税工资	应交税额	实发工资
5	002	7	刘丹	销售部	女	17	2000	500	800	2000	264	165	5300	0	0	5300
6	编号	月份	姓名	部门	性别	工龄	工龄工资	职务工资	通信交通津贴	奖金	养老保险	住房公积金	应发工资	应纳税工资	应交税额	实发工资
7	003	7	江勇	研发部	男	20	2000	1000	1200	1800	336	210	6000	454	13.62	5986
8	编号	月份	姓名	部门	性别	工龄	工龄工资	职务工资	通信交通津贴	奖金	养老保险	住房公积金	应发工资	应纳税工资	应交税额	实发工资
9	004	7	李力明	销售部	男	16	2000	800	1000	1800	304	190	5600	106	3.18	5597
10	编号	月份	姓名	部门	性别	工龄	工龄工资	职务工资	通信交通津贴	奖金	养老保险	住房公积金	应发工资	应纳税工资	应交税额	实发工资
11	005	7	肖丽	研发部	女	11	1500	500	800	1400	224	140	4200	0	0	4200
12	编号	月份	姓名	部门	性别	工龄	工龄工资	职务工资	通信交通津贴	奖金	养老保险	住房公积金	应发工资	应纳税工资	应交税额	实发工资
13	006	7	周陶	会计部	男	15	2000	1000	1200	2000	336	210	6200	654	19.62	6180
14	编号	月份	姓名	部门	性别	工龄	工龄工资	职务工资	通信交通津贴	奖金	养老保险	住房公积金	应发工资	应纳税工资	应交税额	实发工资
15	007	7	崔明宇	公关部	男	18	2000	800	1000	1800	304	190	5600	106	3.18	5597
16	编号	月份	姓名	部门	性别	工龄	工龄工资	职务工资	通信交通津贴	奖金	养老保险	住房公积金	应发工资	应纳税工资	应交税额	实发工资
17	008	7	黄丽娜	公关部	女	14	1500	800	1000	1800	264	165	5100	0	0	5100
18	编号	月份	姓名	部门	性别	工龄	工龄工资	职务工资	通信交通津贴	奖金	养老保险	住房公积金	应发工资	应纳税工资	应交税额	实发工资
19	009	7	陈勇亮	销售部	男	23	2000	1000	1200	1800	336	210	6000	454	13.62	5986

图 2-52　制作好的职工工资条

任务 4　统计各部门实发工资的总和及平均值

视频讲解

（1）在“职工工资表”中单击“部门”列的任一单元格，单击“数据”选项卡的“排序和筛选”组中的“升序”按钮或“降序”按钮，就可以“部门”为主要关键字进行排序。

（2）选定“职工工资表”中的所有数据，单击“数据”选项卡的“分级显示”组中的“分类汇总”按钮，打开“分类汇总”对话框（图 2-53），在“分类字段”下拉列表框中选择“部门”，在“汇总方式”下拉列表框中选择“求和”，在“选定汇总项”列表框中选中“实发工资”复选框，然后单击“确定”按钮。分类汇总后的结果如图 2-54 所示。

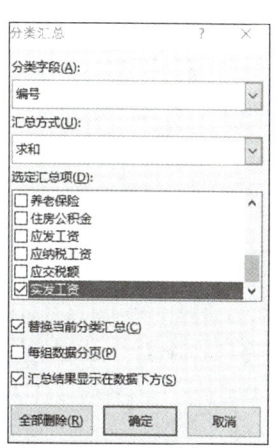

图 2-53　“分类汇总”对话框

	A	B					G	H	I	J	K	L	M	N	O	P
1																
2	编号	月份	姓名	部门	性别	工龄	工龄工资	职务工资	通讯交通津贴	奖金	养老保险	住房公积金	应发工资	应纳税工资	应交税额	实发工资
3	007	2	崔明宇	公关部	男	18	2000	1000	1200	1600	464	290	5800	46	1.38	5044.62
4	008	2	黄丽娜	公关部	女	14	1500	500	800	1600	352	220	4400	0	0	3828
5				公关部 汇总												8872.62
6	006	2	周陶	会计部	男	15	2000	500	800	2000	424	265	5300	0	0	4611
7				会计部 汇总												4611
8	001	2	张云帆	人事部	男	23	2000	1000	1200	2000	496	310	6200	394	11.82	5382.18
9				人事部 汇总												5382.18
10	002	2	刘丹	销售部	女	17	2000	800	1000	2000	464	290	5800	46	1.38	5044.62
11	004	2	李力明	销售部	男	16	2000	1000	1200	1600	464	290	5800	46	1.38	5044.62
12	009	2	陈勇亮	销售部	男	23	2000	800	1000	1600	432	270	5400	0	0	4698
13				销售部 汇总												14787.2
14	003	2	江勇	研发部	男	20	2000	1000	1200	1600	464	290	5800	46	1.38	5044.62
15	005	2	肖丽	研发部	女	11	1500	500	800	1400	336	210	4200	0	0	3654
16				研发部 汇总												8698.62
17				总计												42351.7
18																

图 2-54　以部门分类汇总实发工资总和的结果

（3）再选定职工工资表，单击“数据”选项卡的“分级显示”组中的“分类汇总”按钮，打开“分类汇总”对话框，在“汇总方式”下拉列表框中选择“平均值”，取消选中“替换当前分类汇总”复选框，然后单击“确定”按钮。分类汇总后的结果如图 2-55 所示。

项目实战篇

图 2-55 以部门分类汇总实发工资平均值的结果

任务5　创建图表

创建图表的步骤如下：

(1)选定"职工工资表"为当前工作表，选定不连续的单元格区域 C2:C11 和 P2:P11。

(2)单击"插入"选项卡的"图表"组中的"柱形图"下拉按钮，在弹出的下拉列表中选择"二维柱形图"中的"簇状柱形图"(图 2-56)。

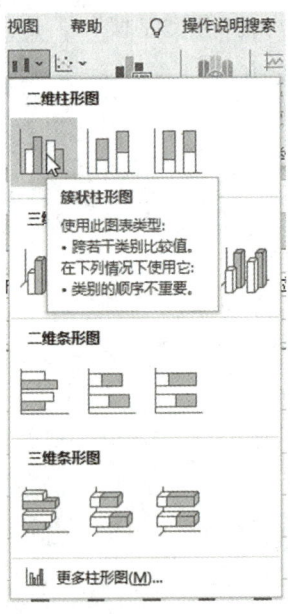

图 2-56　选择"簇状柱形图"

(3)自动生成如图 2-57 所示的图表，并在标题栏中出现"图表工具"上下文选项卡，其下有"设计"和"格式"两个选项卡(图 2-58)。

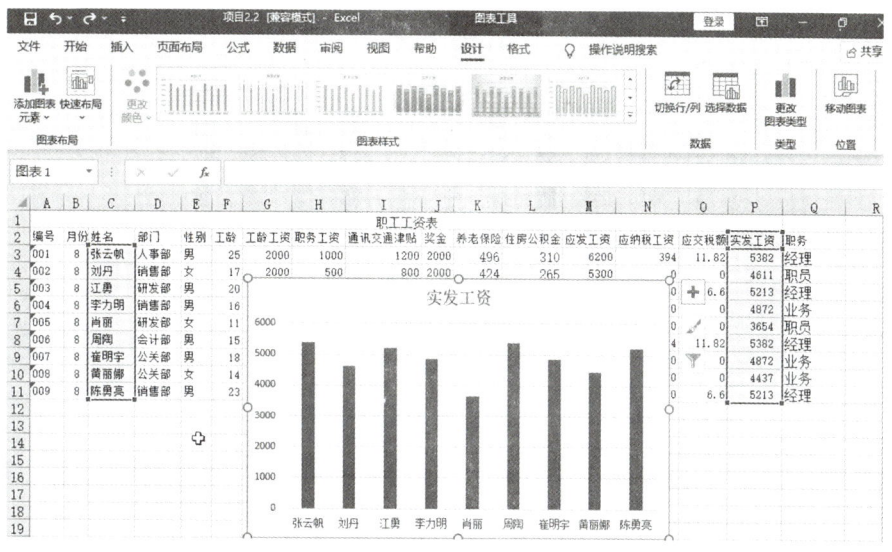

图 2-57 自动生成的图表

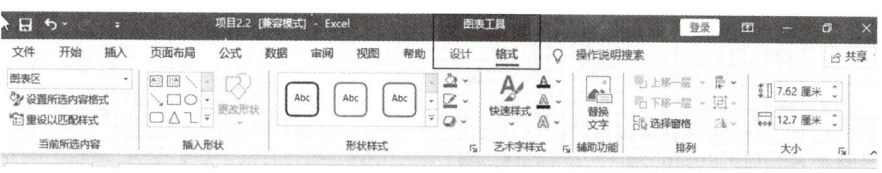

图 2-58 "图表工具"上下文选项卡

(4)对于上面所生成的图表,可以根据需要使用一些系统已有的模板进行编辑,如利用"图表工具-设计"选项卡的"图表布局"组中的"快速布局"下拉按钮对图表的布局进行设置。快速布局在界面上显示有 11 种布局(图 2-59),可在弹出的 11 种布局中选择一种布局。

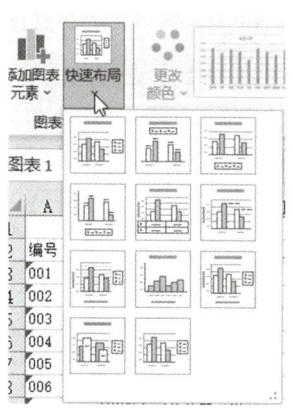

图 2-59 图表的 11 种快速布局

(5)选择"布局 5"后的图表效果如图 2-60 所示。在此效果图中可以设置"坐标轴标题",单击该位置,输入"实发工资";还可以修改标题的字体、字号和字体颜色。

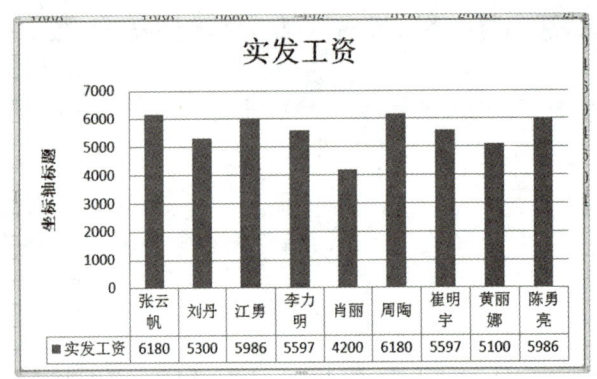

图 2-60　使用"布局 5"后的图表效果

(6)在图表标题"实发工资"处单击,修改标题为"职工实发工资分析图",还可以修改标题的字体、字号和字体颜色。

(7)在"设计"选项卡中还有"图表样式"列表(图 2-61),可以根据需要选择其中一种,如果当前界面中的样式不能满足需要,可以单击右面的"其他"按钮，在弹出的包括 16 种样式的列表中选择一种样式,如选择"样式 16"。

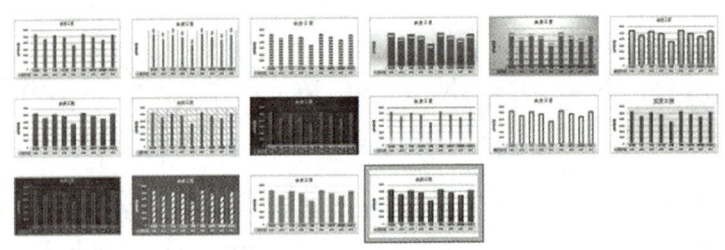

图 2-61　图表样式

(8)在"设计"选项卡的"图表样式"组中单击"更改颜色"下拉按钮,在弹出的颜色列表中选择"单色"组的第 4 个,通过使用上述模板生成的图表样例如图 2-62 所示。

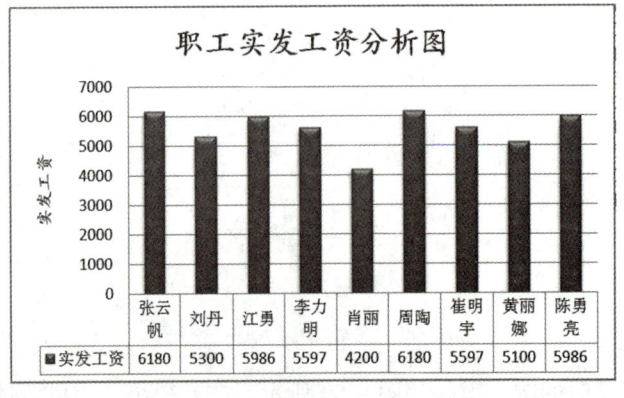

图 2-62　应用模板生成的图表样例

(9)单击"设计"选项卡的"位置"组中的"移动图表"按钮,打开"移动图表"对话框(图 2-63),选择放置图表的位置是"新工作表"还是"对象位于"某个工作表中。

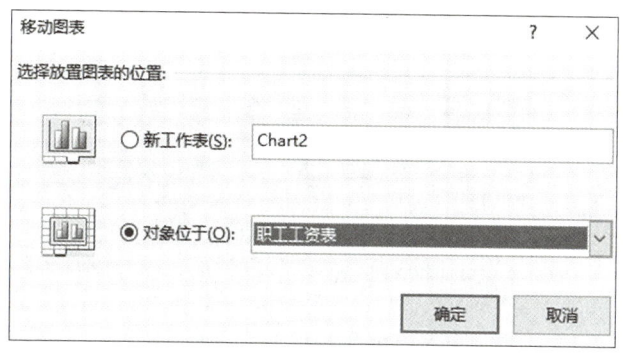

图 2-63 "移动图表"对话框

任务 6 修饰图表

1. 修改数据区域

选定要修改的图表,单击"图表工具-设计"选项卡的"数据"组中的"选择数据"按钮,弹出"选择数据源"对话框(图 2-64),在该对话框中可以重新设置引用的单元格区域,如要增加每个职工的"应纳税工资"系列的图表,就可选定 C2:C11、N2:N11、P2:P11 这个数据区域,这样"选择数据源"对话框的"图例项(系列)"中就会增加"应纳税工资"一项,单击"确定"按钮,就可生成修改后的图表(图 2-65)。

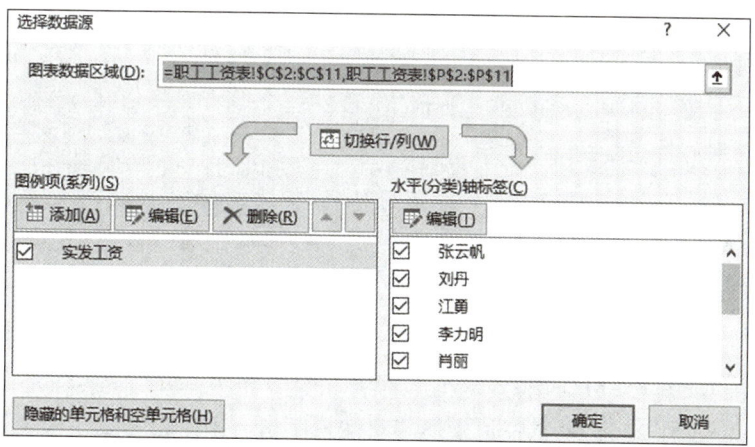

图 2-64 "选择数据源"对话框

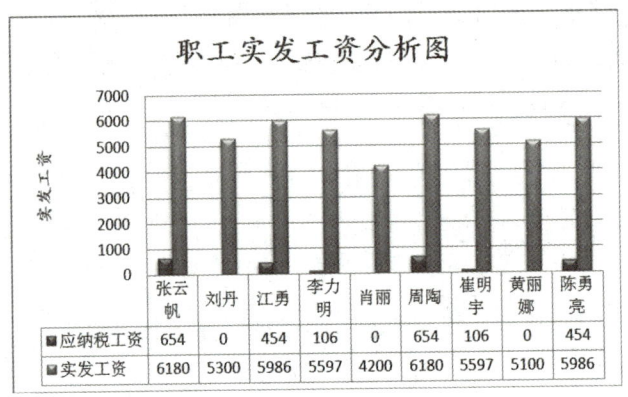

图 2-65　增加"应纳税工资"系列的图表

2. 修改图表类型

如果要修改图表的所有数据系列的图表类型,只要选定要修改的图表,单击"图表工具-设计"选项卡的"类型"组中的"更改图表类型"按钮,弹出"更改图表类型"对话框(图 2-66),在该对话框中选择要修改成的图表类型即可。

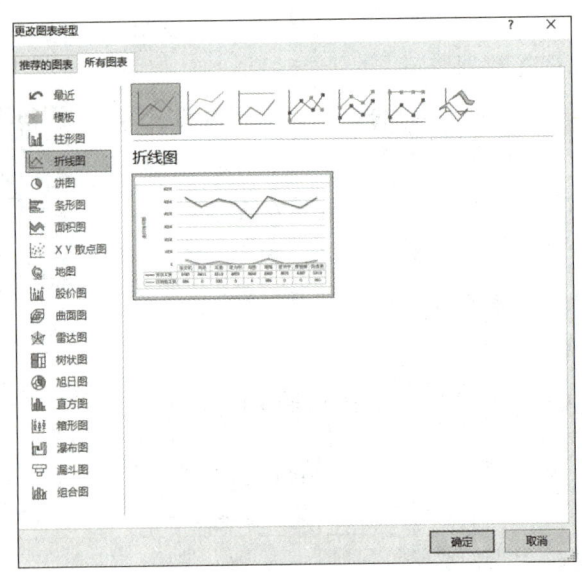

图 2-66　"更改图表类型"对话框

如果要修改图表的某一个数据系列的图表类型,只需在弹出的"更改图表类型"对话框中选择"组合图"选项,窗口右面就会显示四种组合好的样式,选择其中之一,如选择第一个样式,则"实发工资"用的是"簇状柱形图","应纳税工资"用的是"折线图"。如果当前样式不能满足需要,可以在窗口列出的系列之后的下拉列表中重新选择(图 2-67)。

本例选择第一个样式,单击图表标题,将其修改为"职工工资分析图",单击图表坐标轴,将其改为"工资",修改后的效果如图 2-68 所示。

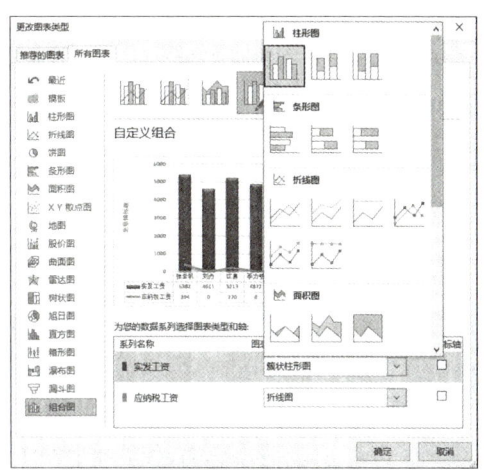

图 2-67　选择"组合图"

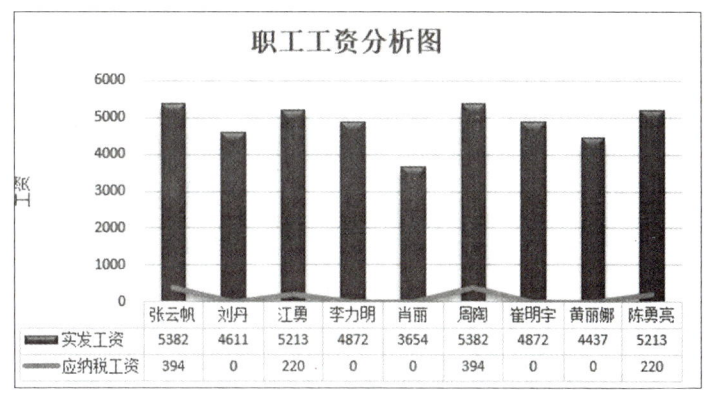

图 2-68　修改"应纳税工资"数据系列的图表类型

3. 修改图表标题

1）修改图表标题的内容

单击"图表工具-格式"选项卡的"当前所选内容"组中的"图表元素"下拉按钮,在弹出的下拉列表中选择"图表标题"选项(图 2-69),光标插入点在标题位置处闪烁,这时就可以修改标题内容了。

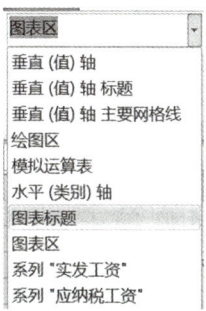

图 2-69　选择"图表标题"选项

2)修改图表标题的格式

按照上面的方法修改好标题内容后,单击"图表工具-格式"选项卡的"当前所选内容"组中(图2-70)的"设置所选内容格式"按钮,弹出"设置图表标题格式"窗格(图2-71),在该窗格中有"标题选项"和"文本选项"两个选项卡,可以对图表标题的填充、边框、阴影、发光和柔化边缘、三维格式、对齐方式进行设置。

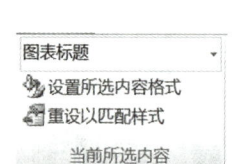

图2-70 "当前所选内容"组

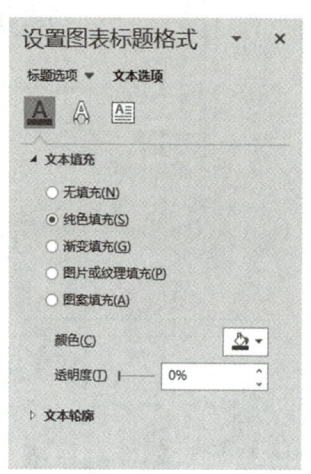

图2-71 "设置图表标题格式"窗格

4. 修改坐标标题

1)修改横坐标标题

插入图表后,在图表的右侧会出现"图表元素""图表样式"和"图表筛选器"三个按钮(图2-72)。

单击"图表元素"按钮,在弹出的下拉列表中选择"坐标轴标题"选项,并单击右面的小三角,在弹出的列表中选择"主要横坐标轴"选项,这时在图表下方会出现"坐标轴标题"几个字(图2-73),单击该位置即可输入标题,如本例的"姓名"。

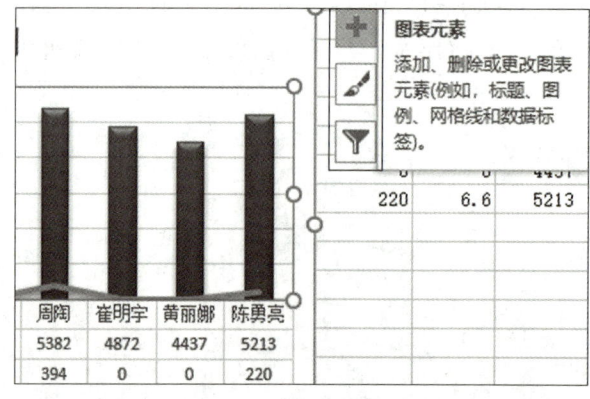

图2-72 单击"图表元素"按钮

如果选择"更多选项"选项,则会弹出"设置坐标轴标题格式"窗格,在该窗格中有"标题选项"和"文本选项"两个选项卡,可以对横坐标标题的填充、边框、阴影、发光和柔化边缘、三维格式、对齐方式进行设置。

2)修改纵坐标标题

单击"图表元素"按钮,弹出下拉列表,选择"坐标轴标题"选项,并单击右面的小三角,在弹出的列表中选择"主要纵坐标轴"选项,这时图表左侧会出现"坐标轴标题"几个字(图2-73),单击该位置即可输入标题,如本例的"工资"。

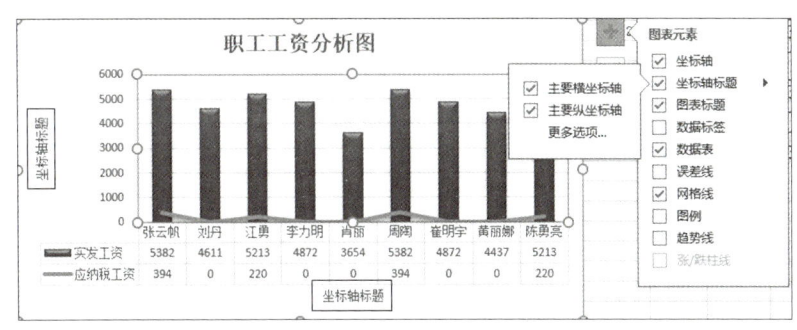

图2-73 "图表元素"列表

5. 修改图例

单击"图表元素"按钮,弹出下拉列表,选择"图例"选项,并单击右面的小三角,在弹出的列表中选择图例要放置的位置(图2-74)。

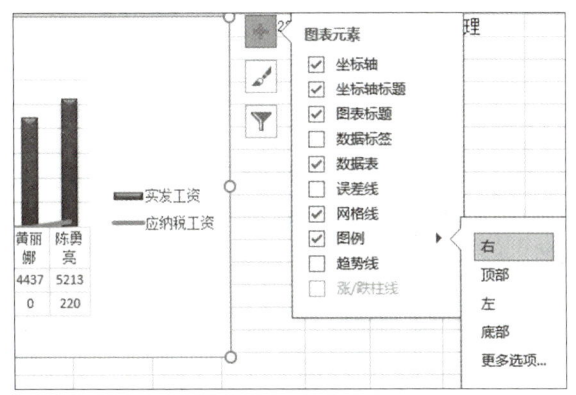

图2-74 选择"图例"要放置的位置

如果选择"更多选项"选项,则会弹出"设置图例格式"窗格,在该窗格中可以对图例的位置、填充、边框、阴影、发光和柔化边缘进行设置。

6. 修改数据标签

单击"图表元素"按钮,弹出下拉列表,选择"数据标签"选项,并单击右面的小三角,在弹出的列表中选择数据标签要放置的位置。例如,选择"数据标签外"选项(图2-75)的效果如图2-76所示。

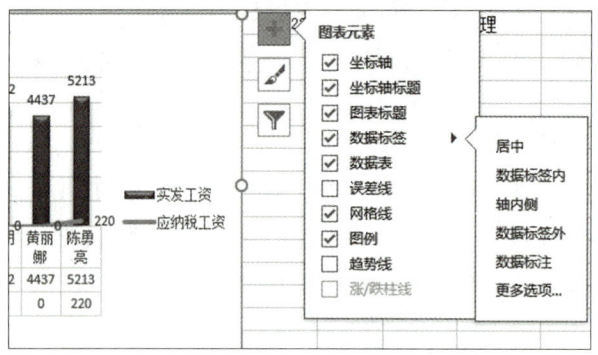

图 2-75　选择"数据标签外"选项

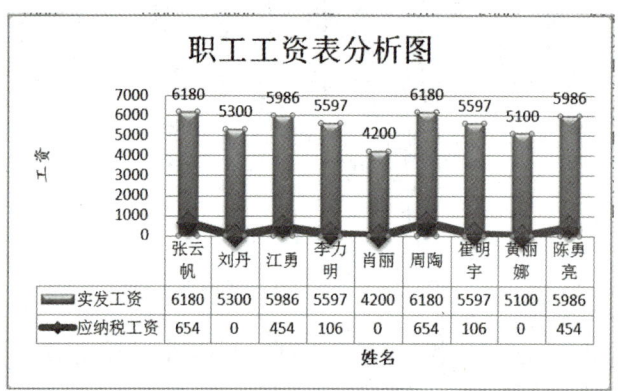

图 2-76　选择"数据标签外"选项的效果

如果选择"更多选项"选项，则会弹出"设置数据标签格式"窗格，在该窗格中可以对数据标签的选项、数字、填充、边框、阴影、发光和柔化边缘、三维格式、对齐方式进行设置。

7. 显示或隐藏数据表（模拟运算表）

单击"图表元素"按钮，在弹出的下拉列表中可以设置图表下方的数据表（模拟运算表）显示或不显示。单击右面的小三角，在弹出的列表中选择显示或不显示"图例项标示"（图 2-77）。

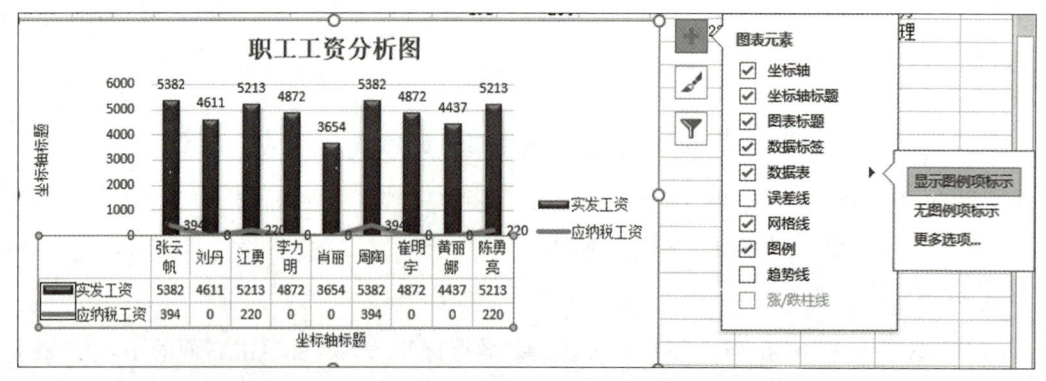

图 2-77　设置图表下方的数据表（模拟运算表）显示或不显示

8. 显示或隐藏坐标轴

单击"图表元素"按钮,在弹出的下拉列表中可以设置坐标轴显示或不显示。单击右面的小三角,在弹出的列表中选择"主要横坐标轴"或"主要纵坐标轴"显示或不显示(图2-78)。

如果选择"更多选项"选项,则会弹出"设置坐标轴格式"窗格,在该窗格中有"坐标轴选项"和"文本选项"两个选项卡,可以同时对横纵坐标轴格式的选项、数字、填充、边框、阴影、发光和柔化边缘、三维格式、对齐方式进行设置。

如果只对纵坐标轴格式进行设置,就要选中"主要纵坐标轴"复选框,取消选中"主要横坐标轴"复选框,再选择"更多选项"选项,则会弹出"设置坐标轴格式"窗格(图2-79),在该窗格中可以单独对"主要纵坐标轴"进行设置。例如,要设置成图2-81所示的刻度格式,在图2-79中可以选择"坐标轴选项"下的"坐标轴选项",修改纵坐标的"边界"最大值为8000;单位的最大值为"900",最小值为"300"。这样就可设置纵坐标的主要刻度为900,次要刻度为300。

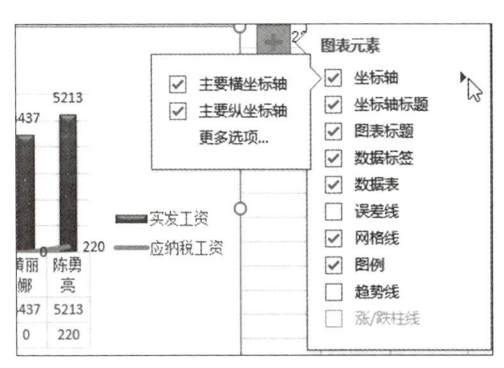

图2-78 设置坐标轴的显示

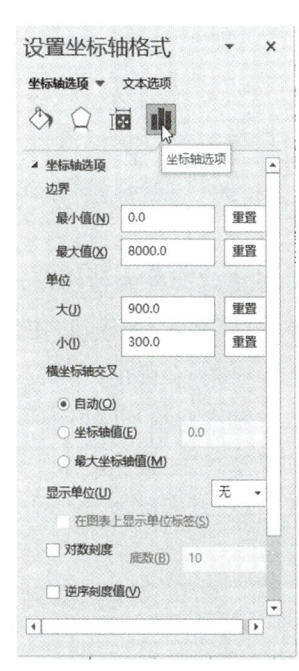

图2-79 设置纵坐标轴的显示

如果要设置成"横坐标轴"的文字竖排格式(图2-81),首先要取消选中"数据表"复选框,让"数据表"不显示;接着选中"主要横坐标轴"复选框,再选择"更多选项"选项,则会弹出"设置坐标轴格式"窗格,选择"文本选项"下的"文本框",设置文本框的"文字方向"为"堆积"(图2-80)。

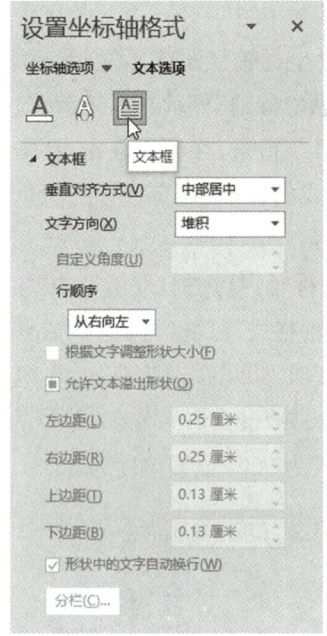

图 2-80 设置横坐标轴的显示

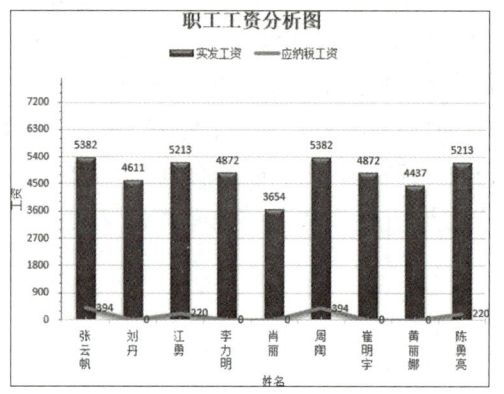

图 2-81 设置纵坐标轴的显示效果

9. 显示或隐藏表格网格线

单击"图表元素"按钮,在弹出的下拉列表中,可以设置所有网格线显示或不显示。单击右面的小三角,在弹出的列表中可以分别设置选择"主轴主要水平网格线""主轴主要垂直网格线""主轴次要水平网格线"或"主轴次要垂直网格线"显示或不显示(图 2-82)。

如果选择"主轴主要水平网格线"选项,接着选择"更多选项"选项,则会弹出"设置主要网格线格式"对话框,在该对话框中可对网格线的线条颜色、线型、阴影、发光和柔化边缘进行设置。

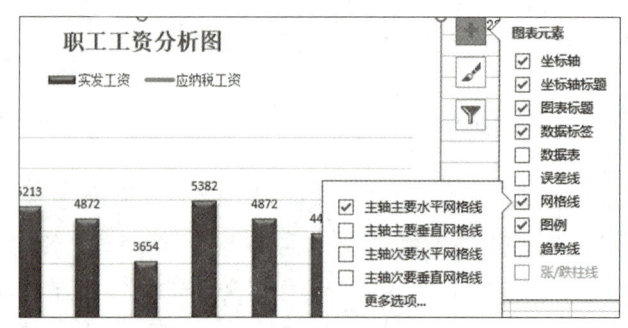

图 2-82 "网格线"列表

10. 设置绘图区

单击"图表工具-格式"选项卡中的"当前所选内容"组中的"图表元素"下拉按钮,在弹出的下拉列表中选择"绘图区"选项(图 2-83),接着单击"设置所选内容格式"按钮,弹出"设置绘图区格式"窗格，在该窗格中可以对绘图区的填充、边框、阴影、发光和柔化边缘、三维格式进行设置。

例如，在"设置绘图区格式"窗格中，选择"绘图区选项"下的"填充"选项，设置"绘图区"的填充为"渐变填充"下"预设渐变"的一种（图 2-84）；选择"绘图区选项"下的"效果"选项，接着选择"发光"下预设的一种（图 2-85）。

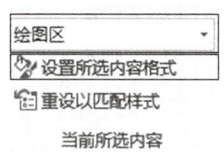

图 2-83　选择"绘图区"选项

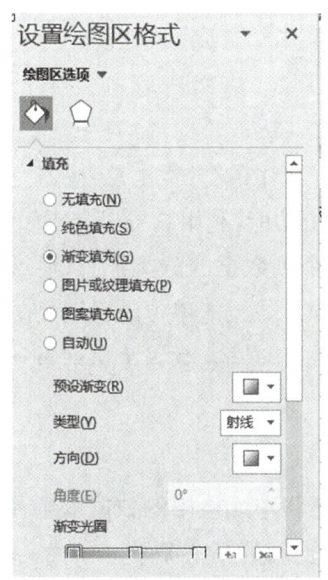 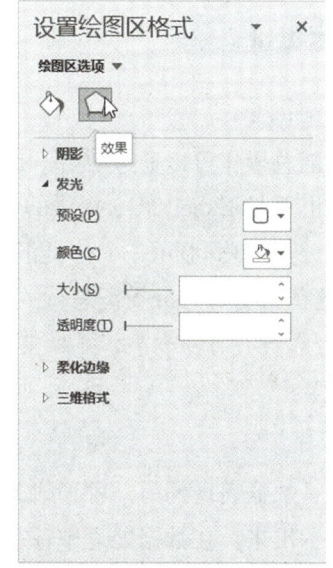

图 2-84　选择"绘图区选项"下的"填充"选项　　　图 2-85　选择"绘图区选项"下的"效果"选项

11. 设置图表区

单击"图表工具-格式"选项卡的"当前所选内容"组中的"图表元素"下拉按钮，在弹出的下拉列表中选择"图表区"选项，接着单击"设置所选内容格式"按钮，弹出"设置图表区格式"窗格，在该窗格中可以对"图表区"的填充、边框、阴影、发光和柔化边缘、三维格式进行设置。

例如，在"设置图表区格式"窗格中选择"图表区选项"下的"填充"选项，设置"图表区"的填充为"图片或纹理填充"下"纹理"的一种；选择"图表区选项"下的"效果"选项，接着选择"阴影"下预设的一种。

通过上述一系列设置对图表进行修饰的参考效果如图 2-86 所示。

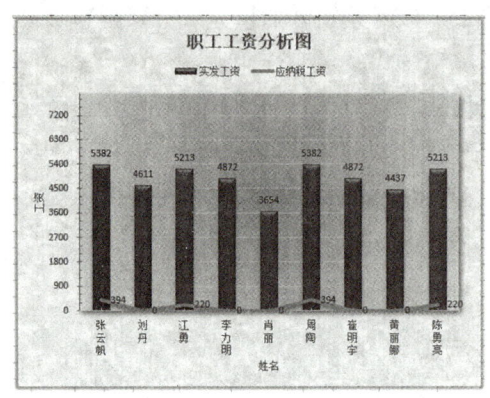

图 2-86　职工工资分析图的修饰效果

知识链接

1. 分类汇总

分类汇总操作可以通过"数据"选项卡的"分级显示"组中的"分类汇总"按钮完成。

分类汇总是 Excel 2019 提供的一个重要的数据分析功能,利用它可以完成如下工作:显示一列的分类汇总;显示一个分类汇总行,该行有若干个列数据的分类汇总;显示多重分类汇总行,这些行有每一分类汇总行的不同计算;隐藏或显示数据清单中的明细数据。

注意:在进行自动分类汇总之前,必须对数据清单进行排序。数据清单的第一行里必须有列标题。

2. 图表

图表是数据表现的另一种形式。数据的图表化就是将单元格中的数据以各种统计图表的形式显示出来。在数据处理中,图表能直观地表示数据间的复杂关系。在特定情况下,一张精心设计的图表表达更加清晰明白,更具说服力和吸引力。

常用的统计图表包括柱形图、饼图、折线图等。此外,用户还可以根据需要选择设置二维图表和三维图表,设置图表的颜色、大小、位置等。

图表的修改是指对图表及图表中的对象进行编辑。图表修改一般包括改变图表类型,修改图表中数据,添加和删除数据,添加标题及数据标志,增加文本和图形,对图表进行移动及调整大小,等等。

修改图表的途径有很多种。尽管可以通过选项卡来完成,但由于这些操作分布在不同的选项卡中,使用起来不是很方便。比较方便的做法是借助"图表工具"栏,而最方便的做法是直接在需要修改的位置右击,从弹出的快捷菜单中选择相应的选项。

项目 3

PowerPoint 2019 演示文稿

PowerPoint 2019 与 Word 2019、Excel 2019 等应用软件一样，是 Microsoft Office 2019 中的一个组件，是当前流行的制作演示文稿的软件之一。它简单易学、功能强大、快捷高效，制作者只需将展示的内容添加到一张张幻灯片中，并设置好这些内容的动画显示效果和放映控制等属性，即可制作出包含文字、图片、声音、视频、动画等元素的图文并茂的多媒体演示文稿。制作的演示文稿可在计算机屏幕或投影仪上播放。

子项目 1　制作标题页

项目描述

新力公司招了一批新员工，公司准备在这些新员工上岗之前对他们进行爱岗敬业、敢于创新、勇于承担的职业培训。为此，领导安排小王制作了一份包括公司简介、管理机构、经营状况等内容的"新力公司新员工培训"演示文稿，效果如图 3-1 所示。

在完成标题页的制作方面，小王下了很大功夫，他查找资料，寻找合适的样例，最终决定利用在标题页上加电影胶片动画效果来整体展示公司。

项目实战篇

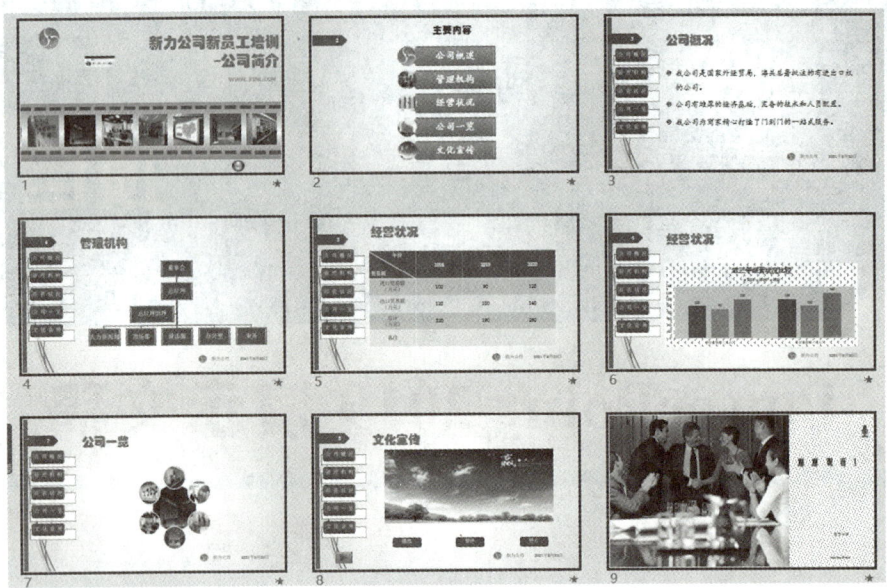

图 3-1 "新力公司新员工培训"演示文稿效果

学习目标

(1) 学会使用 PowerPoint 创建与保存演示文稿的方法。
(2) 学会在幻灯片中输入并编辑文本。
(3) 学会在幻灯片中插入并编辑图片、图形等。
(4) 树立正确的人生观、世界观、价值观。

项目实施

任务 1　启动并认识 PowerPoint 2019

1. 启动 PowerPoint 2019

执行"开始"→"所有程序"→"PowerPoint 2019"命令，或双击桌面上的 PowerPoint 2019 快捷方式图标，即可启动 PowerPoint 2019（图 3-2），单击该界面中的"空白演示文稿"图标，打开 PowerPoint 2019 的工作界面（图 3-3）。

视频讲解

110

图 3-2　PowerPoint 2019 的启动界面

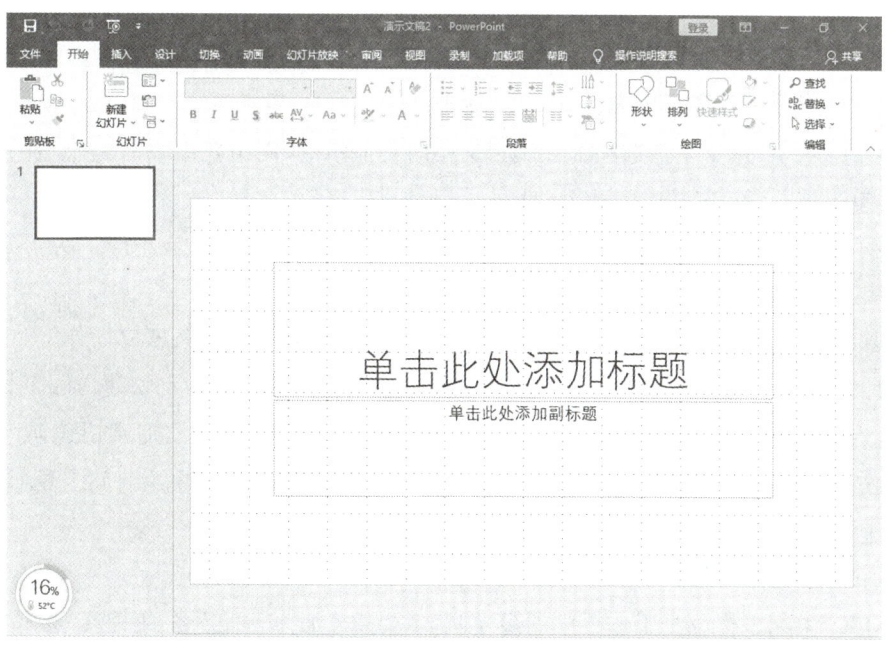

图 3-3　PowerPoint 2019 的工作界面

2. 认识 PowerPoint 2019 的工作界面

PowerPoint 2019 的工作界面主要由标题栏、组、快速访问工具栏、幻灯片/大纲窗格、状态栏、编辑区和备注区等组成。

1）标题栏

窗口的最上边是标题栏，标题栏用于显示当前正在编辑的演示文稿名称。

标题栏的最右侧有 5 个按钮，依次是"登录"按钮、"组显示选项"按钮、"最小化"按钮、"还原/最大化"按钮和"关闭"按钮。

如果"快速访问工具栏"设置的是在组上方显示，则在标题栏的左侧还会有"快速访问工具栏"。

单击标题栏的最左侧，会弹出一个快捷菜单，可以对 PowerPoint 2019 的工作界面进行移动、关闭、最大化、最小化等操作。

2）组

组代替了以往版本中的菜单栏，并将原有的菜单命令变成了按钮形式，使操作更加快捷和方便。组由多个选项卡组成，每一个选项卡又由多个组构成，每一个组中包含多个按钮、下拉列表、库及对话框启动器等设置参数。

虽然 Power Point 的大多数功能都可以在组中找到，但仍有一些设置项目需要用到对话框。在组某些区域的右下角有一个 按钮，称为对话框启动器，单击这个按钮即可打开该组域对应的对话框。

标题栏右边有一个"组显示选项"按钮，有 3 个选项，分别是自动隐藏组、显示选项卡、显示选项卡和命令。

"自动隐藏组"选项是指选项卡和组在编辑文档时是隐藏的，当需要使用时，单击标题栏，选项卡和组就可以显示出来。

"显示选项卡"选项是指选项卡在编辑文档时是显示的，而组在编辑时是隐藏的，当需要使用时，单击选项卡，该选项卡对应的组就可以显示出来。

"显示选项卡和命令"选项是指选项卡和组在编辑文档时是始终显示的。

3）快速访问工具栏

快速访问工具栏用于快速实现某些操作，如保存文件、撤销操作、恢复操作等，单击快速访问工具栏右侧的 按钮，可以在弹出的下拉列表中选择需要添加到快速访问工具栏的按钮选项，当该选项左侧出现 标记时，表示该选项对应的按钮已被添加到快速访问工具栏中；再次选择该选项，则可取消 标记，表示该选项对应的按钮已从快速访问工具栏中删除。

快速访问工具栏可以显示在组上方或下方。

4）幻灯片/大纲窗格

幻灯片/大纲窗格位于工作界面的最左侧，主要用于显示幻灯片的缩略图、数量和位置，通过它可以方便地掌握和管理演示文稿的结构。

5）状态栏

状态栏显示了当前演示文稿的状态信息，包括显示幻灯片的当前张数、总张数、拼写检查状态、幻灯片视图模式（分别是普通视图、幻灯片浏览、阅读视图、幻灯片放映）及幻灯片缩放比例等信息。

6) 编辑区

编辑区用于显示和编辑幻灯片,包括输入文本、插入图片、表格、音频、视频等各种对象。

7) 备注区

备注区供演示者自己查阅以及播放演示文稿时对各幻灯片做附加说明的参考。

任务 2　制作标题幻灯片

视频讲解　视频讲解　视频讲解　视频讲解

标题幻灯片的效果如图 3-4 所示。

图 3-4　标题幻灯片的效果

1. 新建演示文稿

新建演示文稿的方法有如下两种:

(1)选择"文件"选项卡下的"新建"选项,在弹出的"演示文稿 1"窗口中选择"空白演示文稿",单击"创建"按钮,就可以新建空白演示文稿。如果选择"更多主题",就会弹出可以使用的模板和主题模板列表(图 3-5),选择其中一种,即可创建基于某种主题模板的专业演示文稿。需要说明的是,这些主题和模板不在本地,所以当单击后,出现下载界面,需要下载后才可以使用。

图 3-5 选择主题模板创建演示文稿

(2)按 Ctrl+N 组合键,自动新建空白演示文稿。新建演示文稿后,单击"设计"选项卡的"主题"组的"其他"按钮,在弹出的主题列表中选择一种主题,如"丝状"。单击"设计"选项卡的"自定义"组中的"幻灯片大小"下拉按钮,在弹出的下拉列表中选择"宽屏(16∶9)"选项。

2. 在幻灯片中输入文字并设置格式

输入"新力公司新员工培训——公司简介",并设置文字格式。

(1)在"单击此处添加标题"文本框中输入"新力公司新员工培训"后按 Enter 键,在第二行输入"——公司简介"。

(2)选中"新力公司新员工培训"和"——公司简介",选择"开始"选项卡的"字体"组,设置字体为"华文琥珀",字号为"44",字体颜色为"橄榄色 RGB(114,134,83)";选择"开始"选项卡的"段落"组,设置对齐方式为"右对齐"。

(3)在"单击此处添加副标题"文本框中输入"WWW.XINL.COM",选择"开始"选项卡的"字体"组,设置字体为 Tahoma,字形为"加粗",字号为"24",字体颜色为"深红色 RGB(192,0,0)";选择"开始"选项卡的"段落"组,设置对齐方式为"居中"。

(4)调整文本框的大小和位置,设置完成的文本效果见图 3-4。

3. 在幻灯片中插入 logo 并设置动画

(1)单击"插入"选项卡的"插图"组中的"形状"下拉按钮,在弹出的下拉列表中选择"基本形状"中的"椭圆"(图 3-6),此时光标变成十字形状,按住 Shift 键的同时拖动鼠标指针,在当前幻灯片中插入一个圆。

(2)插入圆后,在标题栏中同时显示"绘图工具"上下文选项卡。选择"绘图工具-格式"

选项卡的"大小"组,设置高度和宽度均为"2.8 厘米";单击"绘图工具-格式"选项卡的"形状样式"组中的"形状轮廓"下拉按钮,在弹出的下拉列表中选择"无轮廓"选项;单击"绘图工具-格式"选项卡的"形状样式"组中的"形状填充"下拉按钮,在弹出的下拉列表中选择"图片"选项(图3-7),弹出"插入图片"对话框,在该对话框中选择 logo 图片所在的路径,找到要插入的图片后,选中图片,单击"插入"按钮,即可将 logo 图片插入当前幻灯片。

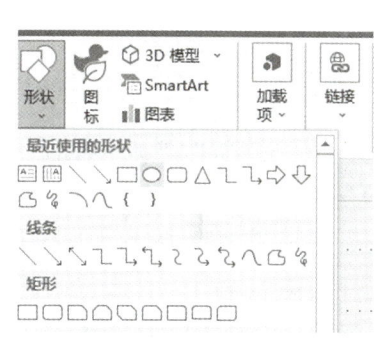

图 3-6　选择"椭圆"

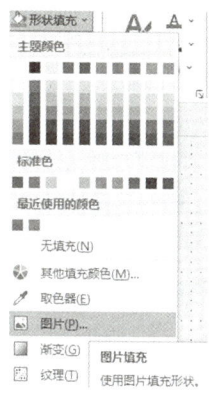

图 3-7　选择"图片"选项

(3)选定插入的 logo 图片,单击"动画"选项卡的"动画"组的"其他"按钮,在弹出的下拉列表中选择"强调"组中的"陀螺旋"(图 3-8)。

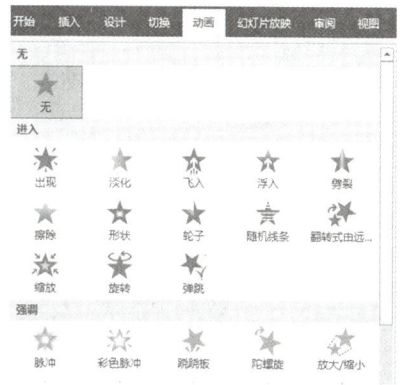

图 3-8　选择"强调"组中的"陀螺旋"

(4)单击"动画"选项卡的"高级动画"组中的"动画窗格"按钮,"动画窗格"在窗口右边显示。在"动画窗格"中可以看到刚刚为 logo 图片增加的动画"椭圆 33"。

(5)单击"椭圆 33"这一动画右边的小三角按钮,在弹出的下拉列表中选择"计时"选项(图 3-9),打开"陀螺旋"对话框,在"开始"下拉列表框中选择"与上一动画同时",在"期间"下拉列表框中选择"中速(2 秒)",在"重复"下拉列表框中选择"直到幻灯片末尾"(图 3-10)。

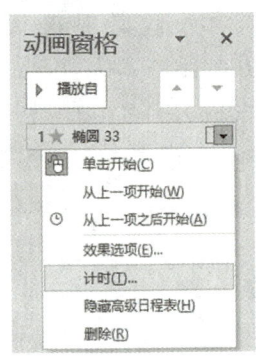

图3-9 选择"计时"选项

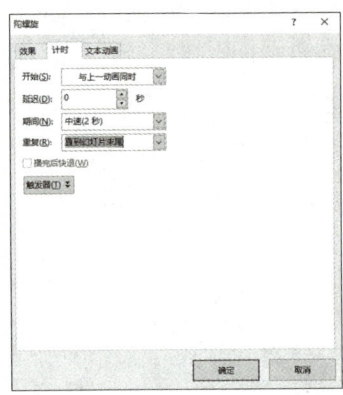

图3-10 计时设置

4. 在幻灯片中插入"胶片图片"并设置动画

1）插入一个大矩形并将其设置为胶片背景

（1）单击"插入"选项卡的"插图"组中的"形状"下拉按钮，在弹出的下拉列表中选择"矩形"组中的第一个图标▭，插入矩形。

（2）选中矩形，单击"绘图工具-格式"选项卡的"形状样式"组中的"形状填充"下拉按钮，在弹出的下拉列表中选择"渐变"中的预设效果，如果这些预设效果不能满足需要，则可以选择"其他渐变"选项，弹出"设置形状格式"窗格。

（3）选择"形状选项"下的"填充与线条"选项卡，在"填充"组中选中"渐变填充"单选按钮，接着，单击"预设渐变"右面的小三角按钮，弹出"预设渐变"样式列表，选择第2行最后一个样式（图3-11）。

单击"停止点1"，在其下面的"颜色"下拉列表中选择"绿色，个性色6"（图3-12），并将"类型"修改为"线性"，将"角度"修改为"90°"；接着单击"停止点2"，拖动"停止点2"到中间位置。

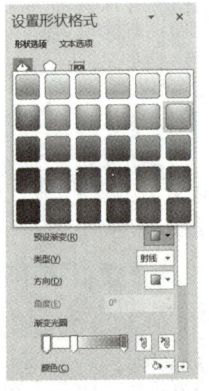

图3-11 设置形状格式

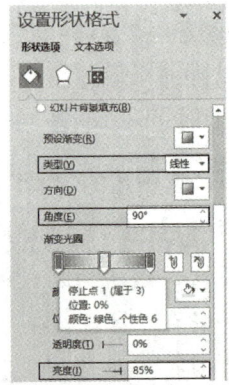

图3-12 设置"停止点1"的填充颜色等

(4)选择"形状选项"下的"填充与线条"选项卡,在"线条"分组中选中"无线条"单选按钮。

(5)选择"形状选项"下的"大小与属性"选项卡,在"大小"分组中设置高度为"7厘米",宽度为"33.8厘米"。

(6)将作为胶片背景的矩形拖动到幻灯片的底部位置即可。

2)插入若干小矩形作为胶片上的小孔

(1)单击"插入"选项卡的"插图"组中的"形状"下拉按钮,在弹出的下拉列表中选择"矩形"组中的第一个图标,插入矩形。

(2)选中矩形,单击"绘图工具-格式"选项卡的"形状样式"组中的"形状填充"下拉按钮,在弹出的下拉列表中选择"白色,背景1,深色50%";选中矩形,单击"绘图工具-格式"选项卡的"形状样式"组中的"形状轮廓"下拉按钮,在弹出的下拉列表中选择"无轮廓"。

(3)在"绘图工具-格式"选项卡的"大小"组中设置高度为"0.4厘米",宽度为"0.8厘米"。

(4)选中刚刚插入的小矩形,再复制4个。

(5)调整这5个小矩形的位置和间距。调整方法是:按住Shift键,单击这5个小矩形,将它们选中;单击"绘图工具-格式"选项卡的"排列"组中的"对齐"下拉按钮,在弹出的下拉列表中分别选择"顶端对齐"和"横向分布"选项。

(6)在5个小矩形上右击,在弹出的快捷菜单中选择"组合"→"组合"选项,将它们组合成一个胶片效果。

(7)复制组合后的矩形4次(20个小矩形),并组合成一个"长胶片"效果;复制一个"长胶片"效果,并将它们分别移到所做的大矩形的上面和下面,调整为上下对称并左对齐。

3)插入胶片上显示的公司图片

(1)插入"案例素材"文件夹中的9张公司相关图片。调整图片的长度和宽度均为"4厘米",使用"顶端对齐"和"横向分布"排列好位置,并组合成一个整体。

(2)将公司图片放到大矩形的中间位置,调整大矩形、小矩形和公司图片的位置,使它们组合成一个整体胶片。

4)插入绿色图片按钮

(1)单击"插入"选项卡的"插图"组中的"形状"下拉按钮,在弹出的下拉列表中选择"基本形状"中的"椭圆",此时光标变成十字形状,按住Shift键的同时拖动鼠标,在当前幻灯片中插入一个圆。

(2)插入圆后,在标题栏中同时显示"绘图工具"上下文选项卡。在"绘图工具-格式"选项卡的"大小"组中设置高度和宽度均为"1.6厘米";单击"绘图工具-格式"选项卡的"形状样式"组中的"形状填充"下拉按钮,在弹出的下拉列表选择"图片"选项,在弹出的"插入图片"对话框中选择按钮图片所在的路径,找到要插入的图片后,选中该图片,并单击"插入"按钮,即可将按钮图片插入当前幻灯片。

5）设置胶片图片的动画

（1）选定胶片图片，单击"动画"选项卡的"高级动画"组中的"添加动画"下拉按钮，在弹出的下拉列表中选择"其他动作路径"选项，弹出"更改动作路径"对话框，在该对话框中选择"向右"的直线路径(图 3-13)，这样在胶片图片上就有了从左向右的直线，直线上有从绿色至红色的方向箭头。同时在"动画窗格"中显示了这个动画的相应内容"组合 57"。

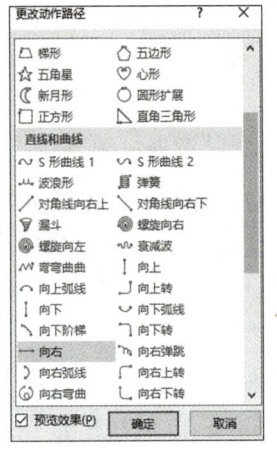

图 3-13　选择"向右"的直线路径

（2）拖动右侧红色箭头与幻灯片从右侧数第 2 张图片对齐，拖动左侧绿色箭头与从右侧数第 5 张图片对齐。

（3）在"动画窗格"中单击"组合 57"这一动画右边的小三角按钮，在弹出的下拉列表中选择"计时"选项，弹出"向右"对话框(图 3-14)，在"期间"下拉列表框中选择"非常慢(5 秒)"，在"重复"下拉列表框中选择"直到幻灯片末尾"；单击"触发器"按钮，在其下部出现两个选项，选中"单击下列对象时启动动画效果"单选按钮，单击其右侧的小三角按钮，在弹出的下拉列表中选择"椭圆 34"，这样就可以设置胶片图片的动画在单击"椭圆"按钮时才开始。

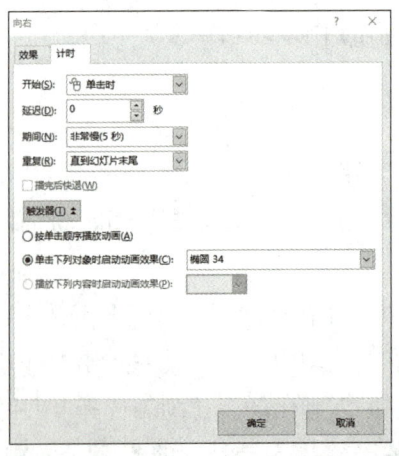

图 3-14　"向右"对话框

任务 3　制作目录页幻灯片

目录页幻灯片的效果如图 3-15 所示。

视频讲解

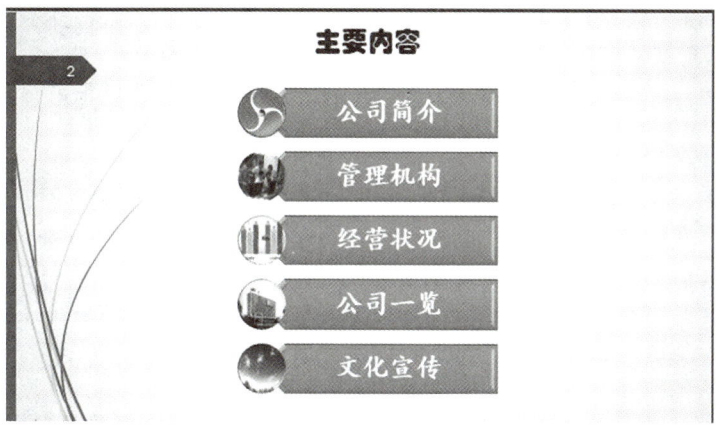

图 3-15　目录页幻灯片的效果

1. 制作目录页幻灯片的标题

演示文稿是由若干张幻灯片组成的，在创建过程中，经常需要对幻灯片进行插入、删除、移动和复制等操作。

(1) 单击"开始"选项卡的"幻灯片"组中的"新建幻灯片"下拉按钮，在弹出的下拉列表中选择"仅标题"或"空白"版式，新建一张幻灯片。

(2) 在"单击此处添加标题"文本框中输入"主要内容"，设置字体为"华文琥珀"，字号为"43"，字体颜色为"褐色"；单击"开始"选项卡的"段落"组中的"居中"按钮，设置对齐方式为"居中"。

2. 制作目录页幻灯片的内容

(1) 单击"插入"选项卡的"插图"组中的 SmartArt 按钮，弹出"选择 SmartArt 图形"对话框，选择"列表"选项中的第 6 行第 1 列的"垂直图片重点列表"图形 (图 3-16)，单击"确定"按钮，即可将这种模板的图形插入当前幻灯片，并会在工具栏中自动显示"SmartArt 工具"上下文选项卡，其包含"设计"和"格式"两个选项卡。

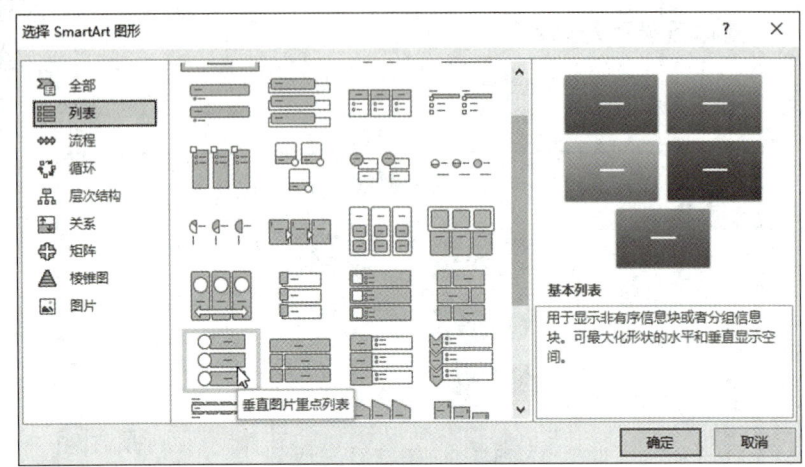

图 3-16　选择"垂直图片重点列表"图形

（2）单击"SmartArt 工具-设计"选项卡的"创建图形"组中的"添加形状"下拉按钮，在弹出的下拉列表中选择"在后面添加形状"选项。根据需要的添加形状的数目来添加，这里需要添加两次，效果如图 3-17 所示。

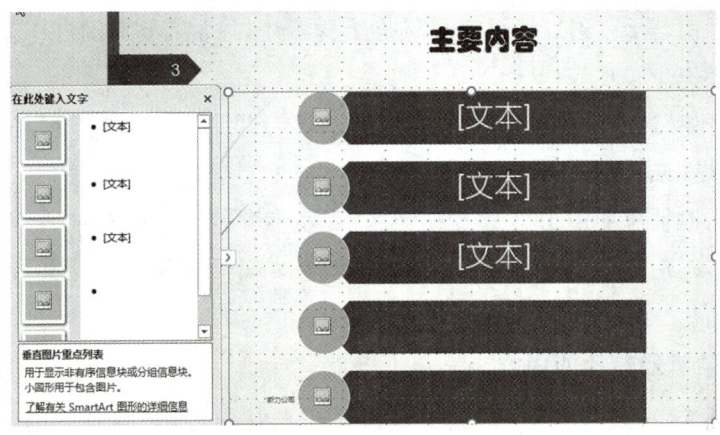

图 3-17　在幻灯片中添加形状的效果

（3）单击"SmartArt 工具-设计"选项卡的"SmartArt 样式"组中的"更改颜色"下拉按钮，在弹出的下拉列表中选择"个性色 2"组中的"彩色填充-个性色 2"选项（图 3-18）。

（4）单击"SmartArt 工具-设计"选项卡的"SmartArt 样式"组中的"其他"按钮，在弹出的下拉列表中选择"三维"组中的"卡通"选项（图 3-19）。

项目 3　PowerPoint 2019 演示文稿

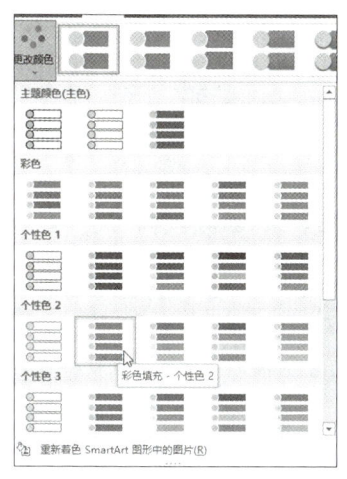

图 3-18　更改 SmartArt 图形的颜色

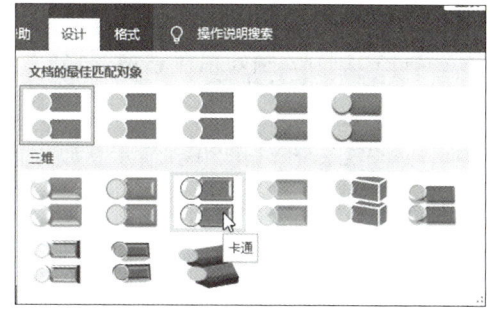

图 3-19　选择"三维"组中的"卡通"选项

（5）在"在此处键入文字"下面的文本框中分别输入"公司简介""管理机构""经营状况""公司一览""文化宣传"等文字内容。

（6）在"在此处键入文字"下面的文本框的左面是插入图形的按钮，单击此按钮，会弹出"插入图片"对话框，根据需要插入相应的图片即可。

（7）选中整个 SmartArt 图形，设置字体为"楷体"。

任务 4　保存文件

选择"文件"选项卡下的"保存"选项，打开"另存为"界面，单击"浏览"按钮，在弹出的对话框中选择保存位置，在"文件名"文本框中输入"新力公司新员工培训之公司简介"，保存类型为"PowerPoint 演示文稿"，单击"保存"按钮。

知识链接

1. 新建空白演示文稿

选择"文件"选项卡下的"新建"选项，窗口中部显示"可用的模板和主题"，包括"空白演示文稿""最近打开的模板""样本模板""主题""我的模板""根据现有内容新建"及"Office.com 模板"等选项。用户可以根据需要进行选择。

2. PowerPoint 模板

PowerPoint 模板是一组预先设定好的幻灯片集合，其中包含有与当前主题相匹配的幻灯片版式、主题效果、主题颜色、主题字体及背景样式等，使用时直接调用即可。

PowerPoint 提供了 40 种主题模板，在其中预先设定好了背景、文本、段落及字体格式等项目。如果 PowerPoint 提供的模板不能满足实际的制作需求，可以从 Office.com 上获取更多的专业模板，方法是选择"文件"选项卡下的"新建"选项，然后在"Office.com 模板"的搜索框中输入关键字,单击"开始搜索"按钮，系统将自动进入搜索状态,并在打开的"搜索结果"列表框中显示所有符合条件的演示文稿,选择好所需要的模板后,单击"下载"按钮,就可以将所选模板下载到计算机中。

3. 自定义动画

PowerPoint 2019 动画效果色彩绚丽,分为自定义动画效果和切换效果。

1)自定义动画效果

用户可以将 PowerPoint 2019 演示文稿中的文本、图片、形状、表格、SmartArt 图形和其他对象制作成动画,赋予它们进入、退出、大小或颜色变化甚至移动等视觉效果。

自定义动画效果有以下 4 种:

(1)"进入"效果。单击"动画"选项卡的"高级动画"组中的"添加动画"下拉按钮,在弹出的下拉列表中选择"进入"组的选项或者选择"更多进入效果"选项,都可以自定义动画对象的动画形式,如可以使对象逐渐淡入焦点、从边缘飞入幻灯片或跳入视图中等。

(2)"强调"效果。单击"动画"选项卡的"高级动画"组中的"添加动画"下拉按钮,在弹出的下拉列表中选择"强调"组的选项或者选择"更多强调效果"选项,都可以自定义动画对象的动画效果。在"添加强调效果"对话框中列有"基本型""细微型""温和型"和"华丽型"四种特色动画效果,这些效果的示例包括使对象缩小或放大、更改颜色或沿着其中心旋转。

(3)"退出"效果。"退出"效果与"进入"效果相反,它是自定义对象退出时所表现的动画形式,如让对象飞出幻灯片、从视图中消失或者从幻灯片旋出等。

(4)"动作路径"效果。这一个动画效果是根据形状或直线、曲线的路径来展示对象游走的路径的。使用"动作路径"效果可以使对象上下移动、左右移动或者沿着星形或圆形图案移动(与其他效果一起)。

2)切换效果

PowerPoint 2019 动画效果中的切换效果,即给幻灯片添加切换动画,在"切换"选项卡中有"切换到此幻灯片"组,该组包括"切换方案"和"效果选项"。其中,"切换方案"包括"细微型""华丽型"和"动态内容"三种动画效果,使用方法是:选择要应用切换效果的幻灯片,在"切换"选项卡的"切换到此幻灯片"组中单击要应用于该幻灯片的幻灯片切换效果。

4. 幻灯片的新建、复制、移动和删除

1)幻灯片的新建

新建幻灯片的方法有以下 5 种:

(1)单击"开始"选项卡的"幻灯片"组中的"新建幻灯片"按钮,即可新建幻灯片。

(2)在普通视图下,单击"大纲"或"幻灯片"窗格中的某一张幻灯片,以确定要插入的新幻灯片的位置,然后按 Enter 键,可在所选幻灯片的下面增加一张幻灯片。

(3)在普通视图下,单击"大纲"或"幻灯片"窗格中的某一张幻灯片,右击,在弹出的快捷菜单中选择"新建幻灯片"选项。

(4)单击"开始"选项卡的"幻灯片"组中的"新建幻灯片"下拉按钮,在弹出的下拉列表(图 3-20)中,用户可以根据需要选择一种版式进行创建。

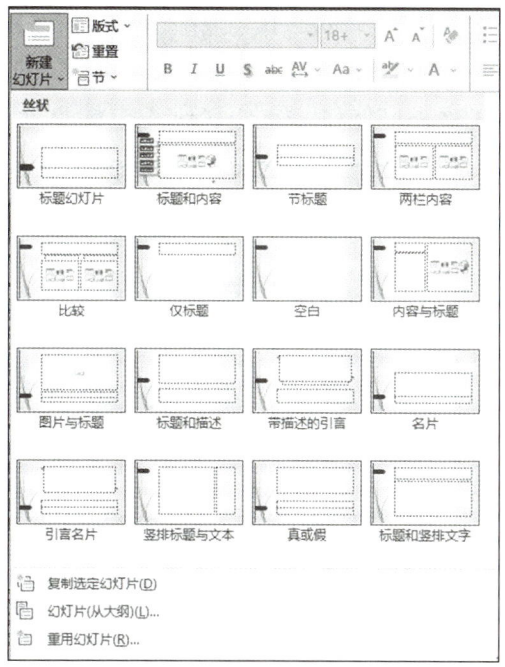

图 3-20 "新建幻灯片"下拉列表

(5)在普通视图下,单击"大纲"或"幻灯片"窗格中的某一张幻灯片,按 Ctrl+M 组合键,可在所选幻灯片的下方增加一张幻灯片。

2)幻灯片的复制

复制幻灯片的方法有以下三种:

(1)单击"大纲"或"幻灯片"窗格中要复制的幻灯片,单击"开始"选项卡的"剪贴板"组中的"复制"按钮,然后单击目标幻灯片,单击"开始"选项卡的"剪贴板"组中的"粘贴"按钮。

(2)单击"大纲"或"幻灯片"窗格中要复制的幻灯片,右击,在弹出的快捷菜单中选择"复制幻灯片"选项。

(3)单击"大纲"或"幻灯片"窗格中要复制的幻灯片,按 Ctrl+C 组合键,然后单击目标幻灯片,按 Ctrl+V 组合键。

3)幻灯片的移动

单击"大纲"或"幻灯片"窗格中要移动的幻灯片,按住鼠标左键将其拖动到所需位置即可。

4)幻灯片的删除

删除幻灯片的方法有以下两种:

(1)单击"大纲"或"幻灯片"窗格中要删除的幻灯片,右击,在弹出的快捷菜单中选择"删除幻灯片"选项。

(2)单击"大纲"或"幻灯片"窗格中要删除的幻灯片,按 Delete 键。

5. 保存演示文稿

保存演示文稿的方法有以下两种：

（1）单击快速访问工具栏中的"保存"按钮。

（2）选择"文件"选项卡下的"保存"选项，打开"另存为"界面，单击"浏览"按钮，在弹出的"另存为"对话框中确定文件名，在"保存类型"下拉列表框（图 3-21）中选择保存类型。

图 3-21 "保存类型"下拉列表框

6. 退出演示文稿

退出 PowerPoint 2019 有以下四种方法：

（1）按 Alt＋F4 组合键。

（2）单击 PowerPoint 2019 标题栏最右侧的"关闭"按钮。

（3）双击标题栏最左侧。

（4）选择"文件"选项卡下的"退出"选项。

子项目 2　设计母版及制作第三张幻灯片

 项目描述

为了能够让所有的幻灯片样式统一、制作简化、方便修改，小王用母版来完成任务。这样，只要在母版中设置好字符、段落等格式，所有使用此母版的幻灯片都将自动继承母版的设置，快速制作出若干风格统一的幻灯片。通过完成这个任务，小王意识到，学习是人类不断完善和发展的必由之路，不管是一个人、一个团体，还是一个民族，只有不断学习才能获得新知，增长才干，跟上时代。

学习目标

(1)学会在幻灯片中输入并编辑文本。
(2)学会插入、复制和删除幻灯片。
(3)学会设置幻灯片的版式和背景,以及使用幻灯片主题和母版等。
(4)学会在幻灯片中插入并编辑图片、图形、艺术字、组织结构图等。
(5)树立正确的人生观、价值观,培养自学和终身学习的能力。

项目实施

任务 1 设计母版

为了让幻灯片具有相同的格式,应先为它设计一个母版,其重点在于创建母版,强调整个演示文稿的母版与幻灯片、背景音乐和动画等达到和谐统一。设计好的母版效果如图 3-22 所示。

视频讲解　视频讲解　视频讲解

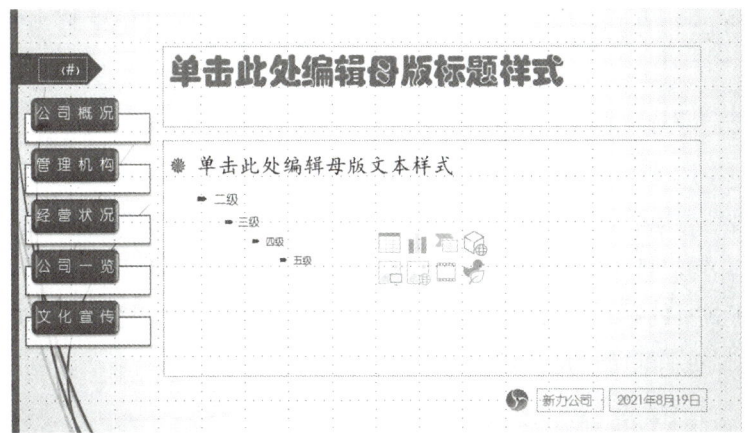

图 3-22　设计好的母版效果

1. 添加日期和幻灯片页码

(1)启动 PowerPoint 2019,打开"新力公司新员工培训之公司简介"演示文稿。

(2)单击"视图"选项卡的"母版视图"组中的"幻灯片母版"按钮,打开幻灯片母版视图(图 3-23)。在此视图下,左面第一个是母版页,下面是 11~17 个版式,不同的主题,版式页的数目不同;母版页的矩形比较大,版式页的矩形比较小;从虚线指代的树状结构可以看出,母版页是统管下面所有版式页的。也就是说,在母版页做的设置对所有版式页都起作用。

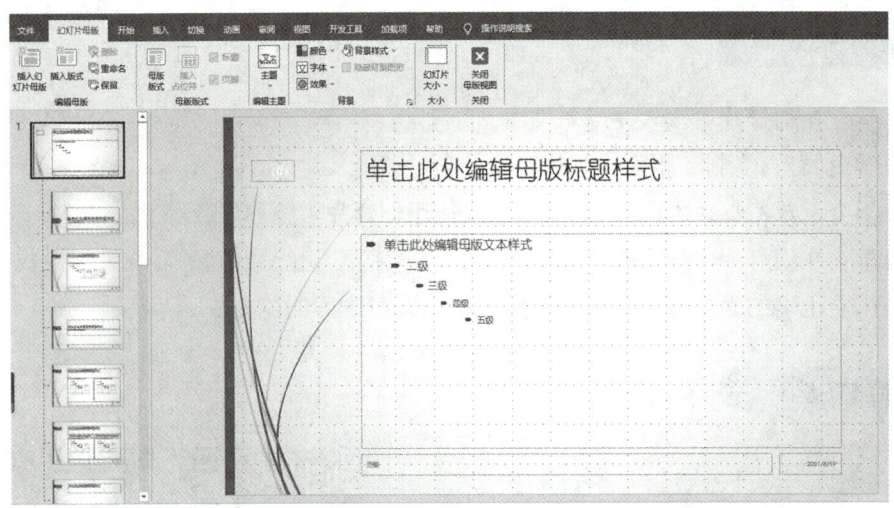

图3-23 幻灯片的母版视图

（3）选择母版页，改变幻灯片中的"页脚"区、"日期和时间"区的大小。"页脚"高度为1厘米，宽度为3厘米，并输入文字"新力公司"；"日期和时间"区的高度为1厘米，宽度为4.5厘米。将"页脚"区移动到和"日期和时间"区相邻的位置，效果见图3-22。

（4）按住Shift键，同时选中"页脚"区和"日期和时间"区，设置字号为"16"，效果见图3-22。

（5）单击"插入"选项卡的"文本"组中的"页眉和页脚"按钮，打开"页眉和页脚"对话框，选择"幻灯片"选项卡，在"幻灯片包含内容"选项组中选中"日期和时间"复选框，选中"自动更新"单选按钮，并设置日期样式为"2021年8月19日"；选中"幻灯片编号"和"页脚"复选框，取消选中"标题幻灯片中不显示"复选框（图3-24）。单击"全部应用"按钮。

（6）选中版式页的第2个"标题和内容"版式，插入公司logo，设置高度和宽度均为"1厘米"，移动到页脚文本框"新力公司"的左侧，效果见图3-22。

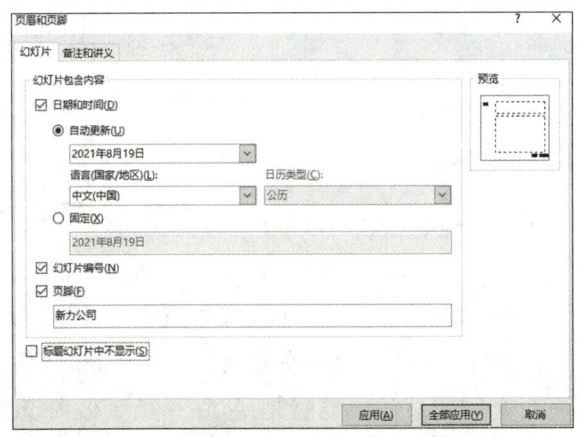

图3-24 页眉和页脚的设置

2. 添加幻灯片导航

（1）选中版式页的第 2 个"标题和内容"版式，单击"插入"选项卡的"插图"组中的 SmartArt 按钮，弹出"选择 SmartArt 图形"对话框，选择"全部"选项中的第 2 行第 2 列的"垂直框列表"图形，单击"确定"按钮，就可将这种模板的图形插入当前幻灯片中。

（2）单击"SmartArt 工具-设计"选项卡的"创建图形"组中的"添加形状"下拉按钮，在弹出的下拉列表中选择"在后面添加形状"选项，根据需要添加形状的数目来添加，这里需要添加两次，效果如图 3-25 所示。

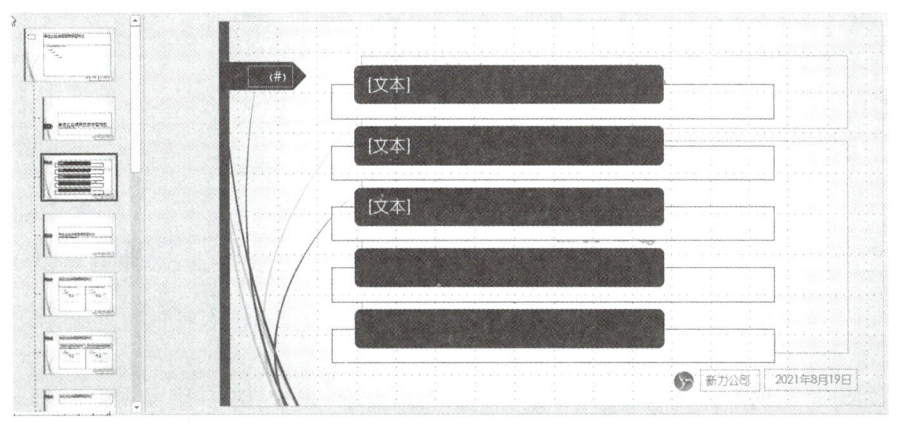

图 3-25　在母版中插入 SmartArt 图形

（3）单击"SmartArt 工具-设计"选项卡的"SmartArt 样式"组中的"其他"按钮，在弹出的下拉列表中选择"三维"组的第 1 个"优雅"。

（4）在图 3-25 中的"[文本]"框内分别输入"公司概况""管理机构""经营状况""公司一览""文化宣传"等文字内容。

（5）选中整个 SmartArt 图形，设置字体为"幼圆"，字号为"18"，对齐方式为"分散对齐"。

（6）选中整个 SmartArt 图形，设置高度为"11.5 厘米"，宽度为"5 厘米"，并将其移动到窗口的左面。

（7）调整右面"单击此处编辑母版文本样式"文本框的大小，单击文本框占位符，使它处于选中状态，即四周出现 8 个控制点，通过控制点改变文本占位符的大小和位置，使它和作为导航的 SmartArt 图形互不遮挡。

3. 设置标题文本的格式

（1）设置母版视图标题占位符文本的字符格式。选中母版视图的标题占位符"单击此处编辑母版标题样式"，设置字体为"华文琥珀"，字号为"43"，字体颜色为"橄榄色 个性色 4"；设置对齐方式为"左对齐"。

（2）选中母版视图的"单击此处编辑母版文本样式"文本占位符的第一级文本，设置字体为"楷体"，字号为"28"，字体颜色为"深蓝"；设置对齐方式为"左对齐"。

(3)选中母版视图的"单击此处编辑母版文本样式"文本占位符的第一级文本,单击"开始"选项卡的"段落"组中的"项目符号"下拉按钮,在弹出的下拉列表(图3-26)中选择"项目符号和编号"选项;或者右击,在弹出的快捷菜单中选择"项目符号和编号"选项,弹出"项目符号和编号"对话框(图3-27),用户可以根据需要在此对话框中选择项目符号和编号。

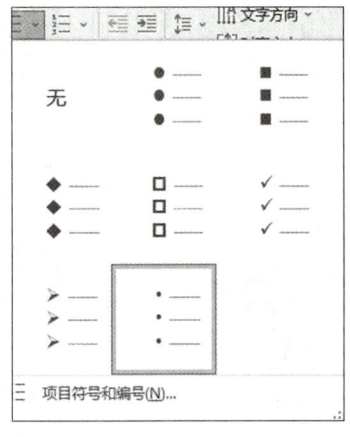

图3-26 "项目符号"下拉列表

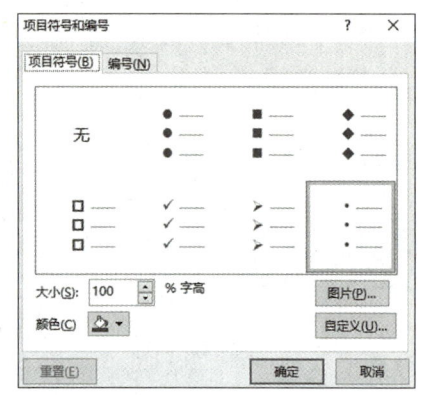

图3-27 "项目符号和编号"对话框

(4)如果对话框中的项目符号和编号不能满足要求,可单击"自定义"按钮,打开"符号"对话框。在"符号"对话框中,选择字体为"Wingdings 2",在下拉列表框中选择需要的项目符号(图3-28),单击"确定"按钮。同样操作设置其他文本项目符号。

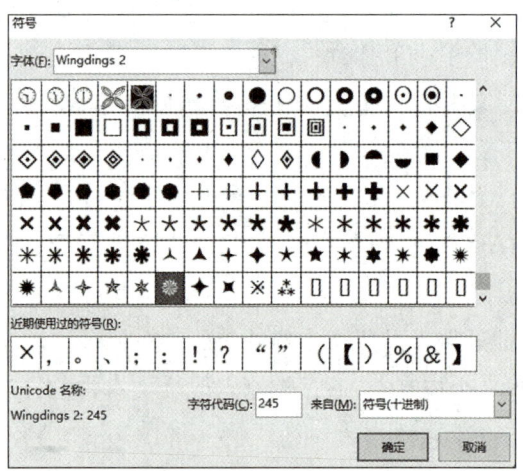

图3-28 自定义项目符号

(5)将光标定位于母版视图的"单击此处编辑母版文本样式"这行,单击"开始"选项卡的"段落"组中的对话框启动器,打开"段落"对话框,设置"行距"为"1.5倍行距"(图3-29)。

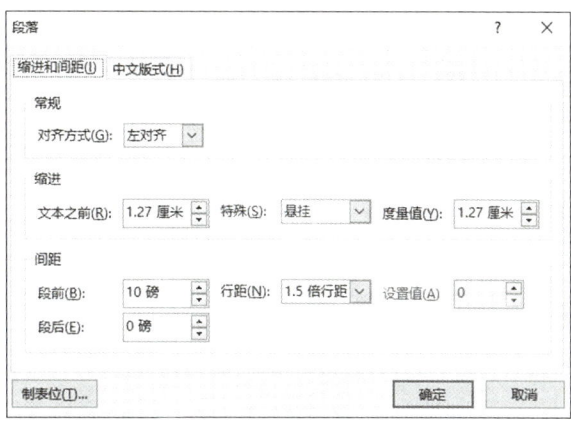

图 3-29　设置行距

（6）单击"幻灯片母版"选项卡的"关闭"组中的"关闭母版视图"按钮,关闭母版视图并返回普通视图。

任务 2　制作"公司概况"幻灯片

"公司概况"幻灯片的效果如图 3-30 所示。

视频讲解

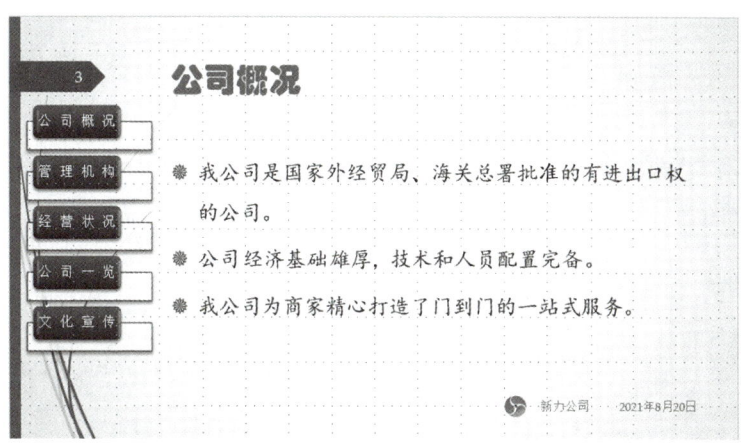

图 3-30　"公司概况"幻灯片的效果

1. 插入新幻灯片

（1）插入第三张幻灯片。单击"开始"选项卡的"幻灯片"组中的"新建幻灯片"下拉按钮,在弹出的下拉列表中选择"标题和内容"选项,就可以插入一张新的幻灯片,并自动应用母版格式。

（2）在"单击此处添加标题"文本框中输入"公司概况",文字自动应用母版文字格式。

（3）在"单击此处添加文本"文本框中输入公司概况的内容,文字自动应用母版文字格式。

2. 设置自定义动画

(1)选中"公司概况"文本内容,单击"动画"选项卡的"高级动画"组中的"添加动画"下拉按钮,在打开的下拉列表中选择"进入"组中的"飞入"效果选项。

(2)在"动画"选项卡的"计时"组中,设置"开始"为"与上一动画同时","持续时间(动画播放的长度,单位是秒)"为"05.00","延迟(经过几秒播放动画)"为"01.00"。

(3)单击"动画"选项卡的"动画"组中的"效果选项"下拉按钮,在弹出的下拉列表中选择"方向"为"自右上部",选择"序列"为"作为一个对象"(图 3-31)。

图 3-31　效果选项

(4)单击"动画"选项卡的"高级动画"组中的"动画窗格"按钮,"动画窗格"窗格在窗口的右部显示出来(图 3-32)。

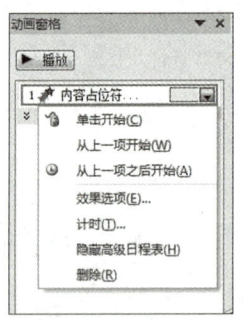

图 3-32　"动画窗格"窗格

(5)单击下拉按钮,在弹出的下拉列表中选择"效果选项"选项,打开"飞入"对话框,在"声音"下拉列表框中可以设置动画进入时的声音,如果列表中没有所需声音,可以选择"其他声音"选项(图 3-33),在打开的"添加音频"对话框中找到所需的声音。上述步骤(2)和步骤(3)的动画设置(开始、持续时间、效果选项等)操作也可以在"飞入"对话框中进行。

项目 3　PowerPoint 2019 演示文稿

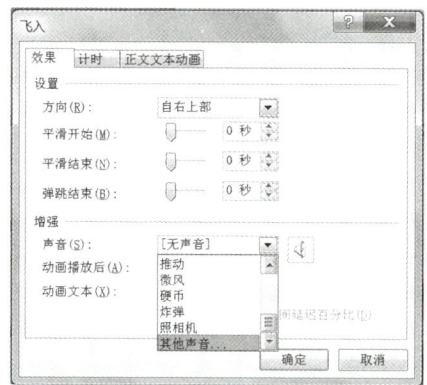

图 3-33　设置动画进入时的声音

知识链接

1. 主题

使用 PowerPoint 2019 创建演示文稿时,可以通过使用主题功能来快速地美化和统一每一张幻灯片的风格。对于演示文稿来讲,一套完整的主题包括主题颜色、主题字体、主题效果及主题背景四种要素。

单击"设计"选项卡的"主题"组中的"其他"按钮,打开"主题"下拉列表,将鼠标指针移动到某一个主题上,就可以实时预览到相应的效果;单击某一个主题,就可以将该主题快速应用到整个演示文稿中。

1)设置主题颜色

(1)使用不同主题颜色的方法。单击"设计"选项卡的"变体"组中的"其他"按钮,在弹出的下拉列表(图 3-34)中选择"颜色"选项,在其级联列表(图 3-35)中可以选择系统提供的多种配色方案中的一种。

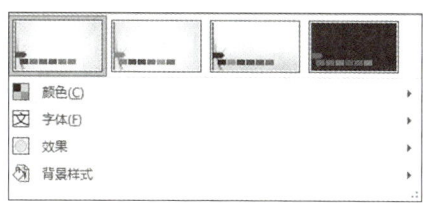

图 3-34　设置主题颜色

(2)新建主题颜色的方法。

①如果上述系统提供的配色方案不能满足需求,可以在图 3-35 中选择"自定义颜色"选项,打开"新建主题颜色"对话框(图 3-36)。

②在"新建主题颜色"对话框中有 12 个可以修改的选项,如果想修改某个主题颜色,可单击其右面的小三角按钮,在弹出的颜色列表中选择所需颜色即可。

131

③还可以将修改后的主题颜色保存下来,以供以后使用。在"名称"文本框中输入主题颜色名称,单击"保存"按钮即可。

图 3-35　配色方案列表

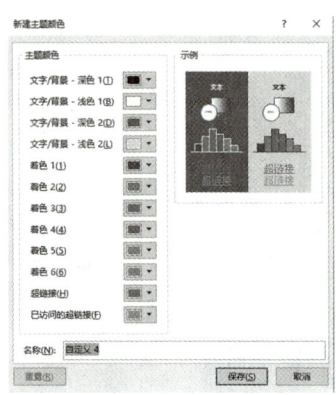

图 3-36　"新建主题颜色"对话框

2)设置主题字体

(1)使用不同主题字体的方法。单击"设计"选项卡的"变体"组中的"其他"按钮,在弹出的下拉列表(图 3-34)中选择列表的第二项"字体",弹出字体方案列表,可以选择系统提供的多种字体方案中的一种。

(2)新建主题字体的方法。

①如果上述系统提供的字体方案不能满足需求,可以选择"自定义字体"选项,打开"新建主题字体"对话框(图 3-37)。

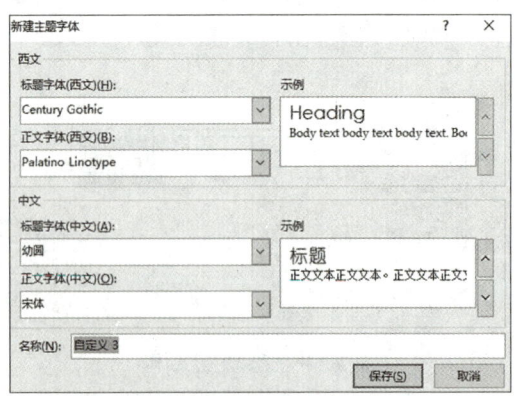

图 3-37　"新建主题字体"对话框

②在"新建主题字体"对话框中有"标题字体(西文)""正文字体(西文)""标题字体(中文)""正文字体(中文)"等选项;如果想修改某个选项,就在相应的下拉列表框中选择所需的字体。

③还可以将修改后的主题字体保存下来,以供以后使用。在"名称"文本框中输入主题字体名称,单击"保存"按钮即可。

3)设置主题效果

使用不同主题效果的方法是:单击"设计"选项卡的"变体"组中的"其他"按钮,在弹出的下拉列表中选择列表的第三项"效果",弹出效果方案列表,可以选择系统提供的多种效果方案中的一种。

4)设置主题背景

使用不同主题背景的方法是:单击"设计"选项卡的"变体"组中的"其他"按钮,在弹出的下拉列表中选择列表的第四项"背景样式",弹出背景样式方案列表,可以选择系统提供的多种方案中的一种。

5)保存主题

将修改好的主题颜色、主题字体、主题效果和主题背景保存下来,以供以后使用。保存后,在所有主题的"自定义"组中可以看到自己保存的主题(图 3-38)。

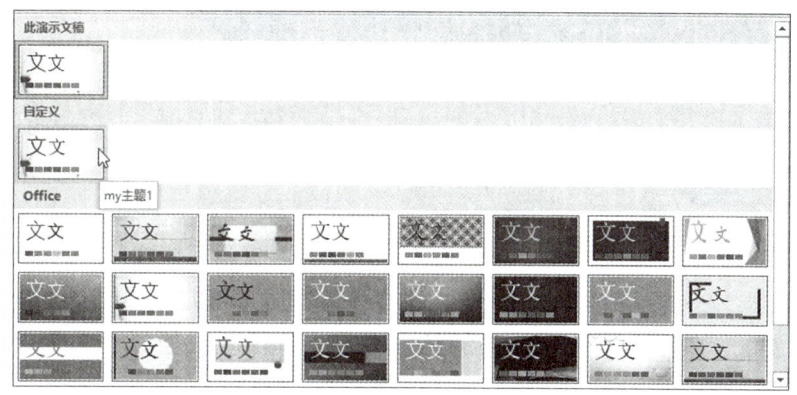

图 3-38　保存自定义的主题

保存方法是:单击"设计"选项卡的"主题"组的"其他"按钮,在弹出的下拉列表中选择"保存当前主题"选项,在打开的"保存当前主题"对话框中确定保存位置及文件名。

自定义主题被保存后,不仅可以在 PowerPoint 2019 中使用,也可以在 Word、Excel 中使用。首先切换到 Excel 工作表中,单击"页面布局"选项卡的"主题"组中的"主题"下拉按钮,在打开的下拉列表中可以看到在 PowerPoint 中定义的主题,选择它就可以将该主题快速应用到当前工作表中。同样的道理,也可以将该主题效果应用到 Word 文档中。

2. 母版

母版是一类特殊幻灯片,它能控制基于它的所有幻灯片,对母版的任何修改都会体现在很多幻灯片上,所以每张幻灯片的相同内容部分往往用母版来制作,以提高工作效率。母版规定了演示文稿(幻灯片、讲义及备注)的文本、背景、日期及页码格式。母版体现了演示文稿的外观,包含了演示文稿中的共有信息。

每个演示文稿提供了一个母版集合,包括幻灯片母版、讲义母版、备注母版等母版集。

使用母版的好处是:样式统一、制作简化、修改方便。只要在母版中设置好字符、段落等格式,所有使用此母版的幻灯片都将自动继承母版的设置。使用母版后,可以快速制作大量风格统一的幻灯片;并且在需要对使用了母版的幻灯片做修改时,只要在母版上进行操作即可,不需要修改所有的幻灯片。

3. 为幻灯片添加日期和页码

在进行演示文稿放映时,为了能够了解放映的幻灯片的实时性,需要为幻灯片添加日期和页码。

4. 动画效果

所谓动画效果,就是当放映幻灯片时,幻灯片中的各个主要对象不是一次全部显示,而是按照某种规律以动画的效果逐个显示。在幻灯片中使用动画效果将使演示文稿看起来更加生动。

子项目3 制作第四、五、六张幻灯片

项目描述

通过网上查找资料,小王意识到要想让自己的幻灯片更加形象生动,就应该多使用表格和图表进行展示。通过完成这个子任务,小王更加清楚地意识到,如果想要适应不断发展的客观世界,就必须把学习变为生活方式,活到老,学到老。

学习目标

(1)学会在幻灯片中输入并编辑文本。
(2)学会插入、复制和删除幻灯片。
(3)学会设置幻灯片的版式和背景,以及使用幻灯片主题和母版等。
(4)学会在幻灯片中插入并编辑表格、图表等。
(5)树立正确的人生观、价值观,培养自学和终身学习的能力。

项目实施

任务1 制作"管理机构"幻灯片

"管理机构"幻灯片的效果如图 3-39 所示。"管理机构"可以使用插入组织结构图来完成。

视频讲解

视频讲解

项目 3　PowerPoint 2019 演示文稿

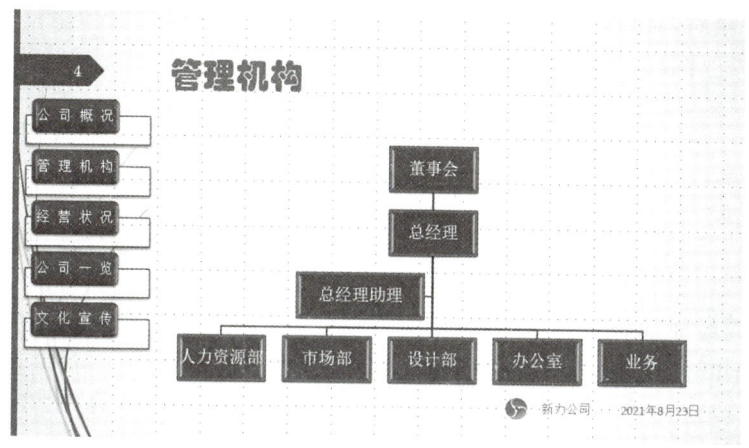

图 3-39　"管理机构"幻灯片的效果

组织结构图是一个机构、企业或组织中人员结构的图形化表示,它是由一系列图框和连线组成的,显示一个机构的等级和层次关系。所以,通过组织结构图可以直观地描述组织成员之间的相互关系。当然,组织结构图并非一定要描述由人构成的结构信息,只要有层次结构的对象都可以用组织结构图来表示。

1. 插入组织结构图

(1)插入第四张幻灯片。单击"开始"选项卡的"幻灯片"组中的"新建幻灯片"下拉按钮,在弹出的下拉列表中选择"标题和内容"选项,就可以插入一张新的幻灯片,并自动应用母版格式。

(2)在"单击此处添加标题"文本框中输入"管理机构"四个字,文字自动应用母版文字格式。

(3)单击"插入"选项卡的"插图"组中的 SmartArt 按钮,弹出"选择 SmartArt 图形"对话框,选择"层次结构"选项中的第 1 行第 1 列的"组织结构图"图形,单击"确定"按钮,就可将这种模板的图形插入当前幻灯片,效果如图 3-40 所示。

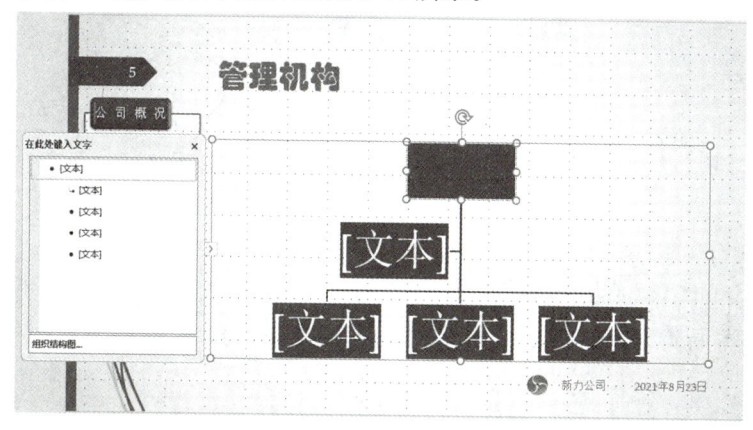

图 3-40　管理机构的组织结构图

(4)将组织结构图中暂时不需要的图形(包含一个助手和两个下属)删除,删除后的组织结构图只包括两个图形,在两个文本框中分别输入"董事会""总经理"(图 3-41)。

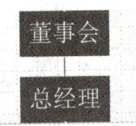

图 3-41　修改后的组织结构图

(5)选中"总经理",单击"SmartArt 工具-设计"选项卡的"创建图形"组中的"添加形状"下拉按钮,在弹出的下拉列表中选择"添加助理"选项(图 3-42),在添加的"助理"图形中输入"总经理助理"(图 3-43)。

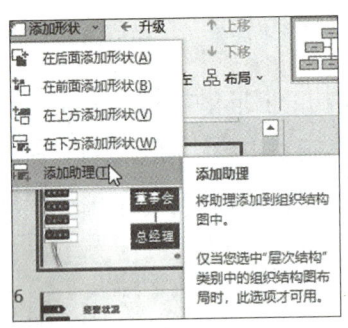

图 3-42　选择"添加助理"选项

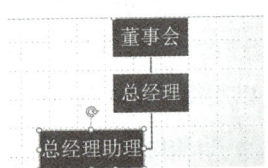

图 3-43　添加助理效果

(6)选中"总经理",右击,在弹出的快捷菜单中选择"添加形状"→"在下方添加形状"选项。因为有 5 个下属,选中"总经理",执行"在下方添加形状"命令 5 次,然后将图形中的所有对象选中,效果如图 3-44 所示。

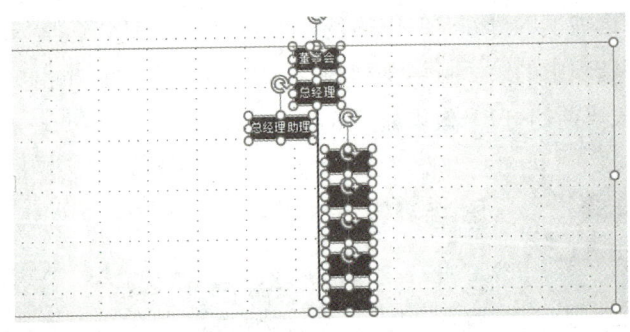

图 3-44　添加形状后的效果

(7)单击"SmartArt 工具-设计"选项卡的"创建图形"组中的"布局"下拉按钮,在弹出的下拉列表中选择"标准"选项(图 3-45),其效果如图 3-46 所示。

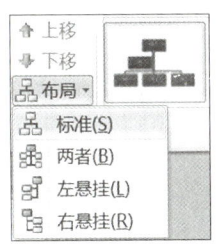

图 3-45 设置布局为"标准"

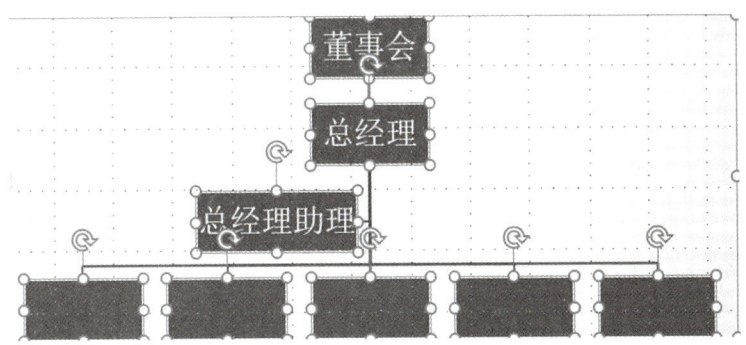

图 3-46 标准布局效果

(8) 在 5 个下属图形中分别输入相应的内容,即"人力资源部""市场部""设计部""办公室""业务部"。

2. 修饰组织结构图

(1) 单击"SmartArt 工具-设计"选项卡的"SmartArt 样式"组中的"更改颜色"下拉按钮,在弹出的下拉列表中选择"个性色 2"组中的"彩色填充-个性色 2"。

(2) 单击"SmartArt 工具-设计"选项卡的"SmartArt 样式"组中的"其他"按钮,在弹出的下拉列表中选择"三维"组中的"嵌入"。

(3) "视图"选项卡的"显示"组有 3 个复选框,分别是"标尺""网格线"和"参考线"。选中它们,在窗口中显示标尺、网格线和绘图参考线。选择要进行调整的图框,按住鼠标左键可将其拖动到合适的位置。在调整图框时可以利用标尺、网格线和绘图参考线,以使对齐工作更加简单。

3. 添加动画效果

(1) 选中"组织结构图",单击"动画"选项卡的"高级动画"组中的"添加动画"下拉按钮,在打开的下拉列表中选择"进入"组中的"浮入"效果选项。

(2) 在"动画"选项卡的"计时"组中设置"持续时间"为"02.00"。

(3) 单击"动画"选项卡的"动画"组中的"效果选项"下拉按钮,在弹出的下拉列表中选择"方向"为"下浮","序列"为"逐个级别"(图 3-47)。

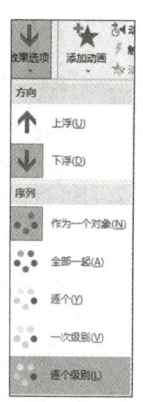

图 3-47　设置"方向"和"序列"

(4)单击"动画"选项卡的"高级动画"组中的"动画窗格"按钮,在打开的"动画窗格"窗格中单击动画效果右侧的下拉按钮,在弹出的下拉菜单中选择"效果选项"选项,打开"下浮"对话框,在该对话框中可以设置动画进入时的声音,如果列表中的声音不能满足需要,可以选择"其他声音"选项,在打开的"添加音频"对话框中选择所需声音。步骤(2)和步骤(3)的动画设置(持续时间、效果选项等)操作也可以在"下浮"对话框中进行。

 任务 2　制作"经营状况"表格幻灯片

"经营状况"表格幻灯片的效果如图 3-48 所示。

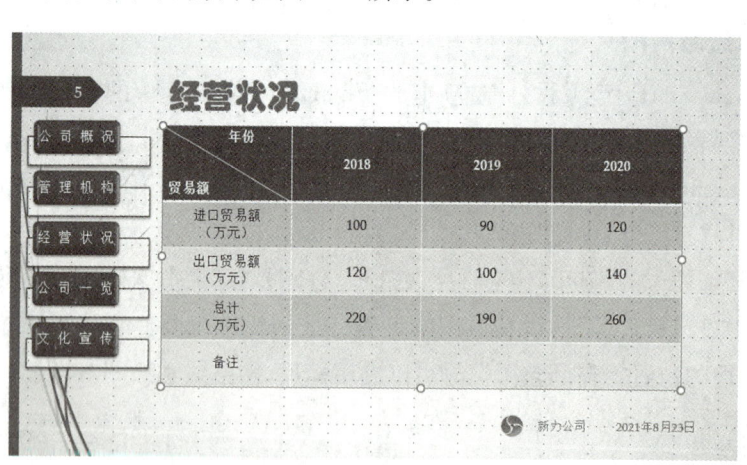

视频讲解

图 3-48　"经营状况"表格幻灯片的效果

1. 插入表格

(1)插入第五张幻灯片。单击"开始"选项卡的"幻灯片"组中的"新建幻灯片"下拉按钮,在弹出的下拉列表中选择"标题和内容"选项,就可以插入一张新的幻灯片,并自动应用母版格式。

(2)在"单击此处添加标题"文本框中输入"经营状况"四个字,文字自动应用母版文字格式。

(3)如图 3-49 所示,在幻灯片的中部有 8 个快捷按钮,单击第一个"表格"按钮,打开"插入表格"对话框,在"列数"微调框中输入"4",在"行数"微调框中输入"5"(图 3-50),单击"确定"按钮,就可以插入一个 4 列 5 行的表格。

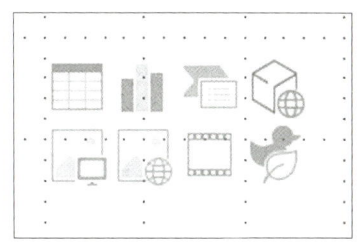

图 3-49　快捷按钮

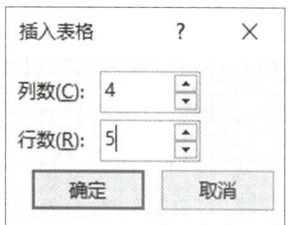

图 3-50　插入表格

2. 编辑表格

(1)调整表格大小。在"表格工具-布局"选项卡的"表格尺寸"组中设置表格的高度为"12 厘米",宽度为"24 厘米"(取消选中"锁定纵横比"复选框)。

(2)单击"表格工具-设计"选项卡的"表格样式"组中的"其他"按钮,在弹出的下拉列表中选择"中等色"组中的第 2 行第 2 个"中度样式 2-强调 1"表格样式。

3. 制作斜线表头

(1)单击"表格工具-设计"选项卡的"绘图边框"组中的"笔颜色"下拉按钮,在弹出的下拉列表中选择"白色,背景 1"(图 3-51)。

(2)单击"绘制表格"按钮,光标变成"笔"的形状。从第一个单元格的左上角拖动"笔"到右下角画出斜线(图 3-52)。

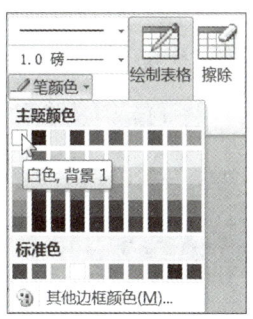

图 3-51　选择笔颜色

图 3-52　绘制斜线表头

(3)在绘制好的斜线表头中,将光标插入点移动到相应的位置,分别输入"年份"和"贸易额"。

(4)选定最后一行除第 1 个单元格以外的其他单元格,单击"表格工具-布局"选项卡的"合并"组中的"合并单元格"按钮。

(5)选定第 2、3、4 列的单元格,单击"表格工具-布局"选项卡的"对齐方式"组中的"居中"按钮,设置水平方向为居中;单击"垂直居中"按钮,设置垂直方向为居中。

(6)输入表格的其他内容。

4. 添加动画效果

(1)选中表格,单击"动画"选项卡的"高级动画"组中的"添加动画"下拉按钮,在打开的下拉列表中选择"进入"组中的"擦除"效果选项。

(2)在"动画"选项卡的"计时"组中修改"开始"为"与上一动画同时",设置"持续时间"为"05.00","延迟"为"01.00"。

(3)单击"动画"选项卡的"动画"组中的"效果选项"下拉按钮,在弹出的下拉列表中选择"自右侧"选项(图 3-53)。

(4)单击"动画"选项卡的"高级动画"组中的"动画窗格"按钮,在打开的"动画窗格"窗格中单击动画效果右侧的下拉按钮,在弹出的快捷菜单中选择"效果选项"选项,打开"擦除"对话框,在该对话框中可以设置动画进入时的"声音",如果列表中的"声音"不能满足需要,则可以选择"其他声音"选项,在打开的"添加音频"对话框中选择所需的声音。步骤(2)和步骤(3)的动画设置(开始、持续时间、效果选项等)操作也可以在"擦除"对话框中进行。

图 3-53 选择方向为"自右侧"

视频讲解　　视频讲解

任务 3　制作"经营状况"图表幻灯片

"经营状况"图表幻灯片的效果如图 3-54 所示。

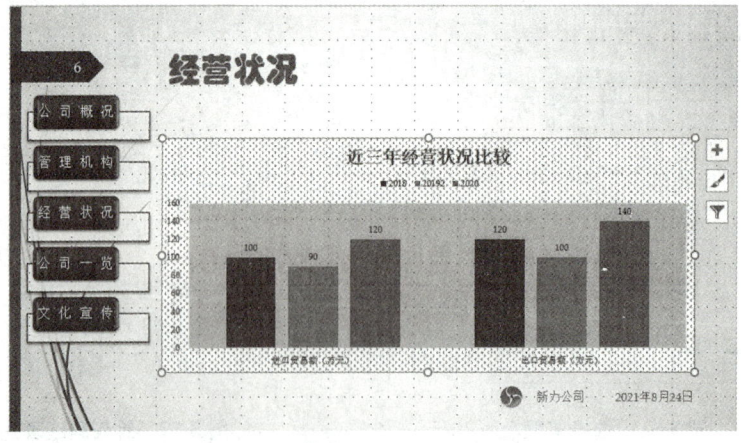

图 3-54 "经营状况"图表幻灯片的效果

1. 插入图表

(1)插入第六张幻灯片。单击"开始"选项卡的"幻灯片"组中的"新建幻灯片"下拉按钮,在弹出的下拉列表中选择"标题和内容"选项,就可以插入一张新的幻灯片,并自动应用母版格式。

（2）在"单击此处添加标题"文本框中输入"经营状况"四个字，文字自动应用母版文字格式。

（3）单击"插入"选项卡的"插图"组中的"图表"按钮，在弹出的"插入图表"对话框中选择"柱形图"组中的第一个"簇状柱形图"，单击"确定"按钮，弹出"数据表"窗口及在"系统预设的数据"基础上生成的图表（图 3-55）。

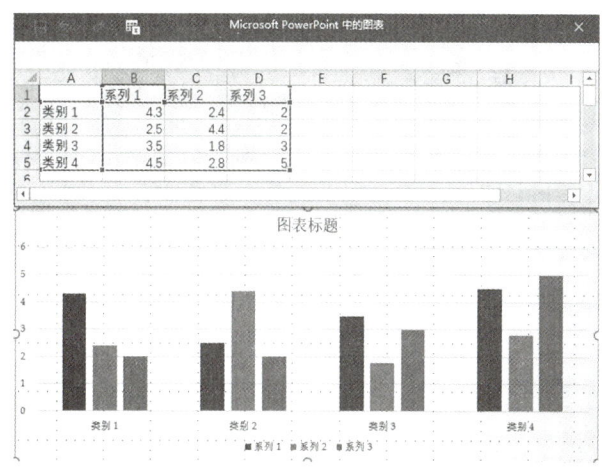

图 3-55　数据表窗口

（4）输入图 3-56 所示的数据表中的数据内容。输入完成后，图表自动更新为用户数据对应的图表，这时就可以将数据表窗口关闭。

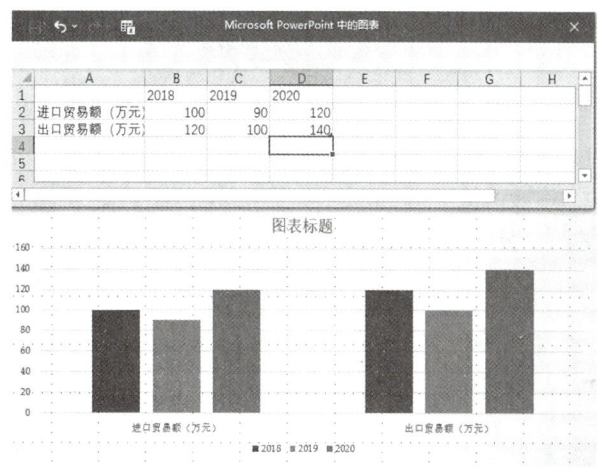

图 3-56　数据表内容

2. 修饰图表

（1）选定已插入的图表，选择"图表工具-设计"选项卡的"图表布局"组中的"快速布局"下拉按钮，在弹出的下拉列表中选择"布局 2"选项，将这种布局应用于选定的图表。

(2)此布局的图表包含"图表标题",单击"图表标题",输入"近三年经营状况比较",设置字体为"宋体",字号为"24",字体颜色为默认黑色。

(3)在"图表工具-格式"选项卡的"当前选定内容"组中单击"图表元素"下拉按钮,在弹出的下拉列表中选择"绘图区"选项,单击"设置所选内容格式"按钮,弹出"设置绘图区格式"窗格,在该窗格中可以对图表绘图区的填充、边框、阴影、发光和柔化边缘、三维格式进行设置。

在"设置绘图区格式"窗格中,选择"填充"选项卡,可以对绘图区的填充颜色进行设置。选中"纯色填充"单选按钮,单击"颜色"下拉按钮,在弹出的下拉列表中选择主题颜色的"橙色,个性色 2,淡色 80%"。除此之外,还可以选中"渐变填充"单选按钮、"图片或纹理填充"单选按钮、"图案填充"单选按钮进行相应的设置。

(4)在"图表工具-格式"选项卡的"当前选定内容"组中单击"图表元素"按钮,在弹出的下拉列表中选择"图表区"选项,单击"设置所选内容格式"按钮,弹出"设置图表区格式"窗格,在该窗格中可以对图表区的填充、边框、阴影、发光和柔化边缘、三维格式进行设置。

在"设置图表区格式"窗格中,选择"填充"选项卡,可以对图表区的填充颜色进行设置。选中"图案填充"单选按钮,设置前景色为"橙色,个性色 2",图案样式选择第 1 行的第 1 个"草皮"(图 3-57)。

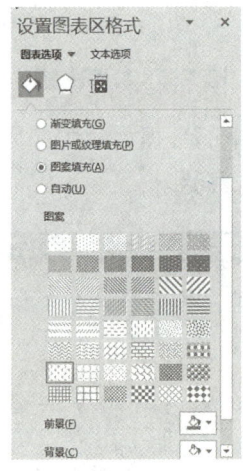

图 3-57 设置图表区的填充颜色

(5)此布局的图表没有纵坐标轴,单击"图表工具-设计"选项卡的"图表布局"组中的"添加图表元素"下拉按钮,在弹出的下拉列表中选择"坐标轴"→"主要纵坐标轴"选项,就可以显示出纵坐标轴。

3. 添加动画效果

(1)选中图表,单击"动画"选项卡的"高级动画"组中的"添加动画"下拉按钮,在弹出的下拉列表中选择"进入"组中的"劈裂"效果选项。

(2)在"动画"选项卡的"计时"组中修改"开始"为"上一动画之后",设置"持续时间"为"00.75","延迟"为"00.00"。

(3)单击"动画"选项卡的"动画"组中的"效果选项"下拉按钮,在弹出的下拉列表中选择"方向"为"中央向左右展开","序列"为"按系列中的元素"。

(4)单击"动画"选项卡的"高级动画"组中的"动画窗格"按钮,在打开的"动画窗格"窗格中单击动画效果右侧的下拉按钮,在弹出的下拉列表中选择"效果选项"选项,打开"劈裂"对话框,在该对话框中可以设置动画进入时的"声音",如果列表中的"声音"不能满足需要,可以选择"其他声音"选项,在打开的"添加音频"对话框中选择所需的声音。

知识链接

1. SmartArt 图形

SmartArt 图形是信息和观点的视觉表示形式。可以通过选择不同布局来创建 SmartArt 图形,从而快速、高效地传达信息。

虽然插图和图形比文字更有助于读者理解和记忆信息,但大多数人仍习惯创建仅包含文字的内容。创建具有专业设计水准的插图很困难。如果使用早期版本的 Microsoft Office,则可能无法专注于内容,而要花费大量时间进行以下操作:使各个形状大小相同并适当对齐;使文字正确显示;手动设置形状的格式,以符合文档的总体样式。使用 SmartArt 图形和其他新功能,如"主题"("主题"是主题颜色、主题字体和主题效果三者的组合,可以作为一套独立的选择方案应用于文件中),可以节省大量时间。

自 Microsoft Office 2007 版本开始,引入 SmartArt 图形来为幻灯片内容添加图解。以一个简单的列表为例,可以使用形状和颜色构成图形,从而使列表更加生动、直观地显示流程、概念、层次结构和关系。

Office PowerPoint 演示文稿通常包含带有项目符号列表的幻灯片,因此,可以快速将幻灯片文字转换为 SmartArt 图形。此外,还可以在 Office PowerPoint 演示文稿中向 SmartArt 图形添加动画。

创建 SmartArt 图形时,系统将提示选择一种 SmartArt 图形类型,如"流程""层次结构""循环"或"关系"。类型类似于 SmartArt 图形类别,而且每种类型包含几种不同的布局。

2. 表格

表格是幻灯片常用的对象之一。通常采取插入和绘制两种方法来创建所需要的表格。创建表格后,将自动在组显示"表格工具"上下文选项卡,其有"格式"和"设计"两个选项卡。通过它们可以设置表格样式、美化表格、添加和删除单元格及合并单元格等。

1)插入表格

在幻灯片中可以通过"插入表格"对话框和手动绘制两种方式来创建表格。

(1)使用"插入表格"对话框。

①快速制作 10×8 以内的表格。当需要在文档中插入列数和行数在 10×8 范围内的表格时,可以单击"插入"选项卡的"表格"组中的"表格"下拉按钮,在弹出的下拉列表中拖动鼠

标,鼠标所拖过的行数和列数就是要建立的表格的行数和列数。

②制作超大表格。可以单击"插入"选项卡的"表格"组中的"表格"下拉按钮,在弹出的下拉列表中选择"插入表格"选项,弹出"插入表格"对话框,在"行数"微调框和"列数"微调框中输入要创建表格的行数和列数,单击"确定"按钮,完成创建工作。

(2)手动绘制。PowerPoint中的插入表格功能只能完成简单表格的创建,然而有时往往需要绘制一些复杂的表格。其方法是单击"插入"选项卡的"表格"组中的"表格"下拉按钮,在弹出的下拉列表中选择"绘制表格"选项,鼠标指针变成笔形。如果需要确定表格的外部边框,则对角拖动边框至所需的大小。然后,拖动鼠标创建表格中的行和列。若要删除某条线,则先单击"表格工具-设计"选项卡的"绘图边框"组中的"擦除"按钮,再单击该条线即可。

2)插入Excel表格

(1)单击"插入"选项卡的"表格"组中的"表格"下拉按钮,在弹出的下拉列表中选择"Excel电子表格"选项,就可以自动新建一个"Excel表格"窗口,用户可以在该窗口中输入数据。

(2)单击"插入"选项卡的"文本"组中的"对象"按钮,打开"插入对象"对话框,如果选中"新建"单选按钮,在"对象类型"下拉列表框中选择"Microsoft Excel图表",就可以自动新建一个"Excel表格"窗口,用户可以在窗口中输入数据;如果选中"由文件创建"单选按钮,单击"浏览"按钮,在打开的"浏览"对话框中选择已有的Excel文件,就可以将已有的Excel表格导入当前幻灯片。

3)编辑表格

通过"插入表格"对话框创建的表格会自动应用符合当前主题的表格样式。而手动绘制的表格就不具备这些特点,此时需要根据实际制作要求对表格进行适当的美化和调整。

(1)设计表格样式。表格样式包括表格的填充颜色、边框和效果等。表格样式在"设计"选项卡的"表格样式"组中进行设置。

(2)设计表格中的字符样式。字符样式设计包括设置字体、字号、字体颜色、艺术字样式等。

(3)调整表格布局。调整表格布局主要指在表格中插入或删除行、列,合并或拆分单元格,设置文本对齐方式,调整表格尺寸,等等。

子项目4 制作第七、八、九张幻灯片

项目描述

通过图片或视频对企业概况和企业文化进行宣传介绍,可以使新员工非常直观地了解

企业的相关信息,培养和弘扬无私奉献、爱岗敬业的工匠精神和锲而不舍的钻研精神,树牢积极向上的人生观。

学习目标

(1)学会在幻灯片中输入并编辑文本。
(2)学会在幻灯片中插入并编辑图片、图形、艺术字、组织结构图等。
(3)学会在幻灯片中插入声音、视频并进行编辑。
(4)树立正确的职业观和人生观。

项目实施

任务1　制作"公司一览"幻灯片

"公司一览"幻灯片的效果如图3-58所示。

视频讲解

图3-58　"公司一览"幻灯片的效果

1. 新建幻灯片并插入公司图片

(1)插入第七张幻灯片。单击"开始"选项卡的"幻灯片"组中的"新建幻灯片"下拉按钮,在弹出的下拉列表中选择"标题和内容"选项,就可以插入一张新的幻灯片,并自动应用母版格式。

(2)在"单击此处添加标题"文本框中输入"公司一览"四个字,文字自动应用母版文字格式。

(3)单击"插入"选项卡的"插图"组中的 SmartArt 按钮,弹出"选择 SmartArt 图形"对话框,选择"循环"选项中的第3行第4列的"射线维恩图"图形,单击"确定"按钮,就可将这种模板的图形插入当前幻灯片。

(4)单击"SmartArt 工具-设计"选项卡的"创建图形"组中的"添加形状"下拉按钮,在弹出的下拉列表中选择"在后面添加形状"选项,根据需要添加形状的数目来添加,这里需要添加两次,效果是中间一个圆,四周六个圆。

(5)选定中间的圆,单击"SmartArt 工具-格式"选项卡的"形状样式"组中的"形状填充"下拉按钮,在弹出的下拉列表中选择"图片"选项,在打开的"插入图片"对话框中选择合适的公司图片。

(6)同步骤(5),依次在四周的六个小圆中填充合适的公司图片。

2. 设置动画效果

(1)选中图表,单击"动画"选项卡的"高级动画"组中的"添加动画"下拉按钮,在弹出的下拉列表中选择"进入"组中的"飞入"效果选项。

(2)单击"动画"选项卡的"动画"组中的"效果选项"下拉按钮,在弹出的下拉列表中选择"方向"为默认设置,"序列"为"逐个"。

(3)单击"动画"选项卡的"高级动画"组中的"动画窗格"按钮,打开"动画窗格"窗格,单击动画效果右侧的下拉按钮,在弹出的下拉列表中选择"效果选项"选项,打开"飞入"对话框,在该对话框中可以设置动画进入时的"声音"。如果列表中的声音不能满足需要,可以选择"其他声音"选项,在打开的"添加音频"对话框中选择所需的声音。

(4)选择"计时"选项卡,设置"开始"为"上一动画之后","期间"为"非常快(0.5 秒)"(图 3-59)。

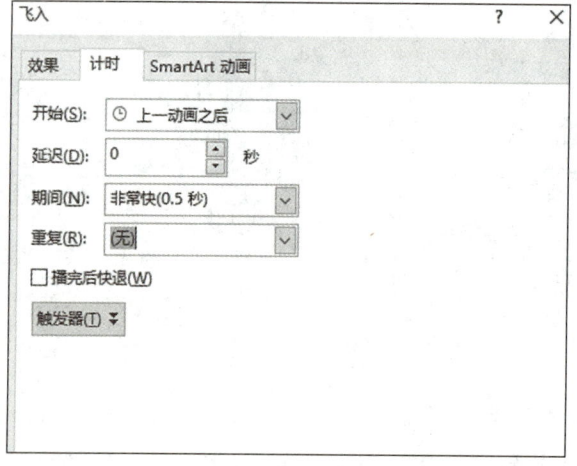

图 3-59 设置"计时"

任务 2　制作"文化宣传"幻灯片

"文化宣传"幻灯片的效果如图 3-60 所示。

图 3-60 "文化宣传"幻灯片的效果

1. 插入视频

(1) 插入第八张幻灯片。单击"开始"选项卡的"幻灯片"组中的"新建幻灯片"下拉按钮,在弹出的下拉列表中选择"标题和内容"选项,就可以插入一张新的幻灯片,并自动应用母版格式。

(2) 在"单击此处添加标题"文本框中输入"文化宣传"四个字,文字自动应用母版文字格式。

(3) 在幻灯片的中部有八个快捷按钮,单击第七个"插入媒体剪辑"按钮,弹出"插入视频文件"对话框,选择"公司文化宣传"视频文件,单击"插入"按钮。同时,视频的底部会自动添加"视频播放控制工具条",如图 3-61 所示。

图 3-61 视频播放控制工具条

2. 修改视频

插入视频文件后,会自动出现"视频工具"上下文选项卡,其包含"格式"和"播放"两个选项卡。在"格式"选项卡中可以修改视频形状、添加视频边框等;在"播放"选项卡中可以添加书签、剪裁视频等。

1) 修改视频形状

选择已插入的视频,单击"视频工具-格式"选项卡的"视频样式"组中的"视频形状"下拉按钮,在弹出的下拉列表中选择一种自选图形,如"椭圆",这时视频形状即变为椭圆形。

2) 添加视频边框

选择已插入的视频,单击"视频工具-格式"选项卡的"视频样式"组中的"视频边框"下拉按钮,在弹出的下拉列表(图 3-62)中选择边框的颜色、粗细等。

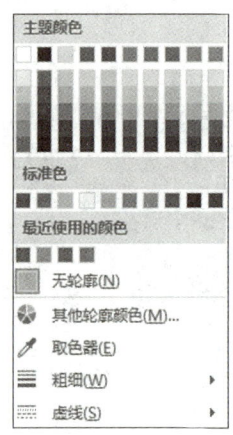

图 3-62 视频边框的设置

3）添加书签

选择已插入的视频，在"视频播放控制工具条"上拖动鼠标到需要插入书签的位置，单击"视频工具-播放"选项卡的"书签"组中的"添加书签"按钮，即可将书签添加到所需要的位置。播放视频时，直接在"添加书签"的位置单击，就可以从这个位置开始播放视频。

4）剪裁视频

选择已插入的视频，单击"视频工具-播放"选项卡的"编辑"组中的"剪裁视频"按钮，弹出"剪裁视频"对话框（图 3-63），通过拖动左侧绿色的竖条来设置视频的开始位置，通过拖动右侧红色的竖条来设置视频的结束位置；或者在"开始时间"和"结束时间"微调框中进行设置。

图 3-63 "剪裁视频"对话框

3. 插入"播放""停止"和"暂停"按钮

（1）单击"插入"选项卡的"插图"组中的"形状"下拉按钮，在弹出的下拉列表中选择"矩形"组中的"圆角矩形",在窗口中画出一个圆角矩形框。在此矩形框上右击,在弹出的快捷菜单中选择"编辑文字"选项,在光标闪烁处输入"播放",以此作为控制视频播放的按钮。复制两个矩形框,分别命名为"暂停"和"停止"。这样,三个控制按钮就制作完成了。当然,可以选用其他形式来制作这三个按钮,如艺术字、动作按钮等。

(2)选定这三个按钮,单击"绘图工具-格式"选项卡的"形状样式"组中的"其他"按钮,在弹出的下拉列表中选择"彩色填充-深红,强调颜色1"。

(3)选定这三个按钮,单击"绘图工具-格式"选项卡的"排列"组中的"对齐"按钮,设置对齐方式为"底端对齐""横向分布"。

4. 设置"播放""暂停"和"停止"按钮

1)设置"播放"按钮

选中视频播放框,单击"动画"选项卡的"高级动画"组中的"动画窗格"按钮,"动画窗格"窗格在窗口的右部显示出来,该窗口中包含视频的"播放动画"和"暂停动画",在"播放动画"上单击右侧的小三角按钮,在弹出的下拉列表中选择"计时"选项(图3-64),打开"播放视频"对话框。

单击"触发器"按钮,在此对话框底部出现三个选项,选中"单击下列对象时启动动画效果"单选按钮,单击其右侧的小三角按钮,在弹出的下拉列表中选择"圆角矩形3:播放"(图3-65),这样就可以设置"视频"播放动画在单击"播放"圆角矩形按钮后开始执行;同时可以看到在"播放动画"的上面显示"触发器:圆角矩形3:播放"(图3-66)。

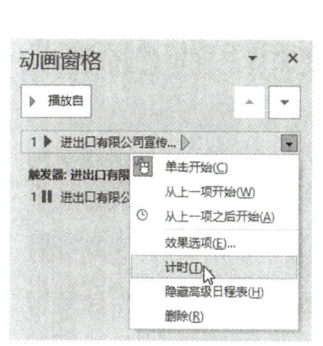

图3-64 选择"计时"选项

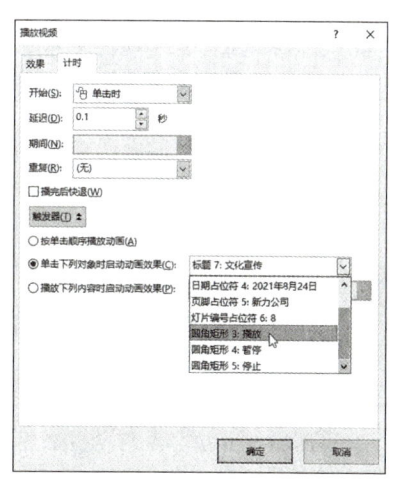

图3-65 选择"圆角矩形3:播放"

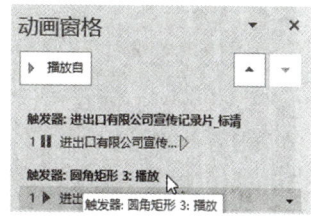

图3-66 播放视频

2)设置"暂停"按钮

在"暂停动画"上单击右侧的小三角按钮,在弹出的下拉列表中选择"计时"选项,打开"暂停视频"对话框,单击"触发器"按钮,在此对话框底部出现三个选项,选中"单击下列对象时启动动画效果"单选按钮,单击其右侧的小三角按钮,在弹出的下拉列表中选择"圆角矩形

4:暂停",这样就可以设置"暂停"播放动画在单击"暂停"圆角矩形按钮后开始执行;同时可以看到在"暂停动画"的上面显示"触发器:圆角矩形 4:暂停"。

3) 设置"停止"按钮

选中视频播放框,单击"动画"选项卡的"高级动画"组中的"添加动画"下拉按钮,在弹出的下拉列表中选择"媒体"组中的"停止"选项(图 3-67),就可以为视频添加"停止视频"动画,同时在"动画窗格"窗格中也显示出来。

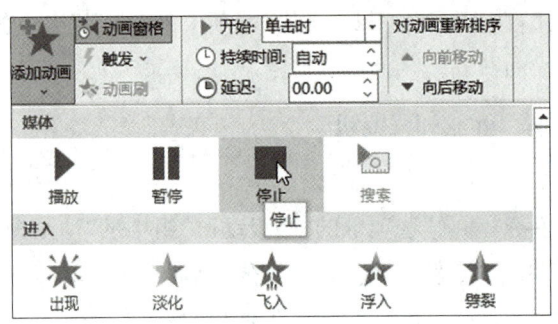

图 3-67　选择"停止"选项

"停止"按钮与上述"播放"和"暂停"按钮的制作方法类似,在此不再赘述。

按 F5 键进行幻灯片放映,单击"播放""暂停""停止"按钮测试影片的播放状态。

5. 制作超链接到"下一页"按钮

(1)单击"插入"选项卡的"插图"组中的"形状"下拉按钮,在弹出的下拉列表中选择"动作按钮"组中的"前进或下一项"▷。拖动鼠标画出一个矩形框按钮。同时自动弹出"操作设置"对话框(图 3-68),如果用户对默认的设置不满意,可以在该对话框中重新进行设置。

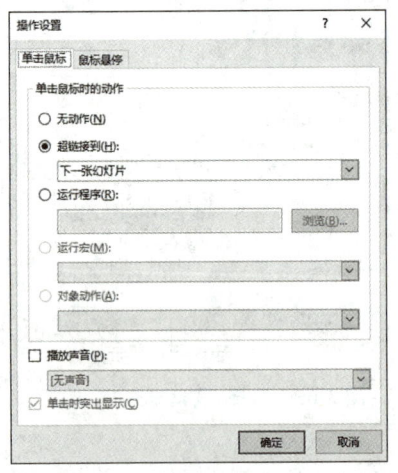

图 3-68　"操作设置"对话框

(2)选定这个按钮,在"绘图工具-格式"选项卡的"形状样式"组中选择"强烈效果-橙色,强调颜色 2"。

任务 3 制作结束页

结束页幻灯片的效果如图 3-69 所示。

图 3-69 结束页幻灯片的效果

1. 插入图片及文字

（1）插入第九张幻灯片。单击"开始"选项卡的"幻灯片"组中的"新建幻灯片"下拉按钮，在弹出的下拉列表中选择"图片和标题"选项，就可以插入一张新的幻灯片，并自动应用母版格式（图 3-70）。

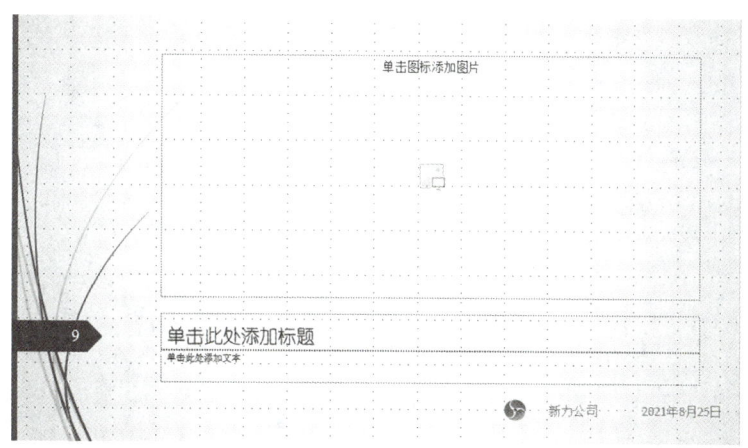

图 3-70 结束页默认版式

（2）如果对当前的版式不满意，可以改用其他主题的版式，方法是在"设计"选项卡的"主题"组中选定的"木材纹理"版式上右击，在弹出的快捷菜单中选择"应用于选定幻灯片"选项（图 3-71）。

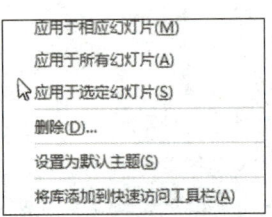

图 3-71 更换结束页版式

(3)在"单击图标添加图片"处单击,插入合适的图片;分别在"单击此处添加标题""单击此处添加文本"处单击,输入"谢谢大家!""感谢聆听,请多提宝贵意见!"等内容。

2. 背景设置

(1)如果新"主题"版式的背景颜色与原版式不搭配,需要进行重新设置。方法是单击"设计"选项卡的"自定义"组中的"设置背景格式"按钮,弹出"设置背景格式"窗格。

(2)如图 3-72 所示,选中"填充"选项卡中的"图案填充"单选按钮,设置前景颜色为主题颜色第 1 列的最后一个"橙色,个性 1",设置背景颜色为主题颜色第 1 列的最后一个"白色,背景 1,深色 50%",并选择图案列表的第 5 行第 5 个"小纸屑";接着,选中"隐藏背景图形"复选框。

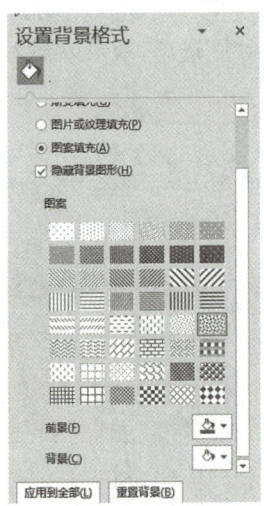

图 3-72 设置背景格式

知识链接

1. 插入音频

(1)单击"插入"选项卡的"媒体"组中的"音频"按钮,在打开的"插入音频文件"对话框中选择要插入的音频文件。

(2)插入音频后,在当前幻灯片中会出现喇叭形状的音频图标,图标的下面会自动添加音频播放控制工具条。

2. 修改音频

插入音频文件后，会自动出现"音频工具"上下文选项卡，其包含"格式"和"播放"两个选项卡。在"格式"选项卡中可以修改音频图标、添加音频边框等；在"播放"选项卡中可以添加书签、剪裁音频、设置音量和播放方式等。

（1）修改音频图标。选择已插入的音频，单击"音频工具-格式"选项卡的"调整"组中的"更改图片"下拉按钮，在弹出的下拉列表中选择图片来源，如选择来自图标，在图标列表中就可选择用户满意的图形；选择"通信"下的"话筒"，这时，音频形图标变为"话筒"。

（2）添加音频边框。选择已插入的音频，单击"音频工具-格式"选项卡的"音频样式"组中的"音频边框"下拉按钮，在弹出的下拉列表中选择边框的颜色、粗细等。

（3）添加书签。选择已插入的音频，在音频播放控制工具条上拖动鼠标到需要插入书签的位置，单击"音频工具-播放"选项卡的"书签"组中的"添加书签"按钮，即可将书签添加到所需要的位置。播放音频时，直接在"添加书签"的位置单击，就可以让音频从这个位置开始播放。

（4）剪裁音频。选择已插入的音频，单击"音频工具-播放"选项卡的"编辑"组中的"剪裁音频"按钮，弹出"剪裁音频"对话框。拖动绿色的竖条设置音频的开始位置，拖动红色的竖条设置音频的结束位置；或者在"开始时间"和"结束时间"微调框中进行设置。

（5）设置音量和播放方式。"音频工具-播放"选项卡的"音频选项"组用来设置音频的音量、如何开始播放、是否跨幻灯片播放、循环播放等播放方式。

子项目 5　进行幻灯片切换等设置

项目描述

为了能让幻灯片快速跳转到指定的页，小王对幻灯片设置了切换方式和超链接；并将幻灯片打印出来，用作新员工的培训讲义。通过完成任务，小王意识到，只要心中有目标，就能向着目标不懈努力，竭尽全力最终去实现。为了实现它，就一定要不怕苦，不怕累，想尽所有办法，克服前进路上的所有困难。

学习目标

（1）学会在幻灯片中输入并编辑文本。
（2）学会插入、复制和删除幻灯片。
（3）学会在幻灯片中插入并编辑图片、图形、艺术字、组织结构图等。
（4）学会幻灯片的切换、超链接、放映。
（5）培养敬业、不怕苦、不怕累的职业素养和勇敢面对困难、努力拼搏的精神。

项目实施

任务1 设置幻灯片切换方式

视频讲解

设置幻灯片切换方式的步骤如下：

（1）选中任一张幻灯片，在"切换"选项卡的"切换到此幻灯片"组中选择"揭开"选项（图3-73），即可将此种换片方式应用于当前幻灯片。

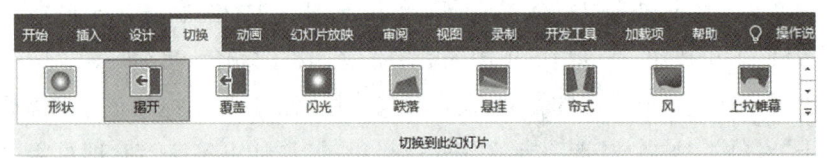

图3-73 设置切换方式

（2）如果单击"切换"选项卡的"计时"组中的"应用到全部"按钮（图3-74），就可将"揭开"动画效果应用到所有幻灯片。

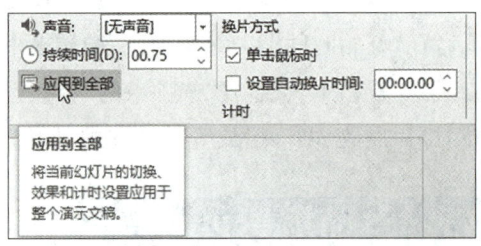

图3-74 将切换方式应用于所有幻灯片

（3）如果单击"切换"选项卡的"计时"组中的"声音"按钮，就可同时设置幻灯片切换动画时是否有声音，以及是什么样的声音。

（4）可以依次选中第1～9张幻灯片，分别设置幻灯片的切换方式为不同的动画效果。

任务2 设置超链接导航

视频讲解

设置超链接导航的步骤如下：

（1）单击"视图"选项卡的"母版视图"组中的"幻灯片母版"按钮，切换到幻灯片母版视图，在"公司简介"文本框边上右击，在弹出的快捷菜单中选择"超链接"选项，打开"编辑超链接"对话框，在"链接到"选项组中选择"本文档中的位置"选项，在"请选择文档中的位置"列表框中选择"3.公司概况"（图3-75），单击"确定"按钮。

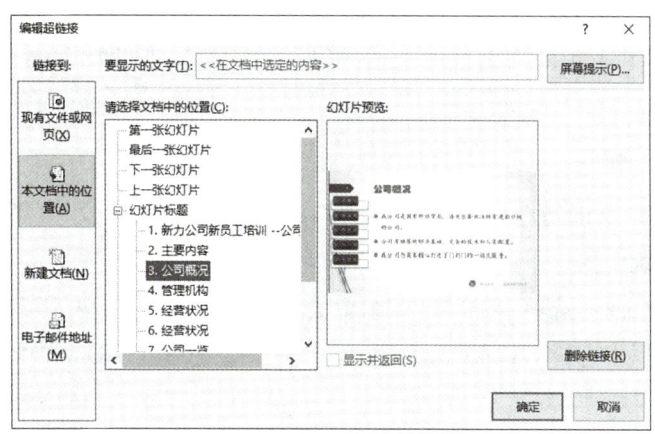

图 3-75 "编辑超链接"对话框

（2）依次设置"管理机构""经营状况""公司一览""文化宣传"的超链接到对应的幻灯片。

（3）同样操作对第二张幻灯片"主要内容"的各项设置超链接，将它们链接到对应幻灯片。这样，第二张幻灯片也可根据需要跳转到相应的幻灯片。

注意：选中文本框进行超链接不会改变文字的颜色；选中文字进行超链接则会改变文字的颜色。对设置好的超链接进行编辑、复制、删除时，可以通过右击超链接对象，在弹出的快捷菜单中选择相应的选项，打开相应的对话框，进行超链接的修改。

任务 3　插入 Flash 动画

1. 显示"开发工具"选项卡

（1）选择"文件"选项卡下的"选项"选项，弹出"PowerPoint 选项"对话框。

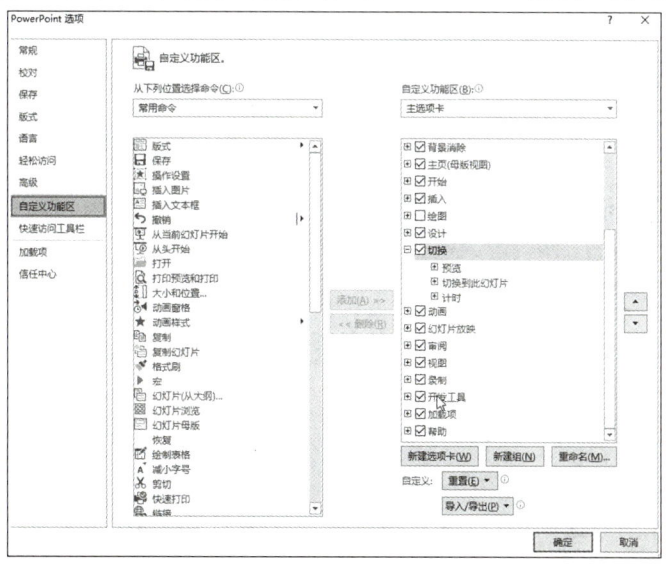

图 3-76　"PowerPoint 选项"对话框

(2)选择"自定义功能区"选项,在窗口右部的"自定义功能区"下拉列表框中选择"主选项卡"选项,然后在其下边的列表框中选中"开发工具"复选框(图 3-76),即可显示"开发工具"选项卡。

2. 插入 Flash 动画

选定要插入 Flash 的幻灯片为当前幻灯片,如果在若干张幻灯片中都有同样的 Flash 动画,则要在它的母版中插入。

(1)单击"开发工具"选项卡的"控件"组中的"其他控件"按钮(图 3-77),弹出"其他控件"对话框,在该对话框中选择 Shockwave Flash Object 控件(图 3-78)。

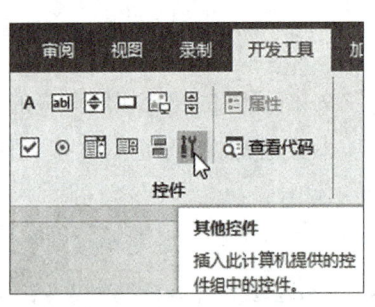 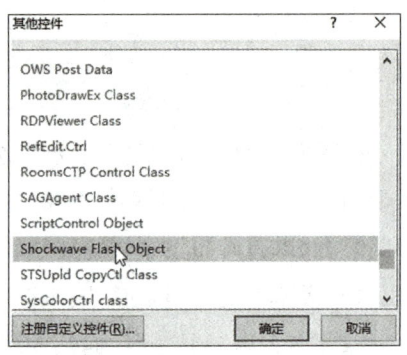

图 3-77　单击"其他控件"按钮　　　　图 3-78　选择 Shockwave Flash Object 控件

(2)光标变为十字形状,在所需要的位置拖动鼠标画出一个要插入控件的矩形框。

(3)单击"开发工具"选项卡的"控件"组中的"属性"按钮,弹出"属性"对话框(图 3-79)。选择"Movie"选项,在其右侧的框内输入要插入的 Flash 动画的完整文件名,包括路径及文件名、扩展名。选择"EmbedMovie"选项,设置其为"True",这样演示文稿被复制到任何地方,都可正常播放。

 任务 4　打印演示文稿

1. 幻灯片大小设置

(1)单击"设计"选项卡的"自定义"组中的"幻灯片大小"按钮,打开"幻灯片大小"对话框。

(2)如果要将幻灯片打印到 A4 大小的纸上,设置"幻灯片大小"为"A4 纸张(210×297 毫米)"。

(3)在"幻灯片编号起始值"微调框中输入"1",可设置幻灯片编号的起始值。

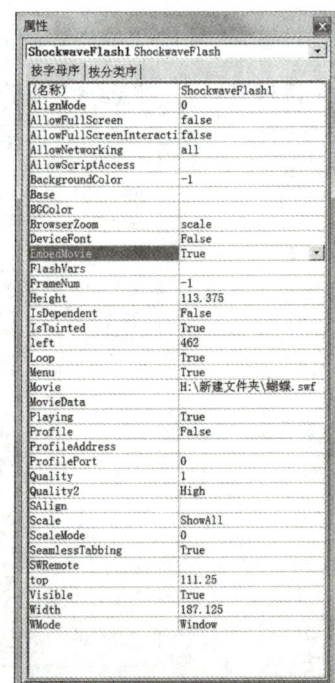

图 3-79　"属性"对话框

(4)在幻灯片的打印设置中可以设置两种不同的方向,一种是设置"幻灯片"的方向,另一种是设置"备注、讲义和大纲"的方向。由于是两种设置,即使在横向打印幻灯片时,也可以纵向打印备注、讲义和大纲(图 3-80)。

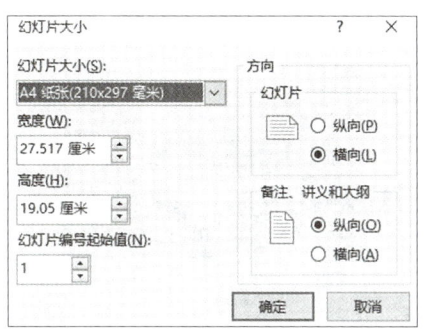

图 3-80 "幻灯片大小"对话框

2. 打印预览和打印

(1)选择"文件"选项卡下的"打印"选项,在右侧的界面中出现关于打印设置的列表,根据打印要求,选择不同的选项进行设置(图 3-81)。

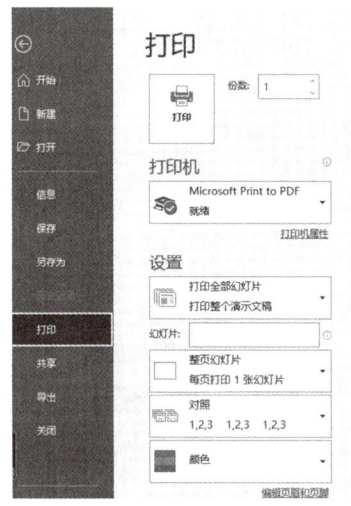

图 3-81 打印设置

(2)单击"份数"后面的增减按钮设置打印份数,或者直接在"份数"微调框中输入要打印的份数。

(3)单击"打印机"选项后的小三角按钮,在弹出的下拉列表中选择所要使用的打印机,如果要使用当前所选择的打印机的附加选项,可单击"打印机属性"链接,然后在打开的对话框中进行所需要的设置。

(4)在"设置"选项组的第一组下拉列表中可以设置打印范围,如打印演示文稿中的全部幻灯片、当前幻灯片或选定幻灯片(图 3-82)。如果要打印选定的幻灯片,可选择"自定义范围"选项,并在其下侧的"幻灯片"文本框中输入对应的幻灯片的编号。如果要打印不连续的幻灯片,则可输入幻灯片编号,并以逗号分隔。对于某个范围的连续编号,可以输入该范围的起始编号和终止编号,并以连字符相连。例如,如果要打印第2、5、6和7张幻灯片,则可以在"幻灯片"文本框中输入"2,5-7"。

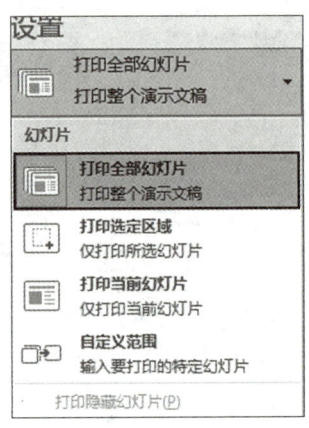

图3-82 设置打印范围

(5)在"设置"选项组的第二组下拉列表中可以设置打印版式(图3-83)。"打印版式"组有三个选项"整页幻灯片""备注页"和"大纲";"讲义"组有九个选项,可以通过选择设置每页打印幻灯片的张数,以及水平或垂直放置幻灯片。

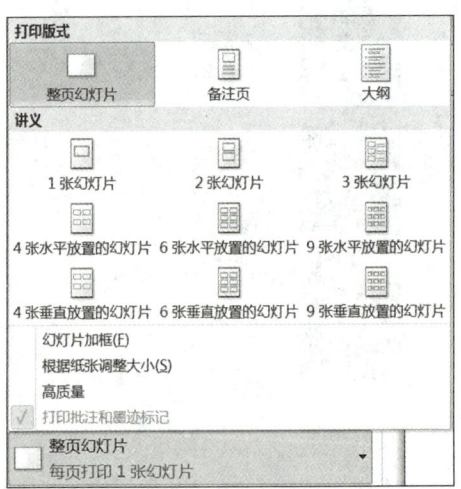

图3-83 设置打印版式

选择"根据纸张调整大小"选项,可以根据打印页面调整幻灯片的大小。选择"幻灯片加框"选项,可以在打印每一张幻灯片时,添加一个细的边框,如果希望使用投影仪显示幻灯片,就可以选择此选项。

(6)在"设置"选项组的第三组下拉列表中可以设置打印顺序。

(7)在"设置"选项组的第四组下拉列表中有"颜色""灰度""纯黑白"三个选项。

①颜色。如果在彩色打印机上打印，选择此选项将以彩色打印。

②灰度。选择此选项，所打印的图像包含介于黑色和白色之间的各种灰色色调。背景填充的打印颜色为白色，从而使文本更加清晰（有时灰度的显示效果与"纯黑白"一样）。

③纯黑白。选择此选项可打印不带灰填充色的讲义。

（8）单击"编辑页眉和页脚"链接，打开"页眉和页脚"对话框，对页眉和页脚的插入与编辑进行设置。

知识链接

1. 幻灯片切换

切换效果是添加在幻灯片上的一张特殊的播放效果。在演示文稿放映过程中，切换效果可以通过各种方式将幻灯片切换到屏幕中，还可以在切换时播放声音。

若为每张幻灯片设置不同的切换效果，则可分别选择每张幻灯片，在任务窗格中选择效果、速度、声音、换片方式等。

在"切换"选项卡的"计时"组中的"换片方式"中，如果选中"单击鼠标时"复选框，则放映时单击可进入下一张幻灯片的放映；如果选中"设置自动换片时间"复选框，并在后面的微调框中输入时间，则将定时放映每张幻灯片。

2. 演示文稿压缩打包

将演示文稿打包，即将演示文稿压缩到一个文件夹中。将演示文稿与 PowerPoint 2019 的播放器压缩打包后，就可以在未安装 PowerPoint 2019 的计算机中放映幻灯片。

通常将在一台计算机上制作好的演示文稿复制到另一台计算机上播放时，可能由于两台计算机安装的字体不同，影响到演示文稿的播放效果。因此，应将设置好的字体和演示文稿一起打包，方法是：确认设置的是 TrueType 字体，扩展名是". ttf"。选择"文件"选项卡下的"选项"选项，打开"Power Point 选项"对话框，选择"保存"选项，选中"将字体嵌入文件"复选框，单击"确定"按钮返回，再保存（或另存为）相应的演示文稿即可。为了减小演示文稿的容量，在选中"将字体嵌入文件"复选框后，再选中下面的"仅嵌入演示文稿中使用的字符（适用于减小文件大小）"单选按钮。这种设置仅对当前演示文稿有效，如果打开了一个新的演示文稿，并且需要使用其中的字体，则需要重复上面的操作。

3. 将演示文稿转换为视频

PowerPoint 2019 演示文稿可以被保存为 Windows Media 视频，此视频可以通过光盘、Web、电子邮件转发。该视频可以包含幻灯片放映中未隐藏的所有幻灯片以及所录制的计时、旁白和激光笔迹，并且保留动画、切换和媒体。

将演示文稿转换为视频有以下两种方法。

1）第一种方法

（1）选择"文件"选项卡下的"导出"选项，在打开的界面中选择"创建视频"选项，右侧出现"创建视频"列表(图 3-84)。

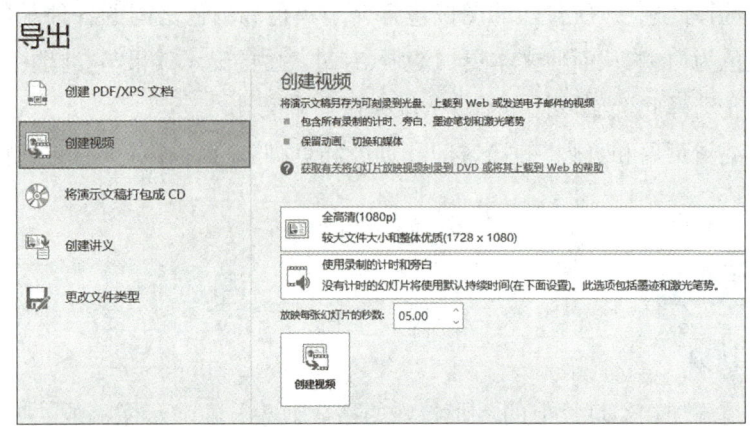

图 3-84 "创建视频"列表

(2)在"全高清(1080p)"下拉列表中可以设置视频的显示大小及画面质量(图 3-85)。使用默认的"全高清(1080p)"即可。

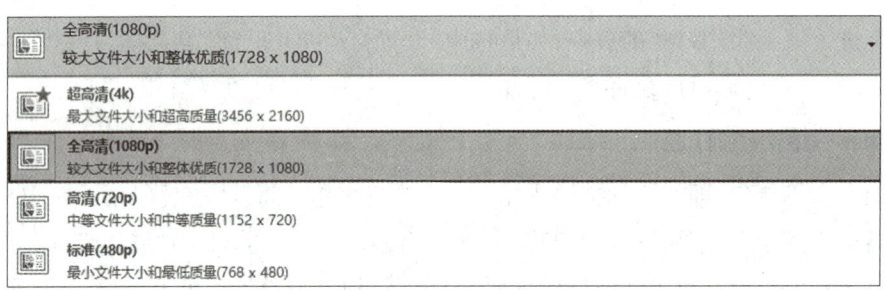

图 3-85 视频大小及画面质量的选择

(3)录制视频时,还可选择"使用录制的计时和旁白"或"不要使用录制的计时和旁白"选项(图 3-86)。

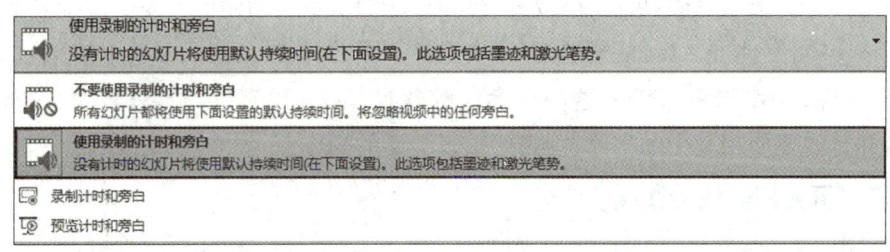

图 3-86 视频录制计时和旁白选项

如果选择"不要使用录制的计时和旁白"选项,然后单击"创建视频"按钮,则系统会自动录制视频(视频包含录制计时和旁白),"放映每张幻灯片的秒数"设置为"05.00",用户也可以重新设置。

如果选择"使用录制的计时和旁白"选项后,接着又选择"录制计时和旁白"选项(图 3-87),

弹出录制幻灯片演示的计时和旁白界面(图3-88),然后单击红色三角"开始录制"按钮,就可以开始录制,用户可以手动控制每张幻灯片持续的时间、每张幻灯片上要手动写入的文字、要加入的旁白以及动画的开始时间。

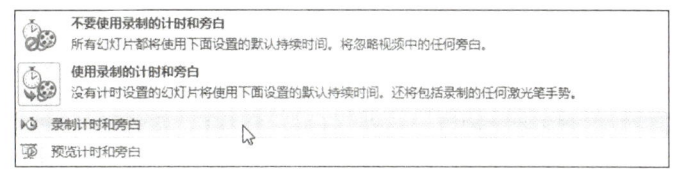

图3-87　选择"录制计时和旁白"选项

图3-88　录制幻灯片演示的计时和旁白界面

2)第二种方法

选择"文件"选项卡下的"另存为"选项,打开"另存为"界面,单击"浏览"按钮,弹出"另存为"对话框,在"文件名"文本框中输入文件名,设置文件类型为"Windows Media 视频",这样也可以将演示文稿转换为视频。

如果在"导出"界面中选择"不要使用录制的计时和旁白"选项,那么生成的视频不包含计时和旁白。

4. 将演示文稿发布到Word文档

选择"文件"选项卡下的"导出"选项,在打开的"导出"界面中选择"创建讲义"选项,单击"创建讲义"按钮,打开"发送到Microsoft Word"对话框(图3-89),然后设置所需的页面版式和粘贴方式,即可将演示文稿发布到Word文档。

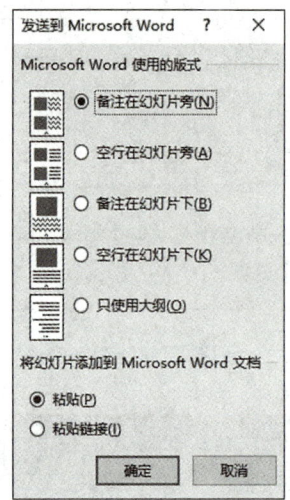

图 3-89 "发送到 Microsoft Word"对话框

5. 将演示文稿保存为模板

选择"文件"选项卡下的"另存为"选项，打开"另存为"界面，单击"浏览"按钮，弹出"另存为"对话框，在"文件名"文本框中输入文件名，设置文件类型为"PowerPoint 模板（*.potx）"，可以将演示文稿保存为模板。这样以后如果要制作与这个风格和版式相似的文件，就可以使用这个已有的模板。

项目 4

网络组建与 Internet 应用

随着计算机网络的发展和宽带接入的普及,计算机网络早已渗透到人们的日常工作和生活中。本项目通过家庭用户接入和使用因特网的案例分析,使读者对计算机网络有一个基本认识,掌握网络连接的基本技能、宽带接入的基本方法和因特网的基本应用,以达到利用计算机实现资源的相互访问与共享的目的,并能够连接到因特网上进行网络资源的获取。

子项目 1　小型局域网的组建

项目描述

小王的表弟大学刚毕业,打算和他的同学共同创业。他们租了一间小型办公室,购置了三台计算机和一台打印机作为办公设备。他们打算将三台计算机联网实现数据资源与打印机的共享,小王帮助他们完成了办公室网络的组建。

学习目标

(1)了解与计算机网络相关的基本概念。

(2)了解网络常用的传输介质。

(3)了解各种网络设备,能够根据需求进行选购。

(4)能够搭建家庭、宿舍和小型办公网络。

(5)能够实现网络软、硬件资源的共享。

(6)培养正确的职业价值观及敬业、精益、专注、创新的工匠精神。

(7)培养爱国情怀和科技强国的使命感与责任感。

 项目实施

 任务1 认识计算机网络

1. 计算机网络的定义

计算机网络(computer network)是指通过通信线路和通信设备将一定空间范围内的计算机互连起来,在网络系统软件和相应通信协议的支持和控制下,彼此互相通信并共享资源的计算机系统。

计算机网络有以下三个要素:

(1)包含多台功能独特的计算机。

(2)这些计算机必须能连接起来相互通信。

(3)以资源共享为目的。

2. 计算机网络的发展

自1969年12月以来,世界上第一个计算机网络阿帕网(数据包交换计算机网络)出现后,网络已经发展为横跨全世界一百多个国家与地区,挂接有几万个网络、几百万台计算机、几亿用户的因特网。其演变过程大致可概括为以下四个阶段:

1)第一代计算机网络——面向终端的计算机网络

20世纪60年代,一种称为收发器的终端研制成功,人们通过这种途径实现了将穿孔卡片上的数据通过电话线路传送到远程计算机上。第一代计算机网络只是一种以单个计算机为中心的面向终端(不具备数据存储和处理能力)的远程联机系统。

2)第二代计算机网络——数据通信网络

20世纪70年代,主机和主机之间通过通信处理机和通信线路连接起来,出现了通信子网,通信子网负责主机间的通信任务,主机和远程终端之间也通过通信处理机进行通信。第二代计算机网络强调了网络的整体性,用户不仅可以共享主机资源,而且可以共享其他用户的软硬件资源。

3)第三代计算机网络——开放的标准化网络

20世纪80年代,国际标准化组织(ISO)提出了开放系统互连的七层参考模型OSI/RM,简称OSI。现在的计算机网络都是以OSI为标准进行工作的。同时,以IEEE(国际电子电气工程师协会)802.3和IEEE 802.5局域网为代表的网络系统逐渐成熟,为在局部范围内普及网络系统奠定了基础。

4）第四代计算机网络——因特网时代

20世纪90年代以后,随着数字通信技术的发展,第四代计算机网络产生了,其特点是综合化和高速化。综合化指采用交换的方式传送数据,在一个网络中实现多种业务的综合传输。现在已经可以将语音、文字、图像、超文本、超媒体等多媒体信息整合到一个网络中传送。计算机网络向综合化发展是与多媒体技术的迅速发展分不开的。未来的网络将朝着智能化、移动化及物联网的方向发展。

3. 计算机网络的组成

从系统功能的角度看,计算机网络由通信子网和资源子网组成。

通信子网由通信控制处理机、通信线路与其他通信设备组成,完成网络数据传输、转发等通信处理任务。

资源子网由主计算机系统、终端、终端控制器、联网外设、各种软件资源与信息资源组成。资源子网负责处理全网的数据处理业务,向网络用户提供各种网络资源与网络服务。

4. 计算机网络的功能

计算机网络的功能主要表现在硬件资源共享、软件资源共享和用户间信息交换三个方面。

(1)硬件资源共享。硬件资源共享是指可以在全网范围内提供对处理资源、存储资源、输入输出资源等昂贵设备的共享,使用户节省投资,也便于集中管理和均衡分担负荷。

(2)软件资源共享。软件资源共享允许互联网上的用户远程访问各类大型数据库,可以得到网络问卷传送服务、远地进程管理服务和远程文件访问服务,从而避免软件开发上的重复劳动以及数据资源的重复存储,也便于集中管理。

(3)用户间信息交换。计算机网络为分布在各地的用户提供了强有力的通信手段。用户可以通过计算机网络发送电子邮件、发布新闻消息和进行电子商务活动。

5. 计算机网络的分类

根据计算机网络覆盖的空间范围、网络配置、数据组织方式和通信方式等的差别可以将其分为各种不同的类型。

1）按覆盖的空间范围分类

(1)局域网(local area network,LAN)。局域网是计算机通信网的重要组成部分,指在一个局部范围内由计算机、通信设备、通信介质、网络操作系统、专用网络服务程序以及网络数据库等组成的具有完善服务和管理功能的计算机网络。一般的小型局域网中的计算机数量在200台以下,有的甚至不到10台,通常应用于学校、企业、医院、机关等办公场所。

(2)广域网(wide area network,WAN)。广域网是一种跨越更大空间范围而组成的计算机通信网络,其覆盖的区域范围比较广,可以跨越多个城市、省份、国家甚至全球的空间区域。

(3)城域网(metropolitan area network,MAN)。城域网的分布范围介于局域网和广域网之间,一般不超过几十公里,在较大的地理区域内提供数据、声音和图像的传输。

2)按通信介质分类

(1)有线网络。有线网络是指网络中的通信介质全部为有线介质的网络,常见的介质有同轴电缆、双绞线、光缆、电话线等。

(2)无线网络。无线网络是采用无线电波、卫星、微波、红外线、激光等无线形式来传输数据的网络,即网络中的节点之间没有线缆的连接。

任务2 小型办公网络的组建

小王打算将购置的三台计算机和一台打印机进行联网,实现数据资源与打印机的共享,小型办公网络的拓扑结构如图 4-1 所示。计算机网络拓扑结构是指一个网络的通信链路和节点的几何排列或抽象的布局图形。根据以上情况进行需求分析,该网络为一小型办公网络,只需组建一个简单对等网即可。

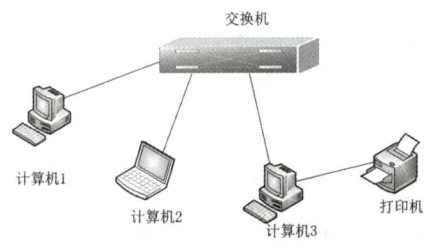

图 4-1 小型办公网络的拓扑结构

对等网也称工作组网。在对等网络中,各台计算机有相同的功能,无主从之分,网上任意节点计算机既可以作为网络服务器,为其他计算机提供资源;也可以作为工作站,来使用其他服务器的资源;任意一台计算机均可同时兼作服务器和工作站,也可只做其中之一。

组建局域网的第一步是建立一个物理的网络,这个过程包括根据实际工作需要选择网络的拓扑结构,进行布线,通过网络连接设备组成一个物理网络,安装相应的网络协议和配置 IP 地址。

1. 网络设备的选购

1)网卡的选购

网卡又称网络接口卡(network interface card,NIC),是计算机与网络的接口(图 4-2)。

图 4-2 以太网网卡

网卡能够对信道中的信息进行侦听,并根据自身的 MAC 地址识别自己应该接收的信息。当与网卡连接的计算机或其他设备做好接收信息的准备后,网卡便将从外部接收的信息提交给这些设备;当与网卡连接的计算机或其他设备需要向外界发送信息时,网卡会在信道信息流中寻找间隙,并将信息送上信道。

根据不同的需要,网卡有多种不同的型号。根据本任务的实际需求,我们选用较为常用的以太网网卡,即速率为 100 Mbit/s 或 1 000 Mbit/s、PCI 总线、RJ-45 接口的普通工作站网卡。选购好后再安装相应的驱动程序就可以使用了。

2)交换机的选购

随着价格的不断降低和性能的不断提升,在以太网中,作为高性能的集线设备——交换机已经逐步取代了集线器而成为常用的网络设备。用交换机构建的局域网称为交换式局域网,而用集线器构建的局域网则属于共享式局域网。与共享式局域网相比,交换式局域网的数据传输效率更高,适合于大数据量并且非常频繁的网络通信,因此交换式局域网是被广泛应用于传输各种类型的多媒体数据的局域网。

局域网交换机通过协议地址建立连接。在局域网中,第二层交换机应用得比较广泛。第二层交换机工作在 ISO/OSI 模型中的数据链路层,基于 MAC 地址进行数据包转发。其端口接口用于收发数据,与交换机的物理端口对应。

交换机选购时的主要参数有端口速度、交换方式、模块式还是固定端口、专用芯片还是通用芯片及 VLAN 支持能力等。本任务选购一款工作在数据链路层的 8 口或以下百兆以太网桌面式交换机(图 4-3)。图 4-4 所示为常见的机架式交换机,一般有 24 口,通常在机房内使用。

图 4-3 桌面式交换机

图 4-4 常见的机架式交换机

3)网络传输介质的选购

(1)光纤。光纤是以光脉冲形式来传输信号的,其材质以玻璃和有机玻璃为主。光纤满足目前网络对长距离、大容量信息传输的要求,在计算机网络中发挥着非常重要的作用,成为传输介质中的佼佼者。图 4-5 所示为光纤,图 4-6 所示为光纤跳线,图 4-7 所示为光缆剖面。

图 4-5 光纤

图 4-6 光纤跳线

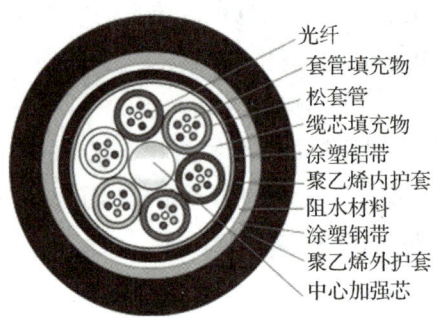

图 4-7　光缆剖面

（2）同轴电缆。同轴电缆是以太网初期最为流行的传输介质，分为粗缆和细缆两种，在缆线的端点需安装终结器。粗缆常作为网络的主干网络线，用于相距较远的网段之间的连接，目前粗缆大部分已被光纤所代替。而细缆也因为双绞线的传输率较高且价格较低，被大部分的网络广泛使用，而逐渐退出布线市场。同轴电缆的结构如图 4-8 所示。

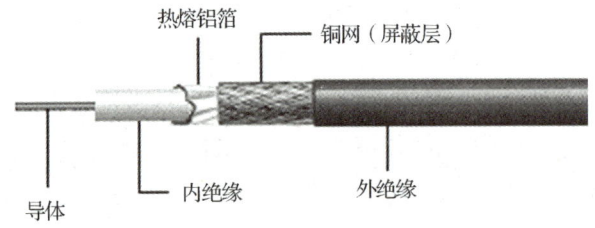

图 4-8　同轴电缆的结构

（3）双绞线。在所有的网络布线材料中，双绞线是目前使用最普遍的传输介质。当前，几乎所有的计算机网络都使用双绞线。双绞线性价比高，实施方便，性能稳定，是目前局域网建设中的首选线材。它由两条相互绝缘的铜线组成，通过两条线绞接在一起来防止电磁感应产生的干扰信号，"双绞线"的名字也由此而来（图 4-9）。双绞线适合近距离数据传输，其有效传输距离为 100 m。

图 4-9　双绞线

双绞线分为屏蔽双绞线（shielded twisted pair，STP）和非屏蔽双绞线（unshielded twisted pair，UTP）。本任务选择常用的超五类或六类非屏蔽双绞线。此外，双绞线质量的优劣是决定局域网带宽的关键因素之一,选购一款质量上乘的双绞线可以确保数据传输的准确性,并能提高网络性能。选购好双绞线后,再使用 RJ-45 连接器(俗称"水晶头",见图 4-10)制作成双绞线跳线(图 4-11)。双绞线跳线的一端接交换机端口,另一端接计算机网卡,就可完成连接。

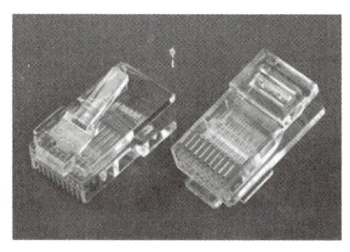

图 4-10 水晶头

图 4-11 双绞线跳线

2. 网络协议与 IP 地址设置

1)TCP/IP

传输控制协议/网际协议(transmission control protocol/internet protocol,TCP/IP)是目前世界上应用最为广泛的协议,它的流行与因特网的迅猛发展密切相关。TCP/IP 最初是为互联网的原型阿帕网设计的,目的是提供一整套方便实用、能应用于多种网络上的协议。事实证明 TCP/IP 做到了这一点,它使网络互连变得容易起来,并且使越来越多的网络加入其中,成为因特网的事实标准。目前,在局域网中也广泛使用 TCP/IP。

2)IP 地址的设置

IP 地址是网络中的一个系统的标识,每个 IP 地址都由网络号和主机号两部分构成。网络号用于标识一个物理的网络,同一个网络上的所有主机需要使用同一个网络号,该网络号在网络中是唯一的。主机号用于确定网络中的一个工作端、服务器、路由器或主机。对于同一个网络号来说,主机号是唯一的,每个 TCP/IP 主机由一个 IP 地址来确定。也就是说,网络号用于标识特定的物理网络,主机号用于区分同一物理网络中的不同主机。

在本任务中,三台计算机的 IP 地址必须设置在同一网段,才能实现数据资源的共享。IP 地址的设置方法是:右击桌面的"网上邻居"快捷方式图标,在弹出的快捷菜单中选择"属性"选项,在打开的窗口中右击"本地连接",在弹出的快捷菜单中选择"属性"选项,在打开的"本地连接 2 属性"对话框(图 4-12)中选择"Internet 协议版本 4(TCP/IPv4)"选项,单击"属性"按钮,在打开的"Internet 协议版本 4(TCP/IPv4)属性"对话框中进行设置(图 4-13)。如果只在局域网环境中使用,则只需输入正确的 IP 地址和子网掩码即可;如果要连入因特网,则还需输入默认网关和 DNS 服务器地址。

项目实战篇

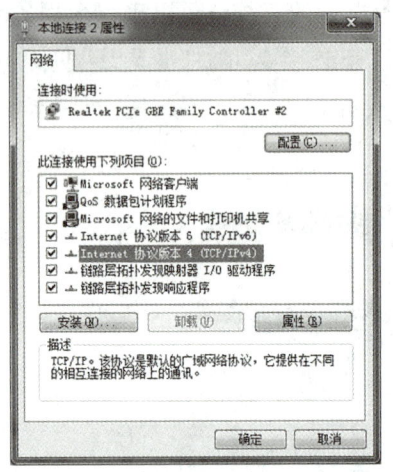

图 4-12 "本地连接 2 属性"对话框

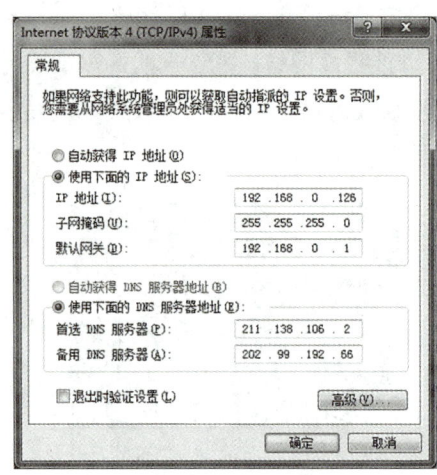

图 4-13 "Internet 协议版本 4(TCP/IPv4)属性"对话框

子项目 2　Internet 应用

项目描述

小王在新力公司经常要对新员工进行培训,因此需要不定时地查找资料进行学习和备课,还需要经常与新员工进行交流和沟通。为此,需要连入因特网完成浏览网页、收发电子邮件以及通过即时通信软件(如 QQ、微信等)与新员工进行实时交流。在完成这个子项目过程中,小王意识到要重点强调网络安全问题。通过对计算机病毒、木马等知识的介绍,组织学生讨论自己所遇到过的网络安全问题,提醒学生要注意上网安全,要谨慎网络社交,谨防网络诈骗。并且通过学习我国于 2017 年 6 月 1 日施行的《中华人民共和国网络安全法》,让学生了解国家网络安全的相关政策法规,强化知法守法的法治意识。

学习目标

(1)学会使用搜索引擎检索信息。
(2)掌握电子邮件的使用方法。
(3)掌握 QQ、微信等即时通信工具的在线交流方法。
(4)增强网络安全防范意识。
(5)培养知法守法的法律意识。

项目实施

任务 1 认识 Internet

1. 因特网的产生与发展

自 20 世纪 60 年代开始，美国国防部的高级研究计划局（Advance Research Projects Agency，ARPA）建立阿帕网（ARPANET），为美国国内大学和一些公司提供经费，以促进计算机网络和分组交换技术的研究。

1969 年 12 月，阿帕网投入运行，建成了一个实验性的由四个节点连接的网络。到 1983 年，阿帕网已连接了三百多台计算机，供美国各研究机构和政府部门使用。

1983 年，阿帕网分为阿帕网和军用 MILNET（military network）两种，两个网络之间可以进行通信和资源共享。由于这两个网络都是由许多网络互连而成的，它们都被称为因特网。阿帕网就是因特网的前身。

1986 年，美国国家科学基金会（National Science Foundation，NSF）建立了自己的计算机通信网络。NSFNET 将美国各地的科研人员连接到分布在美国不同地区的超级计算机中心，并将按地区划分的计算机广域网与超级计算机中心相连（实际上它是一个三级计算机网络，分为主干网、地区网和校园网，覆盖了全美国主要的大学和研究所）。

最初，NSFNET 主干网的的速率不高，仅为 56 Kbit/s。在 1989—1990 年，NSFNET 主干网的速率提高到 1.544 Mbit/s，并成为因特网中的主要部分。

NSFNET 逐渐取代了阿帕网在因特网中的地位，到了 1990 年，鉴于阿帕网的实验任务已经完成，在历史上起过重要作用的阿帕网正式宣布关闭。

随着 NSFNET 的建设和开放，网络节点数和用户数迅速增长。以美国为中心的因特网网络互连也迅速向全球发展，世界上的许多国家纷纷接入因特网，使网络上的通信量急剧增大。

1992 年，因特网上的主机超过 1 000 000 台。1993 年，因特网主干网的速率提高到 45 Mbit/s。1996 年，速率为 155 Mbit/s 的主干网建成。1999 年，MCI 和 WorldCom 公司将美国的因特网主干网的速率提高到 2.5 Gbit/s。到 1999 年年底，在因特网上注册的主机已超过 10 000 000 台。

因特网的迅猛发展始于 20 世纪 90 年代。由欧洲原子核研究组织（CERN）开发的万维网（WWW）被广泛使用在因特网上，大大方便了广大非网络专业人员对网络的使用，成为因特网发展的指数级增长的主要驱动力。

2. 因特网在我国的发展

1987年9月20日，北京计算机应用技术研究所钱天白教授向德国发出了中国第一封电子邮件"Across the Great Wall,we can reach every corner in the world(越过长城,我们能到达世界上的每一个角落)"，揭开了中国人使用互联网的序幕。

1990年11月28日，钱天白教授代表我国正式在国际互联网络信息中心(InterNIC)的前身DDN-NIC注册登记了我国的顶级域名CN。

1994年5月21日，在钱天白教授和德国卡尔斯鲁厄大学的协助下，中国科学院计算机网络信息中心完成了中国国家顶级域名(CN)服务器的设置，改写了我国的CN顶级域名服务器一直放在国外的历史。

我国第一条与国际因特网联网的专线是1991年6月由中国科学院高能物理所建成的，直接接入美国斯坦福大学的斯坦福线性加速器中心。1994年5月才实现了TCP/IP协议，完成了因特网全功能连接。接着从1994年初到1995年初，北京大学、清华大学、北京化工大学、中科院网络中心等相继接入因特网。

1994年9月，我国邮电部门开始进入因特网，建立北京、上海两个出口。1995年3月底试运行，6月20日正式运营。

我国因特网的发展经历了以下四个主要阶段：

(1)第一阶段。1987—1994年，这个阶段基本上是通过中科院高能物理所线路实现与欧洲及北美地区的E-mail通信的。

(2)第二阶段。1994—1995年，这一阶段是教育科研网发展阶段。北京中关村地区及清华大学、北京大学组成NCFC网，并于1994年4月开通了与国际因特网的64 Kbit/s专线连接，同时还设置了中国最高域名(CN)服务器。这时，我国才算真正加入国际Internet行列。此后又建成了中国教育和科研网(China Educational Research Network,CERNET)。

(3)第三阶段。1995年以后开始了商业应用。1995年5月，原邮电部(现为工业和信息化部)开通了中国公用因特网，即ChinaNET。1996年9月，原电子部(现为工业和信息化部)ChinaGBN开通，各地ISP也纷纷开办，到1996年底仅北京就有30多家。

(4)第四阶段。1999年以后，中国互联网进入普及和应用的快速增长期。互联网应用的多元化阶段到来，互联网逐渐走向繁荣。据中国互联网络信息中心(CNNIC)第43次《中国互联网络发展状况统计报告》统计，截至2018年12月，我国网民规模达8.29亿，普及率达59.6%，我国手机网民规模达8.17亿，网民通过手机接入互联网的比例高达98.6%。2018年，互联网覆盖范围进一步扩大，贫困地区网络基础设施"最后一公里"逐步打通，"数字鸿沟"加快弥合；移动流量资费大幅下降，跨省"漫游"成为历史，居民入网门槛进一步降低，信息交流效率得到提升。

3. Internet的应用领域

(1)信息检索。信息化的时代，因特网几乎包含了所有的信息，只要登录因特网，就可以迅速地找到自己所需要的信息。

(2)网络通信。如今,微信、QQ等即时通信软件已经成为人们日常生活中不可缺少的工具,利用其网络视频和语音通话功能更是可以让相距几千公里,甚至横跨半个地球的两个人及时分享信息。当然,电子邮件这样的非即时通信方式也有着广泛的应用,特别是在工作与学习的环境中。

(3)电子商务。电子商务是因特网近年迅速发展起来的形式,截至2018年12月,我国网络购物用户规模达6.10亿,网民使用率为73.6%。电子商务领域首部法律《中华人民共和国电子商务法》于2019年1月1日正式施行,对促进行业持续健康发展具有重大意义。社交电商、品质电商等新模式不断丰富消费场景,带动零售业转型升级,进一步推动市场多元化。

(4)网络媒体。因特网现在已作为一个媒体的主要承载体系,给电视、广播、报刊这类传统媒体带来了严峻的挑战。网络媒体以其传播速度快、内容丰富、信息来源广泛、制作发布信息简便、覆盖面广的特点,越来越受到人们的青睐。

(5)网络娱乐。网络娱乐是因特网与年轻一代最息息相关的一个应用,因特网网络娱乐的部分包括网络游戏、网络音乐、网络视频等,这些完全渗透到人们的生活中。

近年来,我国在基础资源、5G、量子信息、人工智能、云计算、大数据、区块链、虚拟现实、物联网标识、超级计算等领域发展势头向好。在5G领域,核心技术研发取得突破性进展,政企合力推动产业稳步发展;在人工智能领域,科技创新能力得到加强,各地规划及政策相继颁布,有效推动人工智能与经济社会发展深度融合;在云计算领域,我国政府高度重视以其为代表的新一代信息产业发展,企业积极推动战略布局,云计算服务已逐渐被国内市场认可和接受。

4. 常用的因特网的协议

网络中不同的工作站、服务器之间能传输数据,源于协议的存在。随着网络的发展,不同的开发商开发了不同的通信方式。为了使通信成功可靠,网络中的所有主机都必须使用同一"语言",不能带有"方言"。因而,必须开发严格的标准定义主机之间的每个包中每个字中的每一位。这些标准的制定来自于多个组织的共同努力,约定好通用的通信方式,即协议。

1)HTTP

英文名称:hyper text transport protocol。

中文名称:超文本传输协议。

功能介绍:它是因特网上进行信息传输时使用最为广泛的一种通信协议,所有的WWW程序都必须遵循这个协议标准。它的主要作用就是对某个资源服务器的文件进行访问,包括对该服务器上指定文件的浏览、下载、运行等,也就是说,通过HTTP可以访问因特网上的WWW的资源。

举例说明:http://www.chinayancheng.net/test.html。

该例子表示用户想访问一个文件名叫 test.html 的网页,该网页存放在 www.chinayancheng.net 这样一个资源服务器上。

2)FTP

英文名称:file transfer protocol。

中文名称:文件传输协议。

功能介绍:FTP 是从因特网上获取文件的方法之一,它用于用户与文件服务器之间相互传输文件。通过 FTP,一方面,用户可以很方便地连接到远程服务器上,查看远程服务器上的文件内容,同时也可以把所需要的内容复制到自己所使用的计算机上;另一方面,如果文件服务器授权允许用户对该服务器上的文件进行管理,那么用户就可以把自己本地的计算机上的内容上传到文件服务器中,让其他用户共享,而且能自由地对上面的文件进行编辑操作,如对文件进行删除、移动、复制、更名等。FTP 也更多地应用于局域网中。

举例说明:ftp://192.168.12.9。

该例子表示用户想要下载或上传的文件存放在 IP 地址为 192.168.12.9 的计算机上,此时,输入用户名和密码,用户就可以访问相应的网络资源。

任务2 使用搜索引擎进行信息检索

搜索引擎(search engine)是指根据一定的策略、运用特定的计算机程序收集互联网上的信息,在对信息进行组织和处理后,为用户提供检索服务的系统。

全文搜索引擎是名副其实的搜索引擎,它们从互联网提取各个网站的信息,建立起数据库,并能检索与用户查询条件相匹配的记录,按一定的排列顺序返回结果。

1. 基本搜索

这里以中国搜索为例介绍搜索引擎的基本使用方法。中国搜索(图 4-14)是人民日报、新华社、中央电视台、光明日报、经济日报、中国日报、中国新闻社等新闻单位联合推出的产品,和普通商业搜索相比增加国情、理论等垂直搜索内容。中国搜索致力于成为掌握权威信息搜寻、紧跟科技发展步伐、服务多方受众需求的国家级搜索引擎。

图 4-14 中国搜索主页

（1）如果想了解一些关于党的二十大相关知识，可以借助搜索引擎。例如，在搜索栏中输入"党的二十大"，单击"搜索"按钮，就可以得到符合查询需求的搜索结果（图 4-15）。单击搜索结果的标题链接，就可以打开网页浏览了。

图 4-15　"党的二十大"的搜索结果

（2）在搜索框的下方有"新闻""社科""图片""视频"等多个标签，这些不同的标签可以满足用户进行分类搜索的要求。例如，单击"图片"或"视频"标签，则搜索结果中展示的就是与"党的二十大"相关的图片或视频文件（分别如图 4-16 和图 4-17）。

图 4-16　有关"党的二十大"的图片文件的搜索结果

图 4-17　有关"党的二十大"的视频文件的搜索结果

(3) 单击"全部来源"下三角按钮可以选择来源，如"央媒""地方媒体""商业媒体""电子报"，如图 4-18 所示。

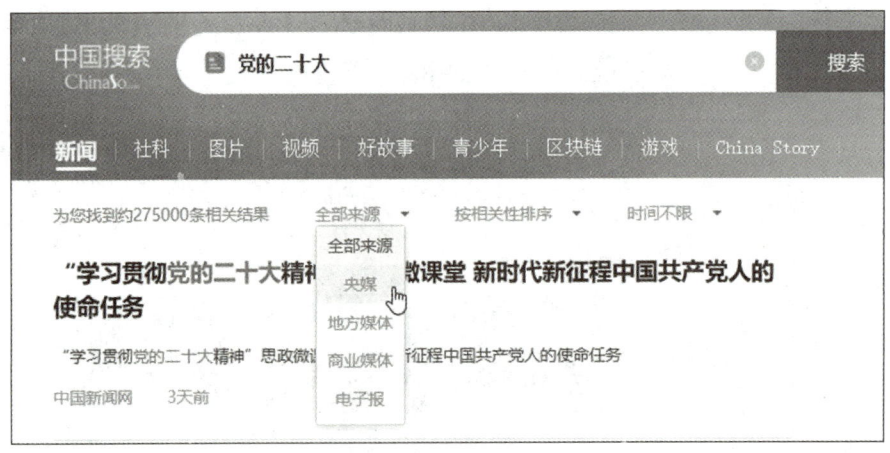

图 4-18　可按来源选择

(4) 单击"时间不限"下三角按钮可以选择时间，如"时间不限""一天内""一周内""一月内""一年内"，如图 4-19 所示。

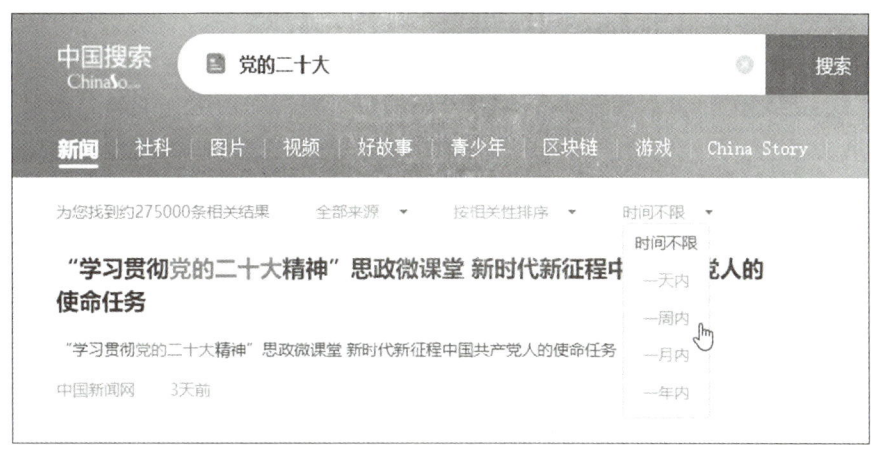

图 4-19 可按时间选择

2. 文库和百科

这里以百度文库和百度百科为例做介绍。

1)百度文库

百度文库是百度发布的供网友在线分享文档的平台。百度文库的文档由百度用户上传,需要经过百度的审核才能发布,百度自身不编辑或修改用户上传的文档内容。网友可以在线阅读和下载这些文档。百度文库的文档包括教学资料、考试题库、专业资料、公文写作、法律文件等多个领域的资料。百度用户上传文档可以得到一定的积分,下载有标价的文档则需要消耗积分。当前平台支持主流的.doc(.docx)、.ppt(.pptx)、.xls(.xlsx)、.pot、.pps、.vsd、.rtf、.wps、.et、.dps 等多种文件格式。

百度文库首页地址是 https://wenku.baidu.com。百度文库首页如图 4-20 所示。

图 4-20 百度文库首页

2)百度百科

百度百科是百度公司推出的一部内容开发、自由的网络百科全书,其测试版于 2006 年 4 月 20 日上线,正式版在 2008 年 4 月 21 日发布。百度百科旨在创造一个涵盖各领域知识的中文信息收集平台。百度百科强调用户的参与和奉献精神,充分调动互联网用户的力量,汇聚上亿用户的头脑智慧,积极进行交流和分享。同时,百度百科实现与百度搜索、百度知道的融合,从不同的层次上满足用户对信息的需求。

百度百科首页地址是 https://baike.baidu.com。百度百科首页如图 4-21 所示。

图 4-21　百度百科首页

任务 3　电子邮件的使用

电子邮件(electronic mail,E-mail)又称电子信箱、电子邮政,它是一种用电子手段提供信息交换的通信方式。它是因特网应用最广的服务之一,通过网络的电子邮件系统,用户可以用非常低廉的价格,以非常快速的方式,与世界上任何一个角落的网络用户联系。这些电子邮件可以采用文字、图像、声音等各种方式。

电子邮件地址的格式为:用户名@域名。其中,第一部分"用户名"代表用户信箱的账号,对于同一个邮件接收服务器来说,这个账号必须是唯一的;第二部分"@"是分隔符,读作"at";第三部分"域名"是用户信箱的邮件接收服务器域名,用以标志其所在的位置,如 sxjystu_2019@163.com。

1. 注册电子邮箱

目前,常用的免费邮箱有很多,几乎各大网站都提供免费邮箱。本任务以网易 163 邮箱为例,介绍注册电子邮箱的方法。

163 邮箱是我国最大的电子邮件服务商网易公司的经典之作,致力于向用户提供安全、稳定、快速、便捷的电子邮件服务,是全球使用人数最多的中文邮箱。

登录网易官网(https://www.163.com/),单击页面右上角的"注册免费邮箱",即可进入电子邮箱注册页面(图 4-22)。其中,"邮件地址"需满足 6～18 个字符,包括字母、数字、下划线,需以字母开头,以字母或数字结尾。如果输入的邮件地址已被别人注册了,则系统会提示"该邮件地址已被注册,请重新输入或选择"。在"密码"文本框中输入 6～16 个字符作为密码,并在"验证码"文本框中输入系统给出的验证码,在"手机号码"文本框中输入手机号码,单击"已发送短信验证,立即注册"按钮,便可成功注册邮箱。

图 4-22 电子邮箱注册页面

2. 登录电子邮箱完成收发电子邮件

登录个人电子邮箱后,单击"写信"按钮,打开邮件编辑页面(图 4-23)。在"收件人"文本框中输入收件人的邮箱地址,在"主题"文本框中输入主题,在"邮件"文本框中输入邮件内容;若需添加附件,则单击"添加附件"按钮,从本机上选取要发送的文件即可。此外,如果想将邮件发送给多个人,则可单击"抄送"按钮;如果想给某人发送邮件,但同时不想让收到此邮件的人知道,可单击"密送"按钮。

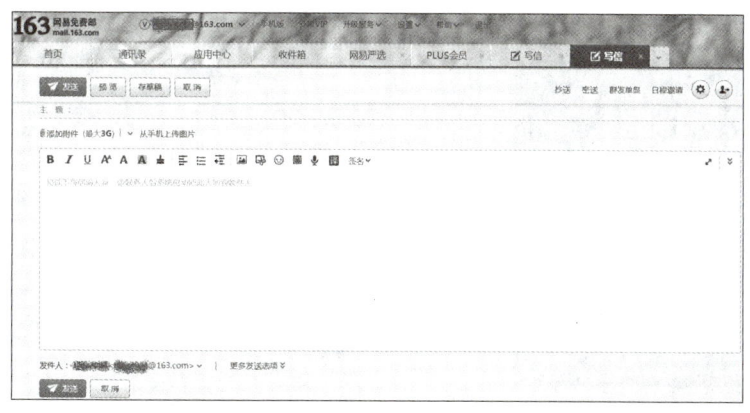

图 4-23 邮件编辑页面

单击"收信箱"按钮,可打开收件箱,这时可以查看接收到的邮件列表,单击邮件名,就可以打开邮件。阅读邮件后,如果需要回复,可直接单击"回复"按钮,给发件人回复邮件。

3. 网盘的使用

网盘也称云盘,是应时代而生的基于云计算技术的个人/家庭的云数据中心,是一个可以随时随地上传、下载文件,功能强大的网络 U 盘。网盘可以向用户提供文件的存储、访问、备份、共享等文件管理功能。网盘可以被看成一个放在网络上的硬盘,不管是在家中、工作单位或其他任何地方,只要连接到因特网,就可以随时管理、编辑网盘里的文件。

任务 4　使用即时通信软件在线交流

即时通信(instant message,IM)是指能够即时发送和接收互联网消息等的业务。自 1998 年面世以来,特别是近年来的迅速发展,即时通信的功能日益丰富,逐渐集成了电子邮件、博客、音乐、视频、游戏和搜索等多种功能。即时通信不再是一个单纯的聊天工具,已经发展成集交流、资讯、娱乐、搜索、电子商务、办公协作和企业客户服务等为一体的综合化信息平台。

1. 腾讯 QQ

腾讯 QQ 是国内流行、功能强大的即时通信软件,是一款完全免费的软件。用户可以使用 QQ 和其他 QQ 用户进行交流,实现即时信息收发、视频聊天、点对点断点续传文件、共享文件、QQ 邮箱、备忘录、网络收藏夹、发送贺卡等功能。要想使用 QQ,就必须下载软件安装程序,并在安装后申请获得一个 QQ 号码。

1)QQ 用户注册

在浏览器中输入 https://www.qq.com,登录腾讯网站。选择"QQ 软件",进入腾讯 QQ 最新下载界面;选择需要的版本,单击"下载"按钮,并安装 QQ 软件。启动 QQ,在打开的页面上选择"注册账号",打开"QQ 注册"窗口(图 4-24),输入相关信息进行注册。注册成功后,即可获得一个 QQ 号码。

图 4-24　"QQ 注册"窗口

2）添加好友

登录 QQ 后,单击主面板下方的"加好友"按钮,在输入框中输入好友账号或昵称,单击"查找"按钮,可将好友添加到自己的 QQ 中。部分 QQ 用户设置了添加验证功能,需要输入验证信息,获得对方的同意才能添加成功。

3）在线交流

双击好友头像或右击好友头像,在弹出的快捷菜单中选择"发送即时消息"选项,都可以打开聊天窗口。在聊天窗口中输入消息,单击"发送"按钮,就可以实现在线交流(图 4-25)。在聊天窗口中,单击"发起视频通话"按钮 或"发起语音通话"按钮 ,即可完成与好友的视频或语音聊天。

图 4-25　QQ 聊天窗口

4）发送文件

用鼠标将文件拖动到对话窗口中,或者采用复制文件后粘贴到对话框的方法,完成文件的传输。连接成功后,聊天窗口右上角会出现文件传送进程。文件接收完毕后,QQ 会提示是否要打开文件或文件所在目录。如果发送文件时用户不在线,则可发送离线文件,离线文件被发送到服务器中,待用户下次登录 QQ 时,便能接收此文件。

5）QQ 群

QQ 群是腾讯公司推出的多人聊天交流服务,群主在创建群以后,可以邀请朋友或者有共同兴趣爱好的人到一个群中聊天。在群中除了聊天外,还可以享受群空间服务。在群空间中,用户可以使用群 BBS、相册、共享文件等多种方式进行交流。

6）QQ 空间

QQ 空间(Qzone)是腾讯公司于 2005 年开发的一个个性空间,具有博客(blog)的功能,自问世以来受到很多用户的喜爱。在 QQ 空间上可以书写日记,上传自己的图片,听音乐,写心情,通过多种方式展现自己。除此之外,用户还可以根据自己的喜好设定空间的背景、小挂件等,从而使自己的空间独具特色。当然,QQ 空间还为精通网页的用户提供了高级功能:可以通过编写各种各样的代码来打造自己的空间。

2. 微信

微信是腾讯公司于 2011 年 1 月 21 日推出的一款免费即时通信软件,可以说微信是目前移动互联网平台使用最为广泛的一款应用程序。微信支持跨通信运营商、跨操作系统平台通过网络快速发送免费语音短信、视频、图片和文字等方式,实现即时通信。用户可以通过"摇一摇""搜索号码""附近的人""扫二维码"等方式添加好友和关注公众平台。同时,微信平台还提供公众号、朋友圈等方式进行信息发布和消息推送,方便用户将看到的精彩内容及时分享给好友和发布到朋友圈。

截至 2021 年,微信月活跃用户已突破 12 亿,覆盖我国 94% 以上的智能手机;用户覆盖 200 多个国家、超过 20 种语言。微信小程序的市场规模近年来也保持着高速增长趋势,截至 2021 年,微信小程序全网总量超过 700 万。可以说,朋友圈、开放 API 和微信公众平台的出现,意味着微信彻底摆脱了简单的"通信软件"称号,逐渐成为一个平台型的应用。此外,微信提供的闭环式移动互联网商业解决方案涉及的服务能力包括移动电商入口、用户识别、数据分析、支付结算、客户关系维护、售后服务和维权、社交推广等。这也预示着微信再次加大商业化开放步伐,为合作伙伴提供连接能力,助推企业用户商业模式的移动互联网化转型。

实训操作篇

- ◆ 项目 5　Word 2019 文字处理实训
- ◆ 项目 6　Excel 2019 电子表格实训
- ◆ 项目 7　PowerPoint 2019 演示文稿实训
- ◆ 项目 8　网络组建与 Internet 应用实训

项目 5

Word 2019 文字处理实训

实训 1　校园小报的制作

实训目标

知识目标

熟悉 Word 2019 的工作界面；学会使用 Word 2019 创建与保存文档；学会输入并编辑文本；学会设置字符格式和段落格式；学会在文档中插入并编辑图片、图形、艺术字等。

技能目标

具备日常工作中使用 Word 2019 编辑文档的能力。

实训任务

(1) 设计校园小报的整体布局及配色方案。
(2) 设计并编辑校园小报的刊头。
(3) 编辑校园小报的文字内容，设置字体、字号、字体颜色、对齐方式、段落行距等。
(4) 插入并编辑图片、文本框、图形、艺术字等。

校园小报完成后的效果如图 5-1 所示。

项目 5　Word 2019 文字处理实训

图 5-1　校园小报完成后的效果

2 小时

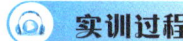

操作 1　页面设置

页面设置步骤如下：

(1)新建文件，文件名为"校园小报"。

(2)单击"布局"选项卡的"页面设置"组中的"纸张大小"下拉按钮，在弹出的下拉列表中选择 A3，设置纸张大小为 A3。

(3)单击"布局"选项卡的"页面设置"组中的"页边距"下拉按钮，在弹出的下拉列表中选择"窄"。

(4)利用文本框对页面进行整体布局设置(图 5-2)。在第二、三、四篇文章位置分别插入 3 个文本框，在第二、三、四篇文章的中间插入椭圆形图片，同时图片上显示诗词"咏梅"，结构如图 5-2 所示。

视频讲解

图 5-2　校园小报的结构

操作2　刊头设计

刊头设计步骤如下：

（1）在页面的上部插入第一个文本框，设置高度为"2.5厘米"，宽度为"19厘米"。在文本框中输入内容"新青年新征程"。单击"开始"选项卡的"字体"组中的按钮，设置"新青年新征程"的字体为"华文行楷"，字号为"小初"，字体颜色为"深蓝"。单击"开始"选项卡的"段落"组中的"分散对齐"按钮，设置其为分散对齐。

（2）在文本框上右击，在弹出的快捷菜单中选择"设置形状格式"选项，打开"设置形状格式"窗格，选择"填充与线条"选项卡下的"填充"选项，选中"图案填充"单选按钮，选择前景色为"浅绿"，背景色为"白色"，选择图案为第7行第1列的"草皮"（图5-3）；选中"线条"选项下的"无线条"单选按钮。

（3）插入直线，光标变成十字形状后在第一个文本框的下面画出一条直线。在直线上右击，在弹出的快捷菜单中选择"设置形状格式"选项，打开"设置形状格式"窗格，选择"填充与线条"选项卡下的"线条"选项，选择线条"颜色"为"绿色"；在"宽度"微调框中输入"6磅"，选择"复合类型"的第3个类型"由粗到细"（图5-4）。

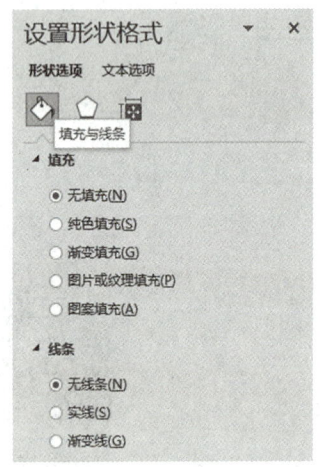
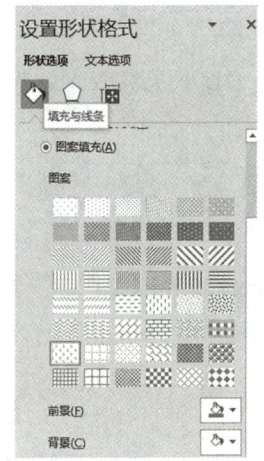
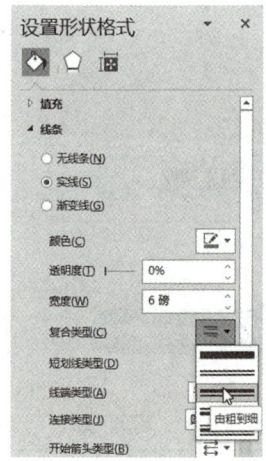

图5-3　设置刊头的图案填充　　　　　　图5-4　设置刊头线条颜色

（4）在直线下面再插入一个文本框，设置高度为"0.85厘米"，宽度为"19厘米"。输入内容"信息学院 第5期 总第100期"，设置字体为"宋体"，字号为"小四"，字形为"加粗"，在"设置形状格式"窗格中进行填充颜色与线条的设置，在"线条"选项下选中"无线条"单选按钮；在"填充"选项下选择前景色为"浅绿"，背景色为"白色"，选择"图案填充"中的第8行第5列的"空心菱形网格"图案。

（5）插入"星与旗帜"中的"卷形:垂直"，设置高度为"4.5厘米"，宽度为"5.5厘米"，然后右击，在弹出的快捷菜单中选择"添加文字"选项，然后输入日期等信息；单击"绘图工具-格式"选项卡的"形状样式"组中的"形状填充"下拉按钮，在弹出的下拉列表中选择"图片"选项,打开"插入图片"对话框(图 5-5),选择要插入的图片确认即可。

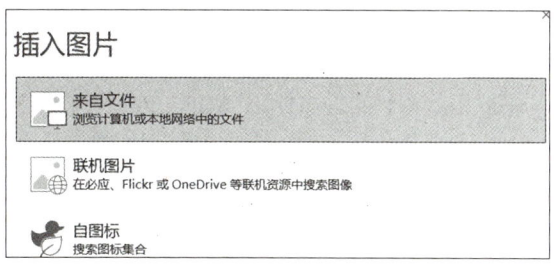

图 5-5　插入图片

操作 3　第一篇文章的格式设置

第一篇文章的格式设置步骤如下:

(1)输入第一篇文章相应的文字内容,设置字体为"宋体",字号为"小四",字体颜色为"浅蓝";设置段落的缩进方式为首行缩进 2 字符,再根据需要设置段落的行距。

(2)选定这一部分文字,单击"布局"选项卡的"页面设置"组中的"栏"下拉按钮,在弹出的下拉列表中选择"二栏"。

(3)单击"插入"选项卡的"文本"组中的"艺术字"下拉按钮,在弹出的下拉列表中选择艺术字样式的一种,就会在当前文档的页面上出现"请在此放置您的文字"文本框,并且文本框内的文字是选中的状态。这时,直接在文本框中输入"青春恰时来,逐梦新时代",设置字体为"楷体",字号为"小初"。

(4)插入艺术字后,系统自动显示"绘图工具"上下文选项卡,单击"绘图工具-格式"选项卡的"排列"组中的"文字环绕"下拉按钮,在弹出的下拉列表中选择"四周型环绕"。

(5)插入一张联机图片或本机图片,设置为"四周型环绕",位置见图 5-1。

操作 4　第二篇文章的格式设置

第二篇文章的格式设置步骤如下:

(1)插入文本框,设置高度为"13.6 厘米",宽度为"8.6 厘米",然后输入相应的文字内容,并设置字体为"宋体",字号为"小四",字体颜色为"深蓝",首行缩进 2 字符。

(2)在文本框上右击,在弹出的快捷菜单中选择"设置形状格式"选项,打开"设置形状格式"窗格,选择"填充与线条"选项卡下的"填充"选项,选中"图案填充"单选按钮,选择前景色为"橙色",背景色为"白色",图案为第 3 行第 6 列的"对角砖形";选择"线条"选项,选中"无线条"单选按钮。

(3)单击"插入"选项卡的"文本"组中的"艺术字"下拉按钮,在弹出的下拉列表中选择艺术字样式的一种,就会在当前文档的页面上出现"请在此放置您的文字"文本框,并且文本框内的文字是选中的状态。这时,直接在文本框内输入"爱国进步民主科学",设置字体为"隶书",字号为"小初"。

(4)单击"绘图工具-格式"选项卡的"文本"组中的"文字方向"下拉按钮,在弹出的下拉列表中选择"垂直"。

(5)调整文本框的位置,将文本框移动到第二篇文章的右面。

操作5 第三篇文章的格式设置

第三篇文章的格式设置步骤如下:

(1)插入横排文本框,在文本框内输入文字"铭记历史 致敬英雄",设置文字颜色及文本框的填充颜色。

(2)插入文本框,设置高度为"15 厘米",宽度为"15 厘米",然后输入相应的第三篇文章的内容,并设置字体为"楷体",字号为"四号",字体颜色为"深蓝",设置首行缩进2字符,段落的行距为固定值22磅。

(3)在文本框上右击,在弹出的快捷菜单中选择"设置形状格式"选项,打开"设置形状格式"窗格,选择"填充与线条"选项卡下的"填充"选项,选中"渐变填充"单选按钮,在"预设渐变"下拉列表框中选择第5行第5列的样式(图5-6)。

(4)对于上面的"预设渐变"样式,还可以修改,如选择"停止点1",将它的颜色修改为"白色"(图5-7),选择"停止点3",将它的颜色修改为"白色"。

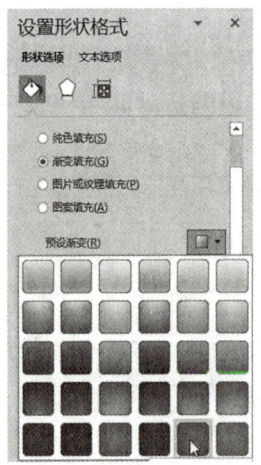
图5-6 设置第三篇文字文章框的填充颜色

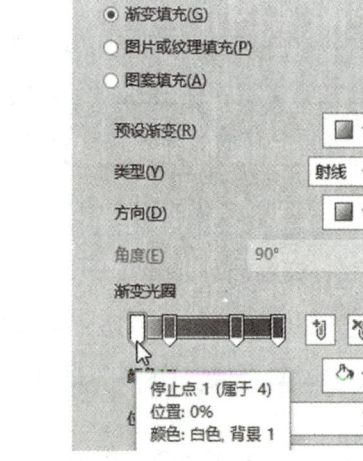
图5-7 修改第三篇文章文本框的填充颜色

(5)在打开的"设置形状格式"窗格中选择"形状填充"选项卡下的"线条"选项,选中"渐变线"单选按钮,在"预设颜色"下拉列表框中选择第1行第5列的样式。

(6)单击"插入"选项卡的"插图"组中的"图标"按钮,在弹出的"插入图标"对话框(图5-8)

中选择需要的图标插入。

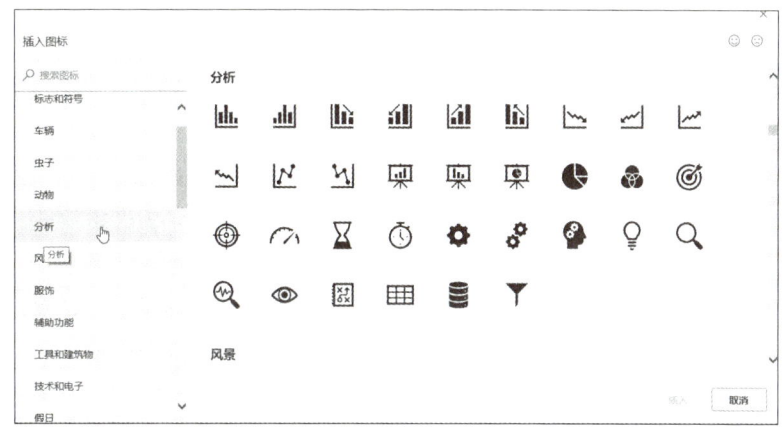

图 5-8 "插入图标"对话框

> 操作 6　第四篇文章的格式设置

第四篇文章的格式设置步骤如下：

（1）插入文本框，设置高度为"6.5 厘米"，宽度为"24.5 厘米"，然后输入相应的文字内容，并设置字体为"楷体"，字号为"四号"，字体颜色为"深蓝"，设置首行缩进 2 字符，段落的行距为"多倍行距"，设置值为 1.3。

（2）在文本框上右击，在弹出的快捷菜单中选择"设置形状格式"选项，打开"设置形状格式"窗格，选择"形状填充"选项卡下的"填充"选项，选中"渐变填充"单选按钮，在"预设渐变"下拉列表框中选择第 2 行第 6 列的样式。

（3）单击"插入"选项卡的"文本"组中的"艺术字"下拉按钮，在弹出的下拉列表中选择第 3 行第 3 列的艺术字样式，就会在当前文档的页面上出现"请在此放置您的文字"的文本框，并且文本框内的文字是选中的状态，这时，直接在文本框内输入"爱国情、强国志"，设置字体为"隶书"，字号为"二号"。

（4）单击"绘图工具-格式"选项卡的"文本"组中的"文字方向"下拉按钮，在弹出的下拉列表中选择"垂直"。

> 操作 7　插入配有古诗的椭圆形图片

插入配有古诗的椭圆形图片的步骤如下：

（1）插入圆角矩形，设置高度为"5.7 厘米"，宽度为"11 厘米"。

（2）在圆角矩形上右击，在弹出的快捷菜单中选择"添加文字"选项，接着在光标闪烁处输入文字——"卜算子 咏梅"古诗，设置字号为"小四"，字体颜色为"深蓝"，对齐方式为"居中"，文字方向为"垂直"。

（3）设置圆角矩形的填充颜色为图片。选中圆角矩形，单击"绘图工具-格式"选项卡的

"形状样式"组中的"形状填充"下拉按钮,在弹出的下拉列表中选择"图片"选项,打开"插入图片"对话框,选择所要插入的图片确认即可。

技能拓展

(1)段落的缩进可以使用窗口的缩进标尺来设置。在要设置缩进的段落的任意处单击,用鼠标拖动标尺上相应的缩进标记,即可对所选段落设置缩进格式。按住 Alt 键的同时拖动标记,可实现标记的微移。

(2)在设置好刊头部分的四个对象[两个文本框、一条直线、一个形状(卷形:垂直)]后,可以将它们组合起来成为一个整体,如果需要移动,则可以实现整体移动。

实训 2　学历认证申请登记表的制作

实训目标

知识目标

熟悉 Word 2019 的工作界面;学会使用 Word 创建与保存文档;学会输入、编辑文本,并设置字符格式;学会在文档中插入符号,插入并编辑文本框、表格等操作。

技能目标

具备日常工作中使用 Word 2019 编辑文档的能力。

实训任务

(1)输入文字及字符并设置字符格式。
(2)插入文本框并对格式进行设置。
(3)插入表格并对格式、对齐方式进行设置。
学历认证申请登记表完成后的效果如图 5-9 所示。

项目 5　Word 2019 文字处理实训

图 5-9　学历认证申请登记表完成后的效果

实训时数

2 小时

实训过程

操作 1　表名及声明内容的录入

录入表名及声明内容的步骤如下：
(1) 新建文件，文件名为"学历认证申请登记表"。
(2) 输入标题文字"高等教育学历认证申请登记表"，设置字体为"宋体"，字号为"小二"，字形为"加粗"，对齐方式为"居中"。

视频讲解

(3)输入文字"郑重声明"等两行内容,设置字体为"宋体",字号为"六号";"郑重声明"4个字加粗。

(4)插入文本框,设置高度为"2.74厘米",宽度为"5.25厘米"。设置文本框的位置为"四周环绕型"。

(5)设置文本框内的字体为"宋体",字号为"五号",第一行文字加粗。

(6)文本框内的"受理人:""受理日期:""缴费:"这三行文字要对齐(可以通过在文字中插入半角的空格来对齐),这三行文字后面的横线可以使用下划线来绘制。

操作2　认证人基本信息的录入

录入认证人基本信息的步骤如下:

(1)输入文字"请您仔细阅读并认真填写第1—5项内容",设置字体为"宋体",字号为"四号",字形为"加粗"。

(2)插入一条直线,设置其长度为"15.6厘米",粗细为"3磅",颜色为"蓝色"。

(3)分两行输入文字"姓名:""手机号码:"和"工作单位:""联系电话:",设置字体为"宋体",字号为"小四",字形为"加粗"。文字后面的横线可以使用下划线来绘制。在文字前面加项目编号"1"。

(4)输入文字"学历认证的目的:(请在要申请前'□'内画'√')",设置字体为"宋体",字号为"小四",字形为"加粗"。"□"和"√"使用系统提供的"符号"下拉列表(图5-10)插入,如果列表中没有需要的符号,则可选择"其他符号"选项,在打开的"符号"对话框中选择需要的符号。在文字前面加项目编号"2"。

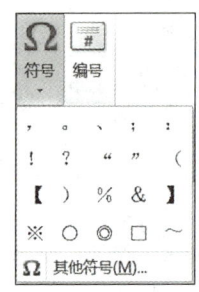

图5-10　插入符号

(5)输入文字及符号"□升学　□公司人事　□留学　□个人就业　□移民　□职业资格认证　□其他",设置字体为"宋体",字号为"小四"。

操作3　学历基本信息表格的制作

视频讲解

学历基本信息表格的制作步骤如下:

(1)输入文字"学历基本信息",设置字体为"宋体",字号为"小四",字形为"加粗"。在文字前面加项目编号"3"。

(2)将光标定位于要插入表格的位置,设置字体为"五号",插入一个6×9表格。

(3)分别合并图5-11所示的填充颜色的单元格,即第2行的第4~6列的三个单元格、第3行的第2~6列的五个单元格、第4行的第2~6列的五个单元格、第5行的第2~3列的两个单元格、第5行的第5~6列的两个单元格、第6行的第2~3列的两个单元格、第6行的第5~6列的两个单元格、第7行的第2~3列的两个单元格、第7行的第5~6列的两个单元格、第8行的第2~6列的五个单元格、第9行的第2~6列的五个单元格。

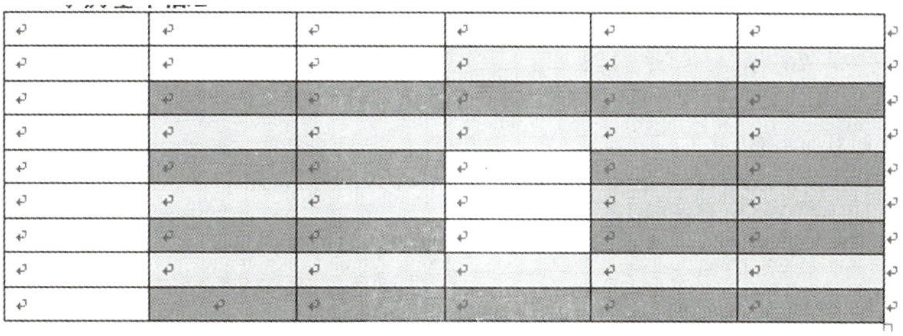

图 5-11　学历基本信息表格需要合并的单元格

(4)设置第 9 行的高度为“1.5 厘米”。

(5)输入文字内容，对齐方式为“水平居中”。如果想让文字的两侧是对齐的，可以使用“分散对齐”，注意不要手动加空格来加宽文字的间距，使用“分散对齐”后，系统会自动根据需要加宽文字的间距，效果如图 5-12 所示。

3 学历基本信息：

姓　名		出生日期	年　月　日	学　制	年
性　别		身份证号码			
学　历	□博士 □硕士 □本科 □专升本 □专科 □ 中专 □中央党校研究生 □学位				
学历类型	□普通 □成人 □ 自学考试 □网络教育 □省筹研究生 □学历文凭 □学位				
毕业院校			院校所在省事		
专业名称			毕结业结论	□毕业　□结业	
入学时间	年　月		毕业时间	年　月	
证书编号					
备　注					

图 5-12　学历基本信息表格的效果

操作 4　认证情况的制作

认证情况的制作步骤如下：

(1)输入第 4、5 项的标题和内容，设置字体、字号；输入第 6 项的标题，设置字体、字号。

(2)将光标定位于要插入表格的位置，设置字体为“五号”，插入一个 7×4 表格。

(3)分别合并图 5-13 所示的填充颜色的单元格：第 1 行的第 2～7 列的 6 个单元格、第 2 行的第 2～5 列的 4 个单元格、第 3 行的第 4～5 列的 2 个单元格、第 4 行的第 6～7 列的 2 个单元格。

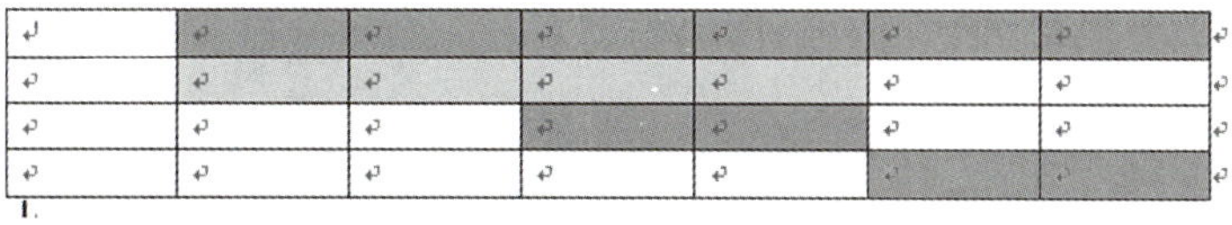

图 5-13　认证情况表格需要合并的单元格

(4)输入文字内容，对齐方式为“水平居中”。如果想让文字的两侧对齐，可以使用“分散对齐",注意不要手动加空格来加宽文字的间距,使用"分散对齐"后,系统会自动根据需要加宽文字的间距,效果如图 5-14 所示。

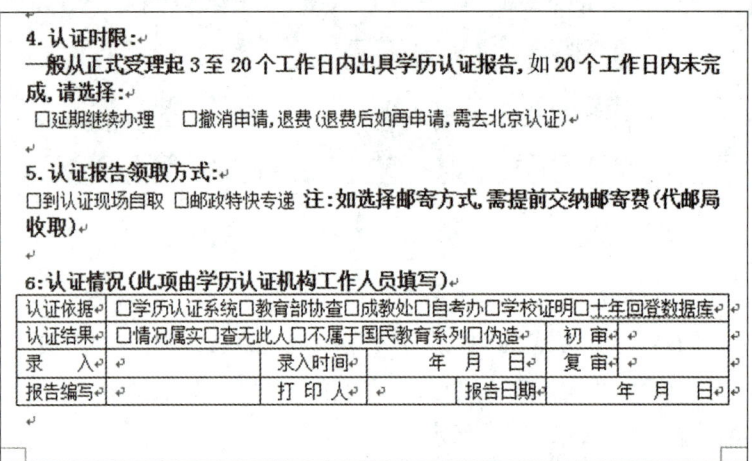

图 5-14　认证情况的制作效果

技能拓展

(1)"姓名:"后面的直线也可以使用"形状"下拉列表中的"直线"来绘制。绘制完成后,通过设置其属性来实现下划线的效果。

(2)表格内的文字如果一行放不下,但是又必须放在一行,可以打开"字体"对话框,在"高级"选项卡中,通过调整"字符间距"来实现。

实训 3　公司文件的制作

实训目标

知识目标

熟悉 Word 2019 的工作界面;学会使用 Word 创建与保存文档;学会输入并编辑文本;学会在文档中插入并编辑图形等操作。

技能目标

具备日常工作中使用 Word 2019 编辑文档的能力。

实训任务

(1)制作文件头。

(2)制作文件正文。

(3)制作文件尾。

公司文件制作完成后的效果如图 5-15 所示。

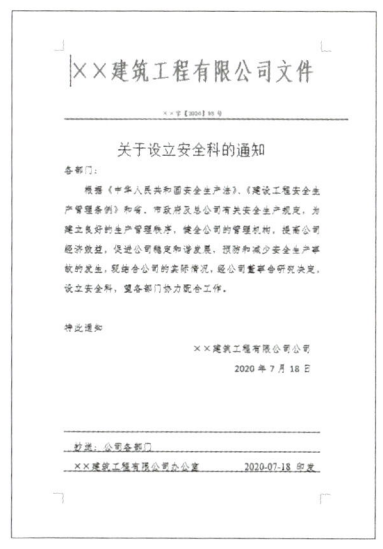

图 5-15　公司文件制作完成后的效果

实训时数

2 小时

实训过程

操作 1　制作文件头

制作文件头的步骤如下：

(1)新建文件，文件名为"公司文件"。

(2)输入文字"××建筑工程有限公司文件"，设置字体为"仿宋"，字号为"小初"，字体颜色为"红色"，对齐方式为"居中"。此时会发现字号为小初时，一行放不下 12 个字，"文件"这两个字会自动换行到下一行。在字号不变但是又想让一行放下所有文字时，可以通过设置字符间距缩放的方法来实现。方法是：打开"字体"对话框，选择"高级"选项卡，设置"字符间距"为"80％"。

视频讲解

(3)输入文字"××字〔2020〕88号",设置字体为"宋体",字号为"五号",字体颜色为"红色",对齐方式为"居中"。"〔〕"可以在"插入"选项卡的"符号"组中的"符号"下拉列表中找到,或者在输入法的软键盘中找到。

(4)插入直线,设置颜色为"红色",长度为"15.5厘米",粗细为"2.25磅"。

操作2　制作文件正文

制作文件正文的步骤如下:

(1)输入文字"关于设立安全科的通知",设置字体为"宋体",字号为"二号",对齐方式为"居中"。

(2)输入文字"各部门:",设置字体为"仿宋",字号为"三号",对齐方式为"左对齐"。

(3)输入文件正文文字,设置字体为"仿宋",字号为"三号",首行缩进"2字符"。

(4)输入文字"特此通知",设置字体为"仿宋",字号为"三号",对齐方式为"左对齐"。

(5)输入公司名称,设置字体为"仿宋",字号为"三号",对齐方式为"右对齐"。

(6)单击"插入"选项卡的"文本"组中的"日期和时间"按钮,在弹出的"日期和时间"对话框中选择需要的格式插入。设置日期字体为"仿宋",字号为"三号",对齐方式为"右对齐"。

操作3　制作文件尾

制作主题词、抄送等的步骤如下:

(1)单击"开始"选项卡的"字体"组中的"下划线"按钮,添加下划线,接着按空格键,直到行尾。

(2)输入抄送内容,设置字体为"仿宋",字号为"三号",对齐方式为"左对齐"。采用上述方法添加下划线。

(3)输入"××建筑工程有限公司办公室……印发",设置字体为"仿宋",字号为"三号",按步骤(1)给文字添加下划线,然后将光标移动到"室"字的后面,按空格键直到这行的最后一个字"发",和右边距对齐。

技能拓展

(1)当文档比较长或不连续的多余空行比较多时,可以快速去除多余空行,方法为:在"开始"选项卡的"编辑"组中单击"替换"按钮,在弹出的对话框的"查找内容"文本框中输入"?P?P",在"替换为"文本框中输入"?P",然后单击"全部替换"按钮。

(2)在Word中插入形状、图片、文本框后,有时需要对它们的位置进行细微的调整,这时只需要把它们设置为四周型或紧密型,按住Ctrl键的同时按方向键即可。也可按Alt+鼠标左键进行微调。

项目 5　Word 2019 文字处理实训

实训 4　带照片准考证的制作

实训目标

知识目标

熟悉 Word 2019 的工作界面；学会使用 Word 创建与保存文档；学会输入并编辑文本；学会在文档中插入并编辑图片、图形、艺术字等；学会使用 Word 2019 的邮件合并功能。

技能目标

具备日常工作中使用 Word 2019 编辑文档的能力。

实训任务

(1) 制作准考证主文档。
(2) 制作准考证数据源。
(3) 将数据源中的数据合并到主文档中，生成每一个人的准考证。
带照片准考证的制作效果如图 5-16 所示。

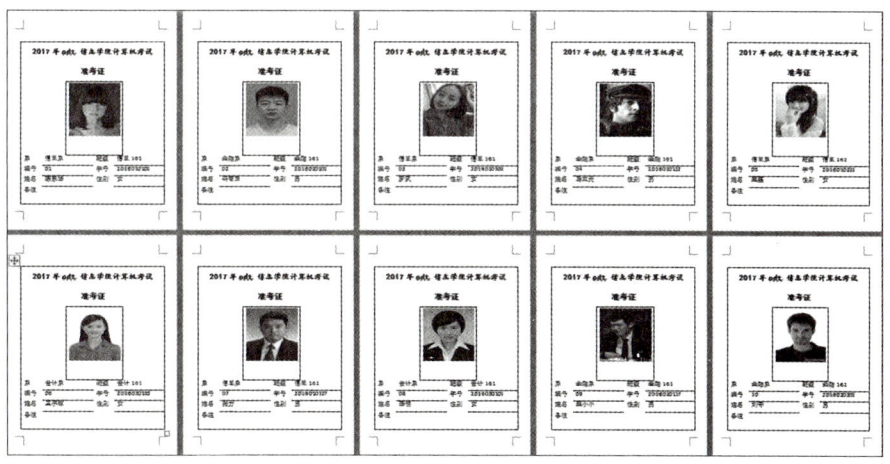

图 5-16　带照片准考证的制作效果

实训时数

2 小时

实训过程

操作 1　主文档的页面设置

主文档的页面设置步骤如下：

（1）新建文件，文件名为"准考证"。

（2）单击"布局"选项卡的"页面设置"组中的"纸张大小"下拉按钮，在弹出的下拉列表中选择"其他页面大小"选项，在打开的"页面设置"对话框中选择"纸张"选项卡，设置"纸张大小"为"自定义大小"，在"宽度"微调框中输入"12 厘米"，在"高度"微调框中输入"15 厘米"（图 5-17）。

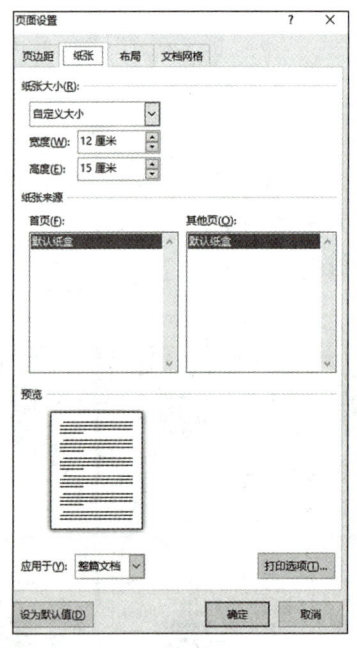

图 5-17　自定义纸张大小

（3）单击"布局"选项卡的"页面设置"组中的"页边距"下拉按钮，在弹出的下拉列表中选择"窄"。

操作 2　主文档表格的制作

主文档表格的制作步骤如下：

（1）插入一个 4×19 表格。

(2)选中整个表格,设置字号为"小四"。

(3)选中表格的第 1 行和第 2 行,设置字号为"四号"。

(4)选中表格第 1 行的 4 个单元格,单击"表格工具-布局"选项卡的"合并"组中的"合并单元格"按钮,将这 4 个单元格合并;单击"表格工具-布局"选项卡的"对齐方式"组中的"水平居中"按钮,设置对齐方式为"水平居中"。采用同样的方法将第 2、3、14 行的 4 个单元格合并。

(5)如图 5-18 所示,选中表格的第 4~13 行第 1 列的 10 个单元格,单击"合并单元格"按钮,将这 10 个单元格合并。采用同样的方法将第 4~13 行第 4 列的 10 个单元格合并;选中表格的第 4~13 行第 2、3 列的 20 个单元格,将这 20 个单元格合并。完成上述操作后的表格如图 5-19 所示。

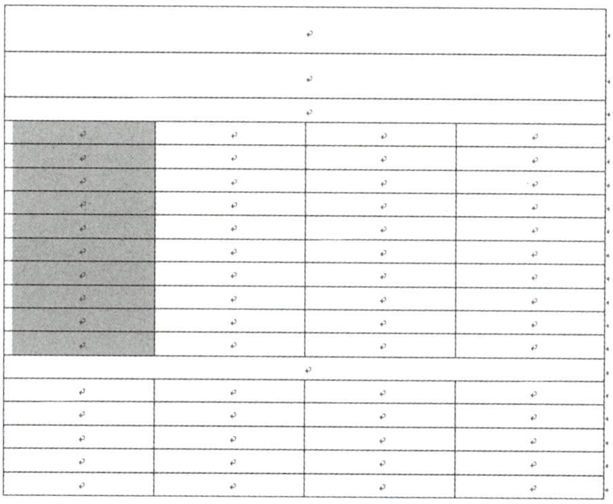

图 5-18　合并第 4~13 行第 1 列的 10 个单元格

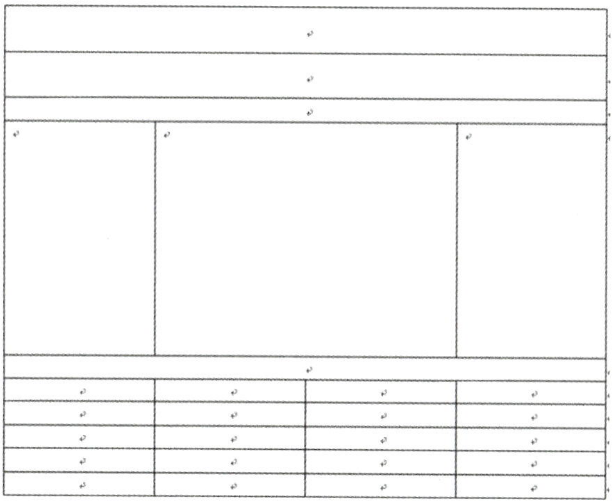

图 5-19　完成单元格合并后的表格

(6)选中当前表格第 15~19 行第 1 列的 5 个单元格,调整列宽为"1.5 厘米";采用同样的方法,调整当前表格第 15～19 行第 3 列的列宽为"1.5 厘米"。

(7)选中第 3 行之后(包括第三行)的所有单元格,单击"表格工具-设计"选项卡的"表格样式"组中的"边框"下拉按钮,在弹出的下拉列表中取消选中"内部框线",就可以不显示所选单元格的内部框线。

(8)选中第 4 行最中间的单元格,单击"表格工具-设计"选项卡的"表格样式"组中的"边框"下拉按钮,在弹出的下拉列表中选中"外侧框线",就可以让这个单元格显示边框线,效果如图 5-20 所示。在这个单元格中要插入学生照片。

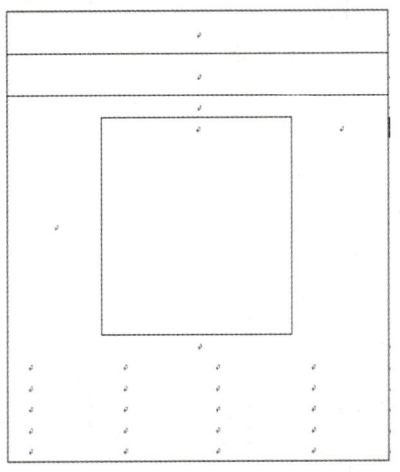

图 5-20 主文档表格的制作效果

操作 3 主文档表格中文字的录入

(1)如图 5-21 所示,在相应的单元格中输入所有的文字内容,设置照片上面第一行文字的字体为"楷体",第二行文字的字体为"黑体",这两行文字的字号均为"小三",字形均为"加粗",从"系别"开始,一直到最后的文字的字号均为"小四",字体均为"宋体"。

图 5-21 主文档表格中的文字

(2)选中"系别"右边的第一个单元格,选择"下框线",即可达到"系别"右边的第一个单元格有下划线的效果。采用同样的方法,设置"班级""学号"等的下划线。图 5-21 为编辑好的准考证主文档。

操作 4 创建数据源

视频讲解

数据源就是含有标题行的数据记录表,如 Word 表格、Excel 工作簿、Access 数据库或使用 Outlook 创建的联系人记录表。考生信息数据库可以是使用 Word 创建的数据源,也可以是 Excel 工作簿、Access 数据库,可以作为邮件合并的数据源。只要这些文件存在,邮件合并时就不需要再创建新的数据源,直接打开这些数据源使用即可。

本次实训使用 Excel 电子表格处理软件建立数据源文件。

(1)新建一个 Excel 文件,文件名为"准考证数据源"。

(2)标题行的内容包含:系别、班级、编号、学号、姓名、性别、照片扩展名、照片。

(3)"系别、班级、编号、学号、姓名、性别、照片扩展名"的内容直接输入。

(4)如图 5-22 所示,"照片"数据通过在单元格 H2 中输入"=D2&G2",拖动填充柄自动得到。照片数据源和主文档数据源需要放在同一文件夹中。

(5)如果照片数据源和主文档数据源不在同一文件夹中,还需要指明"照片"路径,如"D:\\aa\\jp\\",文件夹之间用"\\"隔开。如图 5-23 所示,将"路径"数据"d:\\aa\\"放到 I 列,在单元格 H2 中输入"=I2&D2&G2",拖动填充柄进行填充即可。

图 5-22 "照片"数据

图 5-23 获得"照片"数据源

操作 5　插入合并域（除照片以外）

（1）打开前面创建的"准考证"主文档。

（2）单击"邮件"选项卡的"开始邮件合并"组中的"选择收件人"下拉按钮，在弹出的下拉列表中选择"使用现有列表"选项（图 5-24），在弹出的"选取数据源"对话框中找到"数据源"所存放的位置，将"准考证数据源"打开。

（3）将光标定位于"系别"后面的单元格，单击"邮件"选项卡的"编写和插入域"组中的"插入合并域"下拉按钮，在弹出的下拉列表中选择"系别"（图 5-25），即可将"系别"域插入。

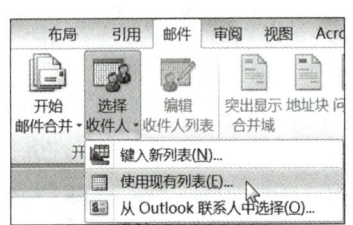

图 5-24　选择"使用现有列表"选项

图 5-25　选择"系别"

（4）采用同样的方法将"班级""编号""学号""姓名""性别"域插入。插入合并域（除照片以外）的效果如图 5-26 所示。

图 5-26　插入合并域（除照片以外）的效果

操作 6 插入照片合并域

视频讲解

(1)将光标定位在需要插入图片的单元格内,单击"表格工具-布局"选项卡的"表"组中的"属性"按钮,打开"表格属性"对话框,单击"选项"按钮。

(2)打开"表格选项"对话框,取消选中"自动重调尺寸以适应内容"复选框(图 5-27),这样表格中放入图片的单元格就不会随着图片的大小而改变。

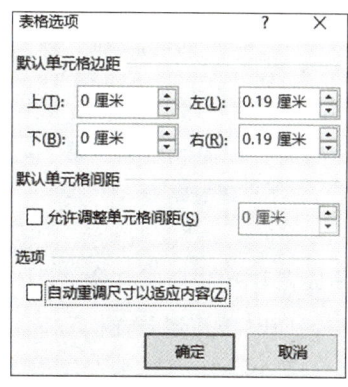

图 5-27 取消选中"自动重调尺寸以适应内容"复选框

(3)单击"插入"选项卡的"文本"组中的"文档部件"下拉按钮,在弹出的下拉列表中选择"域"选项,打开"域"对话框(图 5-28)。在"域名"列表框中选择 IncludePicture,在"文件名或URL"文本框中输入 1,单击"确定"按钮。

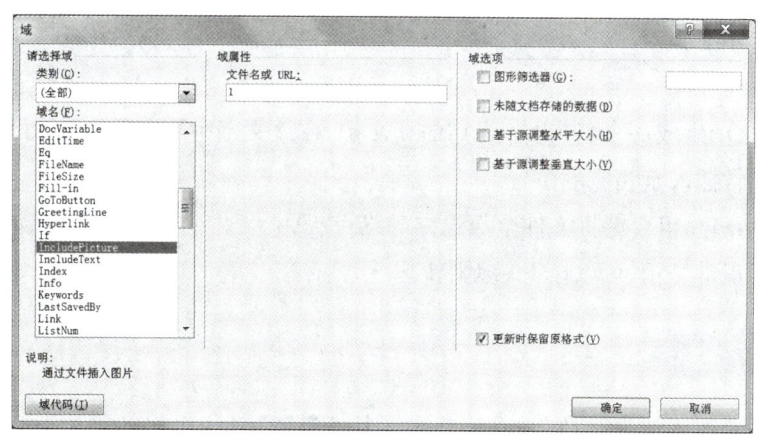

图 5-28 设置域

(4)如图 5-29 所示,需要插入图片的单元格中有出错提示,表明没有找到图片。解决方法是:按 Alt+F9 组合键,出现图 5-30 所示的界面。选中出错提示中的"1",单击"邮件"选项卡的"编写和插入域"组中的"插入合并域"下拉按钮,在弹出的下拉列表中选择"照片",即可将"照片"域插入。插入"照片"域后的显示效果如图 5-31 所示。

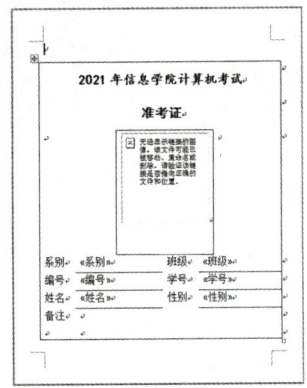
图 5-29　出错提示

图 5-30　按 Alt＋F9 组合键出现的界面

图 5-31　插入"照片"域后的显示效果

（5）单击"邮件"选项卡的"完成"组中的"完成并合并"下拉按钮，在弹出的下拉列表中选择"编辑单个文档"选项（图 5-32），打开"合并到新文档"对话框（图 5-33），选中"全部"单选按钮，单击"确定"按钮。

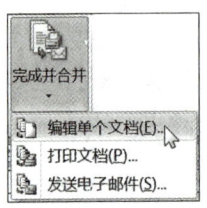
图 5-32　选择"编辑单个文档"选项

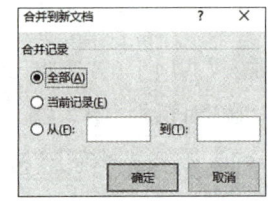
图 5-33　"合并到新文档"对话框

（6）系统自动生成一个名为"信函 1"的新文档，在该文档中可以看到，除了照片以外的其他域都已经正常插入至相应的位置。

（7）按 Ctrl＋A 组合键将文件全部选中，然后按 Alt＋F9 组合键，照片就能正常显示了，如果还是不能正常显示，可以按 F9 键刷新。

技能拓展

邮件合并功能非常强大，如上述考试的报名信息（只打印每人的照片、学号、姓名）需要用 A4 纸打印出来，也可以用邮件合并功能完成。

1. 新建主文档

插入一个 3×4 表格。拖动表格右下角的小方块，让表格正好在一页上显示；将光标定位在单元格内，单击"表格工具-布局"选项卡的"表"组中的"属性"按钮，打开"表格属性"对话框，单击"选项"按钮，打开"表格选项"对话框，取消选中"自动重调尺寸以适应内容"复选框。

2. 创建数据源

数据源用上述"准考证数据源"即可。

3. 合并文档

将主文档和数据源合并,具体步骤如下:

(1)单击"邮件"选项卡的"开始邮件合并"组中的"选择收件人"下拉按钮,在弹出的下拉列表中选择"使用现有列表"选项,在弹出的"选取数据源"对话框中找到"数据源"所存放的位置,将"准考证数据源"的 Excel 文件打开。

(2)将光标定位于第 1 行的第 2 个单元格内,单击"插入"选项卡的"文本"组中的"文档部件"下拉按钮,在弹出的下拉列表中选择"域"选项,打开"域"对话框,在"域名"列表框中选择 Next。Next 可以转到邮件合并的下一条记录,在单元格内显示为"{ NEXT * MERGEFORMAT }",如果不显示,按 Alt+F9 组合键,就可以显示出来了。

(3)插入"照片"域,可参考操作 6 的步骤(3)~(5)。如果按上述操作,预览不到照片时,可以按 F9 键刷新。

(4)插入"学号"域和"姓名"域。

(5)插入"Next"域、"照片"域、"学号"域和"姓名"域后,单元格的内容如图 5-34 所示。

(6)将上述内容复制到其他 11 个单元格中。

(7)将光标定位于第 1 行的第 1 个单元格内,将"Next"域删除。如图 5-35 所示,除第一个单元格稍有不同外(少 1 个"Next"域),其他所有单元格都有 4 个域,分别是"Next"域、"照片"域、"学号"域和"姓名"域。

图 5-34 单元格的内容

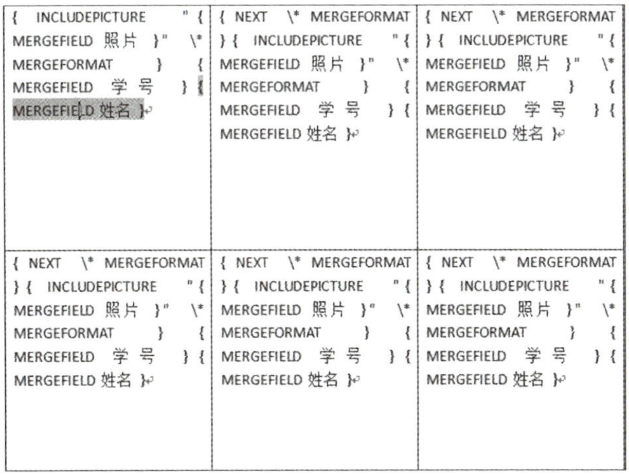

图 5-35 编辑域

(8)单击"邮件"选项卡的"完成"组中的"完成并合并"下拉按钮,在弹出的下拉列表中选择"编辑单个文档"选项,打开"合并到新文档"对话框,选中"全部"单选按钮,单击"确定"按钮。

(9)系统自动生成一个名为"信函1"的新文档,在该文档中可以看到,除了照片以外的其他域都已经正常插入至相应的位置。

(10)按 Ctrl＋A 组合键将文件全部选中,然后按 Alt＋F9 组合键,照片就能正常显示了,如果还是不能正常显示,可以按 F9 键刷新。

实训 5　科技公司员工手册的制作

实训目标

知识目标

熟悉 Word 2019 中文文字处理的窗口布局；学会使用 Word 2019 编辑文档；学会页眉、页脚的设置；学会制作表格、添加水印、绘制自选图形、排版长文档、插入组织结构图等。

技能目标

能利用 Word 2019 进行日常工作文本的编辑和处理。

实训任务

(1)制作员工手册的封面,封面标题使用艺术字。
(2)设置员工手册所有文字的字体、字号、段落缩进、行距。
(3)设计制作组织结构图。
(4)插入员工考勤记录表。
(5)设置水印。
(6)插入目录。
(7)设置员工手册的页眉和页脚。

员工手册完成后的效果如图 5-36～图 5-38 所示。

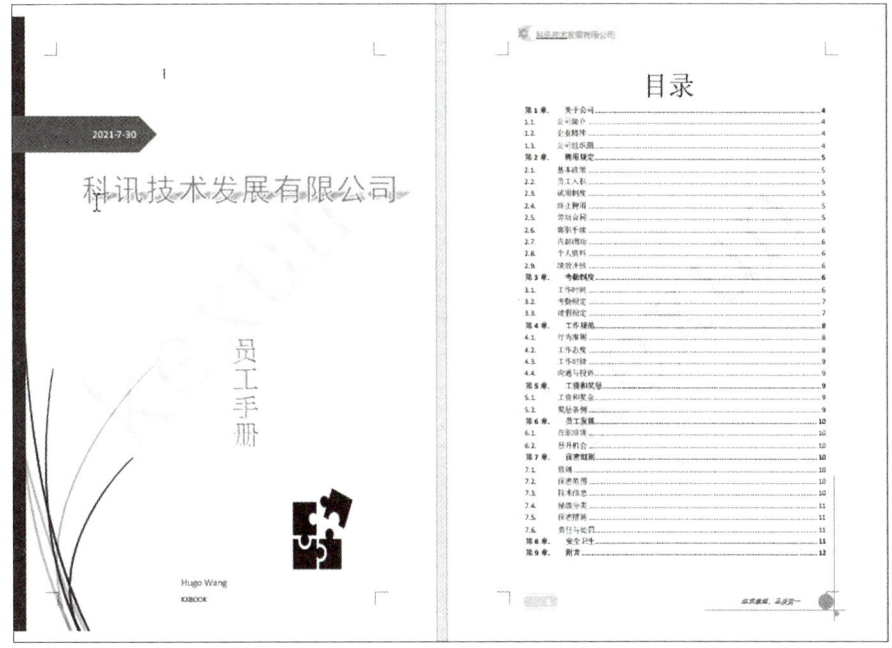

图 5-36　封面及目录

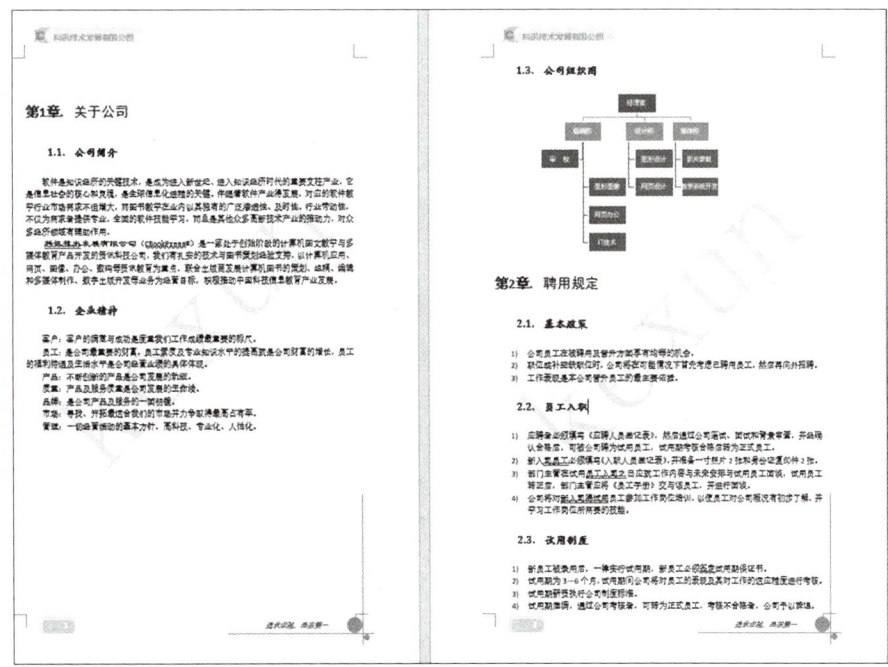

图 5-37　有组织结构图的页面

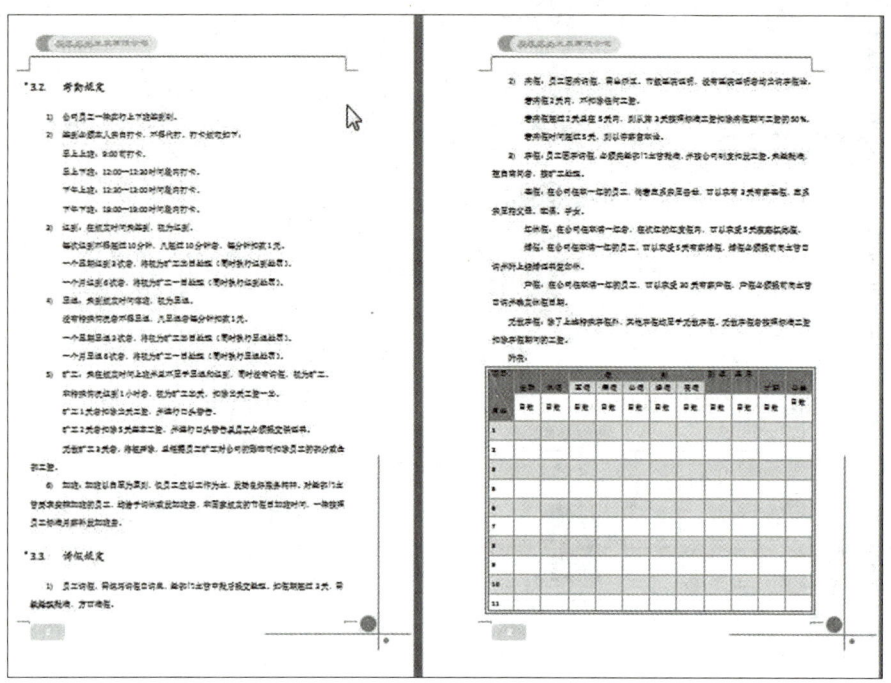

图 5-38　有表格的页面

> 实训时数

2 小时

> 实训过程

> 操作 1　基本格式的设置

基本格式的设置步骤如下：

(1)打开原始素材文件，将文件重命名为"科技公司员工手册"。

(2)设置正文部分的字符格式、段落格式。选中全部文字，设置字体为"宋体"，字号为"五号"，对齐方式为"分散对齐"，行距为"1.5 倍行距"，首行缩进"2 字符"。

> 操作 2　封面设计

封面的设计步骤如下：

(1)单击"插入"选项卡的"页面"组中的"封面"下拉按钮，在弹出的下拉列表中选择封面样式"丝状"(图 5-39)。插入后封面上会有"[键入文档标题]"及"[键入文档副标题]"文本框，这时可以在这两个文本框中输入标题及副标题的内容。

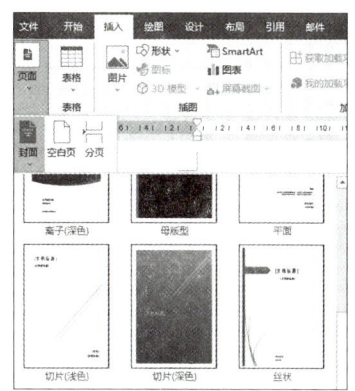

图 5-39　选择封面样式"丝状"

（2）本实训不用封面自有的"[键入文档标题]"及"[键入文档副标题]"文本框，所以选中它们，直接删除。

（3）单击"插入"选项卡的"文本"组中的"艺术字"下拉按钮，在弹出的下拉列表中选择第三行第三个样式，在出现的"请在此放置您的文字"文本框中输入标题"科讯技术发展有限公司"，设置字体为"黑体"，字号为"初号"。

（4）给艺术字"科讯技术发展有限公司"设置阴影。单击"绘图工具-格式"选项卡的"艺术字样式"组中的"文本效果"下拉按钮，在弹出的下拉列表中选择"阴影"组中"透视"的第二个样式，如图 5-40 所示。

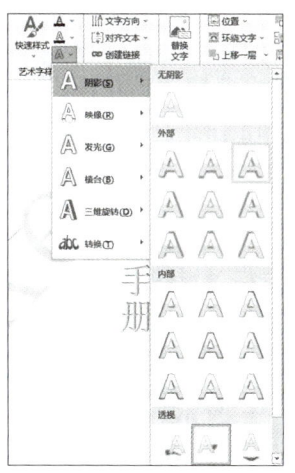

图 5-40　为标题设置阴影

（5）插入艺术字"员工手册"，使用"艺术字"下拉列表中的第三行第三个样式，设置文字方向为"垂直"。

（6）单击"插入"选项卡的"插图"组中的"图标"按钮，在窗口右侧出现"插入图标"，在"搜索文字"文本框中输入"团队"，按 Enter 键（图 5-41），右侧将出现系统中包含的和"团队"相关的所有图标列表，从中选择需要的"图标"插入。

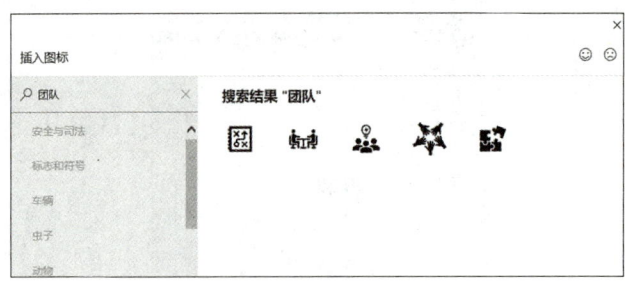

图 5-41 选择封面所需的图标

(7)设置图标的高度为"5.3 厘米",宽度为"3.99 厘米"。设置图标为"浮于文字上方"。

(8)使用 Word 2019 自带的封面功能后,封面就自带有"[选取日期]"文本框,可以在文本框中输入日期,也可以单击文本框后的小三角按钮,在弹出的日期列表中选择所需的日期(图 5-42)。

(9)除了"[选取日期]"文本框,封面还有"公司名称"和"作者"文本框,分别在其中输入公司名称"kxbook"和作者姓名。

图 5-42 利用日期列表选择日期

 操作 3　组织结构图的设计和制作

组织结构图的设计和制作步骤如下:

(1)将光标定位于需要插入组织结构图的位置,单击"插入"选项卡的"插图"组中的 SmartArt 按钮,弹出"选择 SmartArt 图形"对话框,在对话框的左侧选择"层次结构"选项,选择第一种样式(图 5-43)。

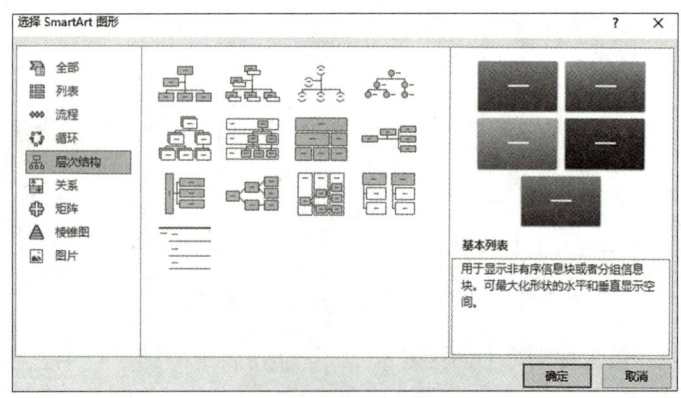

图 5-43 选择组织结构图的样式

(2)根据"组织结构图"样式的设计要求,需要按 Delete 键将第二行的"[文本]"框删除,删除后的结构如图 5-44 所示。

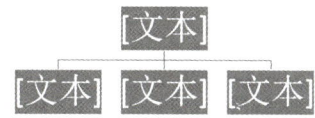

图 5-44　删除第二行文本框后的结构

（3）设置组织结构图内文字的字体为"宋体"，字号为"9"，字形为"加粗"。根据级别，分别在文本框中输入"经理室""编辑部""设计部""媒体部"等内容（图 5-45）。

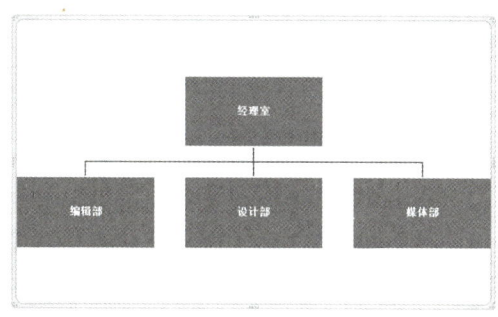

图 5-45　输入文字后的组织结构图

（4）选中第二级的"编辑部"文本框，右击，在弹出的快捷菜单中选择"添加形状"→"在下方添加形状"选项；根据层次关系重复操作 3 次，给"编辑部"添加 3 个下级文本框，分别在每个文本框中输入"图形图像""网页办公""IT 技术"。

（5）采用同样方法为"设计部"添加下级形状文本框"图形设计"和"网页设计"。

（6）采用同样方法为"媒体部"添加下级形状文本框"影片录制"和"教学系统开发"。

（7）选中第二级的"编辑部"文本框，右击，在弹出的快捷菜单中选择"添加形状"→"添加助理"选项，在文本框中输入文字"审校"，完成组织结构图的整体轮廓及文字内容输入。

（8）单击"SmartArt 工具-设计"选项卡的"SmartArt 样式"组中的"更改颜色"下拉按钮，在弹出的下拉列表中选择"彩色"组的第 5 个样式，组织结构图的完成效果如图 5-46 所示。

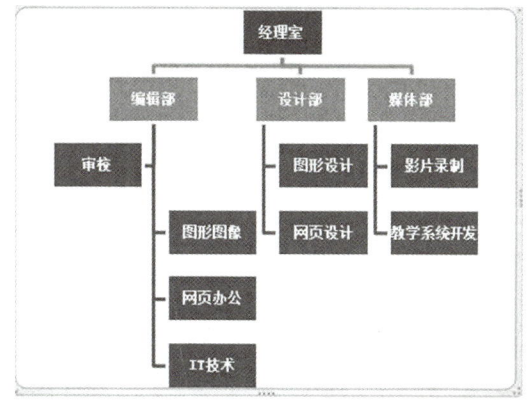

图 5-46　组织结构图的完成效果

实训操作篇

操作4　员工考勤记录表的制作

员工考勤记录表的制作步骤如下：

(1)将光标定位于要插入表格的位置，设置字体为五号，插入一个12×16表格。

(2)如图5-47所示，将相邻的同一颜色的单元格合并。

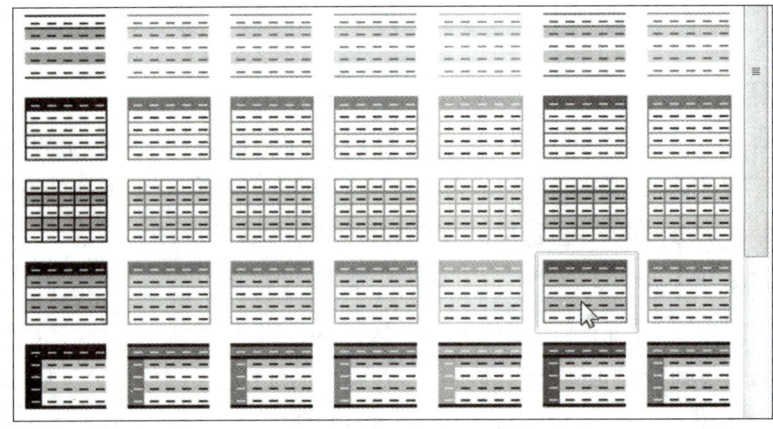

图5-47　合并相邻的同一颜色的单元格

(3)格式化表格，设置边框及底纹。选中表格，单击"表格工具-设计"选项卡的"表格样式"组中的"其他"按钮，在弹出的下拉列表中选择第4行第6列的样式，如图5-48所示。

图5-48　选择表格样式

(4)单击"表格工具-设计"选项卡的"边框"组中的"笔画粗细"下拉按钮，在弹出的下拉列表中选择"0.75磅"细线型，在"笔颜色"下拉列表中选择"浅蓝"(图5-49)；接着单击"边框"组中的"边框"下拉按钮，在弹出的下拉列表中选择"内部框线"选项。

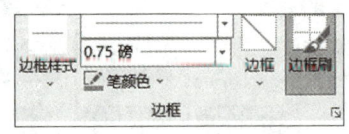

图5-49　设置表格内部线的线型和颜色

(5)设置表格的外框线。单击"表格工具-设计"选项卡的"边框"组中的"笔样式"下拉按钮，在弹出的下拉列表中选择"双线型"，在"笔画粗细"下拉列表中选择"0.75磅"，在"笔颜色"下拉列表中选择"浅蓝"；接着单击"边框"组中的"边框"下拉按钮，在弹出的下拉列表中选择"外侧框线"。

(6)绘制斜线表头。单击"表格工具-设计"选项卡的"边框"组中的"笔画粗细"下拉按钮,在弹出的下拉列表中选择"0.75磅"细线型,在"笔颜色"下拉列表中选择"白色";接着,单击"表格工具-设计"选项卡的"边框"组中"边框"下拉按钮,在弹出的下拉列表中选择"绘制表格",光标变为"笔"的形状,在第一个单元格中画出一条斜线。

(7)输入表头单元格的文字内容。员工考勤记录表的完成效果如图5-50所示。

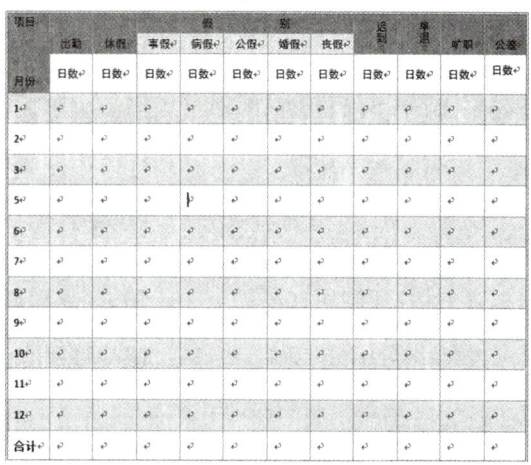

图5-50　员工考勤记录表的完成效果

操作5　添加水印

添加水印的步骤如下:

(1)单击"设计"选项卡的"页面背景"组中的"水印"下拉按钮,在弹出的下拉列表中选择"自定义水印"选项,打开"水印"对话框。

(2)如图5-51所示,在"水印"对话框中选中"文字水印"单选按钮,在"文字"文本框中输入"Kexun",设置字体为"宋体",其他采用默认设置,单击"确定"按钮。

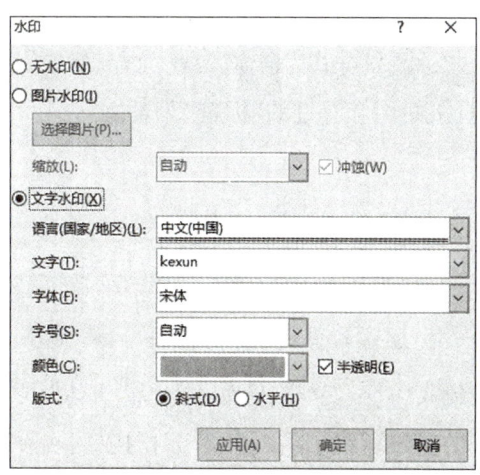

图5-51　水印设置

操作6　设置各级标题样式

设置各级标题样式的步骤如下：

(1)将光标定位于"第 1 章……"这一行，单击"开始"选项卡的"样式"组中的"标题 1"。

(2)"标题 1"样式默认的字体、字号与文档标题设置要求不符，需要修改。单击"样式"组的对话框启动器，弹出"样式"窗格。

(3)单击"标题 1"右侧的小三角按钮，在弹出的快捷菜单中选择"修改"选项。

(4)打开"修改样式"对话框，设置字体为"黑体"，字号为"小二"(图 5-52)，单击"确定"按钮。

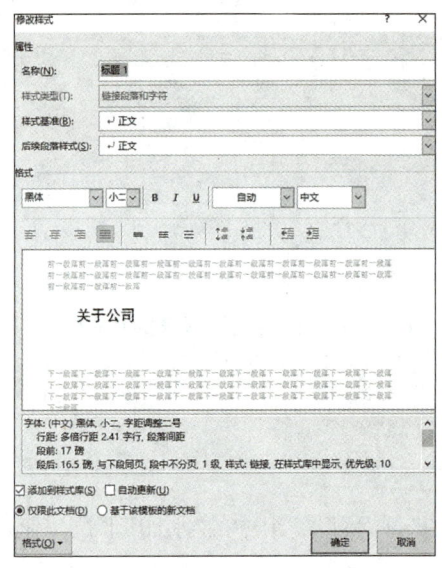

图 5-52　修改标题 1 的样式

(5)依次将光标定位于"第 2 章……""第 3 章……"等行，在这些一级标题上直接使用修改过的"标题 1"样式。

(6)采用同样的方法修改"标题 2"样式为楷体、四号、加粗，然后依次将光标定位于"1.1……""1.2……"等二级标题处，直接使用修改过的"标题 2"样式。

操作7　插入目录

插入目录的步骤如下：

(1)单击"布局"选项卡的"页面设置"组中的"分隔符"下拉按钮，在弹出的下拉列表中选择"分节符"组中的"下一页"，这样就在第 1、2 页之间插入了一张空白页。

(2)在空白页的第一行输入"目录"两字，设置字体为"黑体"，字号为"小二"。

(3)单击"引用"选项卡的"目录"组中的"目录"下拉按钮，在弹出的下拉列表中选择"插入目录"选项，弹出"目录"对话框，在"显示级别"微调框中输入"2"，单击"确定"按钮，即可插入目录。

（4）或者不输入"目录"两字，直接在"引用"选项卡的"目录"组中单击"目录"下拉按钮，在弹出的下拉列表中选择"自动目录 1"，也可插入目录。这个目录自带"目录"两字。

操作 8　页眉设置

页眉设置步骤如下：

（1）单击"插入"选项卡的"页眉和页脚"组中的"页眉"下拉按钮，在弹出的下拉列表中选择"编辑页眉"选项，打开页面顶部的页眉编辑区。

（2）单击"插入"选项卡的"插图"组中的"形状"下拉按钮，在弹出的下拉列表中选择"圆角矩形"，设置高度为"0.73 厘米"，宽度为"5.1 厘米"（图 5-53）。

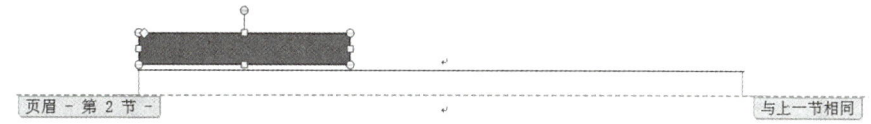

图 5-53　在页眉中插入圆角矩形

（3）拖动圆角矩形上的黄色菱形，调整圆角矩形的形状，让左右两边的弧度加大。

（4）设置圆角矩形的形状轮廓为"无轮廓"。

（5）按住 Ctrl 键的同时拖动圆角矩形，复制一个圆角矩形，设置形状填充为"灰色"，高度为"0.73 厘米"，宽度为"4.6 厘米"。

（6）在灰色圆角矩形中输入文字"科讯技术发展有限公司"，设置字体颜色为"深红"。

（7）如图 5-54 所示，文字只显示了一部分。在灰色圆角矩形上右击，在弹出的快捷菜单中选择"设置形状格式"选项，打开"设置形状格式"窗格，选择"文本选项"选项卡下的"布局属性"选项，设置"文本框"内部边距的上、下为"0 厘米"（图 5-55），这样文字就正常显示出来了（图 5-56）。

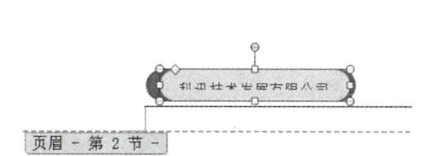

图 5-54　灰色圆角矩形内的文字没有完全显示出来

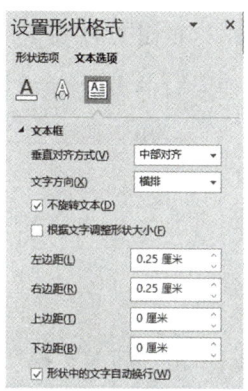

图 5-55　设置内部边距

图 5-56　页眉完成样式

操作 9　页脚设置

页脚设置步骤如下：

（1）光标位于目录页，单击"插入"选项卡的"页眉和页脚"组中的"页脚"下拉按钮，在弹出的下拉列表中选择"编辑页脚"选项，打开页面底部的"页脚"编辑区（图 5-57）。

图 5-57　"页脚"编辑区

（2）在"操作 7"中插入过"下一页"分节符，所以，封面和目录页分别是第一节和第二节。页脚显示有"与上一节相同"字样。

（3）如果现在插入的内容不想在封面上插入，可以单击"页眉和页脚工具-设计"选项卡的"导航"组中的"链接到前一条页眉"按钮（图 5-58），"与上一节相同"这几个字就不显示了。这样，就可断开第二节与第一节的链接，在目录页的页脚插入的内容就不会被插入封面。

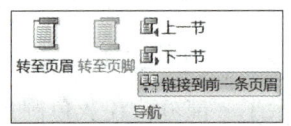

图 5-58　单击"链接到前一条页眉"按钮

（4）在页脚插入一条横直线，设置长度为"6.71 厘米"；插入一条竖直线，设置长度为"6.71 厘米"；插入一个大圆，设置高度和宽度均为"0.7 厘米"；插入一个小圆，设置高度和宽度均为"0.2 厘米"；将它们的颜色都设为"深红"；它们的位置如图 5-59 所示。

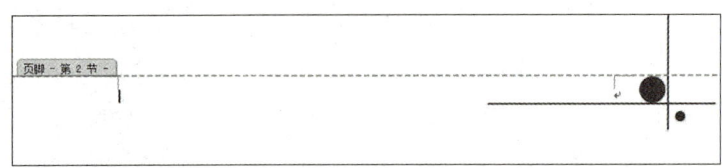

图 5-59　页脚元素的位置

操作 10　插入页码

插入页码的步骤如下：

（1）将光标定位于第三页的行首处，插入"分节符（连续）"。

(2)在页脚位置双击,进入"页脚"编辑区。

(3)单击"链接到前一条页眉"按钮(当前有黄色底纹显示),可断开第三节与第二节的链接。

(4)单击"页眉和页脚工具-设计"选项卡的"页眉和页脚"组中的"页码"下拉按钮,在弹出的下拉列表中选择"页面底端"组的"圆角矩形 1"样式。插入页码后的效果如图 5-60 所示。

图 5-60　插入页码后的效果

(5)如果插入页码后页码不是从"1"开始的,可单击"页眉和页脚工具-设计"选项卡的"页眉和页脚"组中的"页码"下拉按钮,在弹出的下拉列表中选择"设置页码格式"选项,在弹出的"页码格式"对话框中设置起始页码为"1"。

技能拓展

(1)当要直接翻到内容较多的 Word 文档的结尾进行查看时,可以按 Ctrl+End 组合键;按 Ctrl+Home 组合键可以快速回到文档开头。

(2)当文档内容非常多时,想找到某个章节非常困难,这时,可以选中"视图"选项卡的"显示"组中的"导航窗格"复选框,此时,文档左侧就会出现一个导航栏,单击导航栏中的某章节的标题,可以快速定位到该页面。要实现这一功能,文档必须设置大纲级别或标题样式。

项目 6

Excel 2019 电子表格实训

实训 1　员工基本资料表的制作

实训目标

知识目标

熟悉 Excel 2019 的窗口布局;学会使用 Excel 2019 处理数据;学会单元格的格式设置等基本操作;学会日期函数的应用方法;了解工作表的管理方法;学会工作表的移动、复制、删除、重命名等操作。

技能目标

能利用 Excel 2019 进行日常工作中数据方面的信息处理。

实训任务

(1)建立员工基本资料表并输入数据(图 6-1)。
(2)使用日期函数计算工龄。
(3)工作表的格式设置。
(4)工作表的移动、复制、删除和重命名。

项目 6　Excel 2019 电子表格实训

	A	B	C	D	E	F	G	H	I	J	K
1	员工基本资料										
2	员工编号	姓名	所在部门	职务	工资等级	岗位	基本工资	出生年月	入职时间	工龄	电话
3	bh001	蔡静	技术部	经理	员工四级	管理	2950	1976-05-16	2002/1/2	15	13800080008
4	bh002	陈媛	技术部	技术员	员工三级	技术二级	2900	1980-11-20	2003/9/8	13	13811116511
5	bh003	刘密	技术部	技术员	员工二级	技术一级	2250	1982-03-08	2006/4/5	11	13822262229
6	bh004	加芬芬	技术部	技术员	试用期	普通	1250	1983-11-04	2005/1/15	12	13833356733
7	bh005	路高泽	客户部	经理	员工四级	管理	2950	1979-02-28	2003/1/15	14	13844789944
8	bh006	岳庆洛	客户部	高级专员	员工三级	管理	2550	1976-06-12	2007/12/1	9	13855552345
9	bh007	刘雪儿	客户部	专员	员工一级	普通	1950	1978-03-14	2006/9/1	10	13866342100
10	bh008	陈山	客户部	专员	员工一级	专员	1550	1983-03-02	2005/2/1	12	13877405677
11	bh009	廖晓	生产部	经理	员工三级	管理	2550	1984-03-12	2001/2/5	16	13888888888
12	bh010	张丽君	生产部	主管	员工二级	管理	2150	1985-02-13	2003/6/5	13	13899912349
13	bh011	吴华波	生产部	员工	员工二级	技术二级	2100	1986-03-05	2009/2/15	8	13911532780
14	bh012	黄孝铭	生产部	员工	员工一级	技术二级	2100	1983-02-14	2010/2/5	7	13922222221
15	bh013	丁锐	生产部	员工	员工一级	技术二级	2100	1983-02-13	2011/1/1	6	13933333332
16	bh014	庄霞	生产部	员工	员工一级	技术一级	1850	1984-02-28	2009/8/15	7	13944444443
17	bh015	黄鹏	生产部	员工	员工一级	技术一级	1850	1988-02-13	2004/6/8	12	13955555554
18	bh016	侯娟娟	生产部	员工	员工一级	技术一级	1850	1978-03-17	2003/3/1	14	13966666665
19	bh017	刘福鑫	生产部	员工	员工四级	普通	2750	1982-10-16	2004/3/1	13	13977777776
20	bh018	刘琪	行政部	主管	员工二级	管理	2550	1985-06-10	2009/8/1	7	13988888887
21	bh019	陈潇	行政部	专员	员工二级	普通	1550	1975-03-24	2001/3/1	16	13999999998
22	bh020	杨浪	人事部	经理	员工三级	管理	2900	1985-04-16	2005/3/15	12	13111111109
23	bh021	陈凤	人事部	人事专员	员工一级	普通	1950	1987-07-06	2010/3/15	7	13122222220
24	bh022	张点点	人事部	人事专员	员工一级	普通	1550	1986-02-13	2011/3/6	6	13133333331
25	bh023	于青青	财务部	主管	员工四级	技术二级	3300	1970-02-17	2003/1/16	14	13144444442
26	bh024	邓兰兰	财务部	会计	员工二级	普通	1950	1982-02-14	2007/4/8	10	13155555553
27	bh025	罗羽	财务部	会计	试用期	普通	1250	1985-04-01	2010/4/15	7	13166666664

图 6-1　员工基本资料表

实训时数

2 小时

实训过程

操作 1　创建工作簿

创建工作簿的步骤如下：

(1) 新建 Excel 文件，工作簿名为"员工基本资料表"。

(2) 双击 Sheet1 工作表标签，将其重命名为"基本资料表"。

操作 2　输入数据

输入数据的步骤如下：

(1) 在单元格 A1 中输入表名"员工基本资料"，设置字体为"宋体"、字号为"20 号"。选定单元格区域 A1:K1，设置对齐方式为"合并后居中"。

视频讲解

(2) 在单元格区域 A2:K2 中输入标题行，依次为员工编号、姓名、所在部门、职务、工资等级、岗位、基本工资、出生年月、入职时间、工龄、电话。

(3) 使用填充柄快速输入员工编号。在单元格 A3 中输入"bh001"，拖动填充柄到单元格 A27，快速输入员工编号。

(4) 在单元格区域 B3:B27 中输入员工姓名，在单元格区域 C3:C27 中输入员工所在部门，在单元格区域 D3:D27 中输入员工职务，在单元格区域 E3:E27 中输入员工工资等级，在

219

单元格区域 F3:F27 中输入员工岗位,在单元格区域 G3:G27 中输入员工基本工资,在单元格区域 H3:H27 中输入员工出生年月,在单元格区域 I3:I27 中输入员工入职时间。

(5)计算员工工龄。选中单元格 J3,单击"插入函数"按钮右面的编辑框,输入"=year(now)－year(I3)",拖动填充柄到单元格 J27,快速计算出员工工龄。

(6)选中单元格区域 K3:K27,单击"开始"选项卡的"字体"组的对话框启动器,打开"设置单元格格式"对话框,选择"数字"选项卡中的"文本"选项,单击"确定"按钮,接着在单元格区域 K3:K27 中输入员工电话。

操作 3　设置表格

设置表格的步骤如下:

(1)选中单元格区域 A3:K27,选择"表格工具-设计"选项卡的"表格样式"组的第 3 个样式(图 6-2)。

(2)如果对选中的样式不满意,可以重新选择其他样式。

(3)如果想要取消选中的样式,单击"表格工具-设计"选项卡的"表格样式"组中的"其他"按钮(图 6-2),在弹出的下拉列表中选择"清除"选项即可。

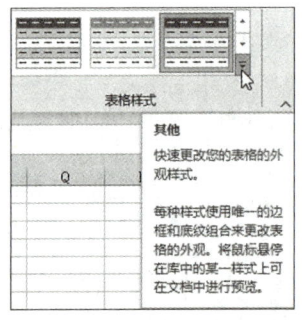

图 6-2　选择表格样式

操作 4　移动或复制工作表

移动或复制工作表的步骤如下:

(1)在当前工作表名位置右击,在弹出的快捷菜单中选择"移动或复制"选项。

(2)弹出"移动或复制工作表"对话框,在该对话框的工作簿下选择"(新工作簿)"。

(3)同时选中"建立副本"复选框,这样就可以复制工作表到新工作簿。如果不选中"建立副本"复选框,则将移动工作表到新工作簿。

(4)如果第(2)步不选择"(新工作簿)",还用当前工作簿,则复制后的工作表还在当前工作簿中,工作表名为原来的表名后加"(2)",即"员工基本资料(2)"。

操作 5 高级筛选

视频讲解

高级筛选的步骤如下：

(1)右击工作表“员工基本资料（2）”，在弹出的快捷菜单中选择“重命名”选项，这时工作表名反黑显示，可改工作表名为“员工基本资料（经理）”。

(2)复制单元格区域 D2:D3 到 D31:D32。

(3)单击“数据”选项卡的“排序和筛选”组中的“高级”按钮，打开“高级筛选”对话框（图 6-3），在“方式”选项组中选中“在原有区域显示筛选结果”单选按钮，“列表区域”选择单元格区域 A2:K27，“条件区域”选择单元格区域 D31:D32，这样就可以将所有“经理”员工的信息搜索出来，结果如图 6-4 所示。

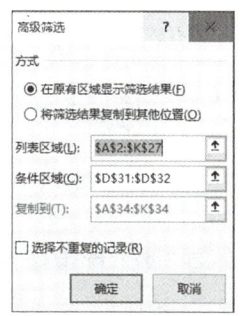

图 6-3 设置高级筛选条件

员工编号	姓名	所在部门	职务	工资等级	岗位	基本工资
bh001	蔡静	技术部	经理	员工四级	管理	2950
bh005	路高泽	客户部	经理	员工四级	管理	2950
bh009	廖晓	生产部	经理	员工三级	管理	2550
bh020	杨浪	人事部	经理	员工三级	技术二级	2900

职务
经理

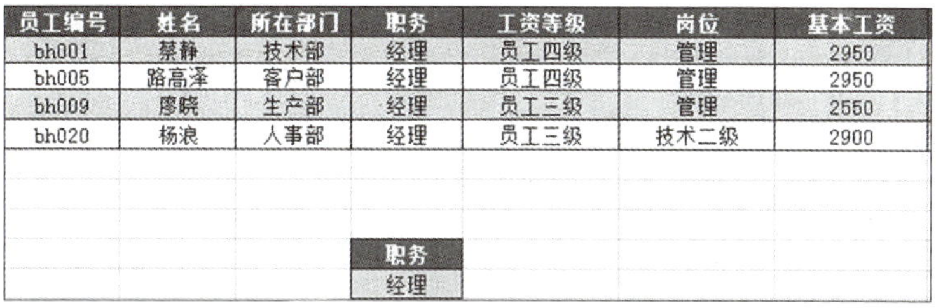

图 6-4 筛选结果

技能拓展

(1)计算员工工龄，除了可以使用上面讲到的函数外，还可以使用函数 DAYS360()，方法是在“插入函数”文本框中输入“=ROUND(DAYS360(now(),I3)/365,0)”；或者使用函数 TODAY()，方法是在“插入函数”文本框中输入“=ROUND((TODAY()-I3)/365,0)”。

(2)对于“所在部门”“职务”“工资等级”“岗位”这几列的内容可以设置下拉选项，使用时选择菜单列表中的内容即可输入。

例如，为“所在部门”设置下拉选项。首先，在单元格区域 M3:M8 中输入“技术部”“客户部”“生产部”“行政部”“人事部”“财务部”（图 6-5）。接着选择 C 列，单击“数据”选项卡的

"数据工具"组中的"数据验证"下拉按钮,在弹出的下拉列表中选择"数据验证"选项,弹出"数据验证"对话框,在"允许"下拉列表框中选择"序列","来源"选择单元格区域"＝＄M＄3:＄M＄8"(或者直接输入部门的各个值,每个值之间用逗号隔开)(图6-6)。

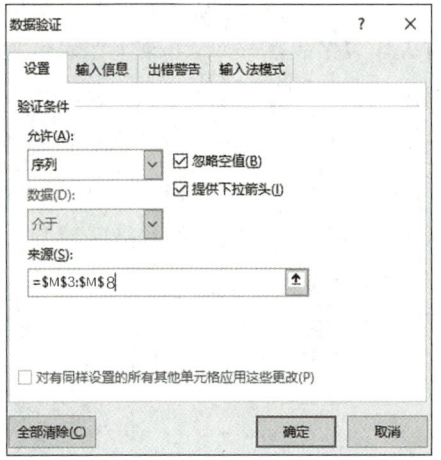

图6-5 输入部门名称　　　　　　　　　图6-6 设置"所在部门"下拉选项

(3)选择"输入信息"选项卡,在"标题"文本框中输入"请选择所在部门"(图6-7),在"输入信息"文本框中输入"请选择职工所在部门:"。这样做的结果是可以在选定这些单元格时出现提示信息,提示用户选择。

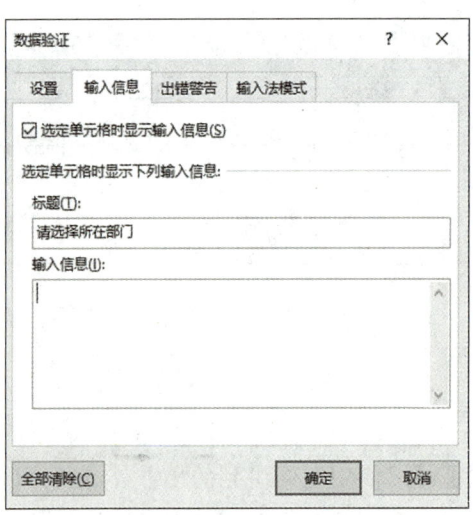

图6-7 设置提示信息

(4)"职务""工资等级""岗位"这几列的内容也可使用上述方法设置下拉选项。

实训 2　员工考核表的制作

实训目标

知识目标

掌握使用 Excel 2019 输入数据和设置格式的基本操作方法；掌握使用公式和函数进行数据计算和统计的方法；掌握在 Excel 中插入图表的相关操作方法。

技能目标

能使用 Excel 2019 在日常工作中完成数据方面的信息处理工作。

实训任务

(1) 建立员工 2021 年年度考核表，并输入数据（图 6-8）。
(2) 工作表的格式设置。
(3) 计算年度考核总分，并进行排名，且总分在 350 分以上的获年终奖。
(4) 计算各季度考核平均分、年度考核平均分及年终考核总分最高分。

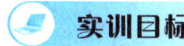

图 6-8　2021 年年度考核表

实训时数

2 小时

实训过程

操作 1　新建员工考核表

视频讲解

新建员工考核表的步骤如下：

(1)新建 Excel 工作簿，工作簿名为"员工考核表"。

(2)双击 Sheet1 工作表标签，将其重命名为"员工考核表"。

操作 2　输入员工考核表的基本数据

输入员工考核表基本数据的步骤如下：

(1)输入表名"2021 年年度考核"，设置字体为"楷体"、字号为"20"，选定单元格区域 A1：I1，设置对齐方式为"合并后居中"。

(2)在单元格区域 A2：I2 中输入标题行，依次为编号、姓名、第一季度考核成绩、第二季度考核成绩、第三季度考核成绩、第四季度考核成绩、年度考核总分、排名、是否获年度奖金。

(3)"第一季度考核成绩""第二季度考核成绩""第三季度考核成绩""第四季度考核成绩""年度考核总分""是否获年度奖金"这几个标题行因为比较长，所以需要在单元格内换行，方法是将光标定位于需要换行的位置，按 Alt＋Enter 组合键。

(4)使用填充柄快速输入员工编号。选中单元格 A3，单击"开始"选项卡的"字体"组的对话框启动器，打开"设置单元格格式"对话框，选择"数字"选项卡中的"文本"选项，单击"确定"按钮。在 A3 单元格中输入"001"，拖动填充柄到单元格 A10，快速输入员工编号。

(5)在相应的单元格区域内输入员工姓名和 4 个季度的考核成绩。

操作 3　使用函数排名及计算是否获年度奖金

使用函数排名及计算是否获年度奖金的步骤如下：

(1)将光标定位于单元格 G3，单击"插入函数"按钮右面的编辑框，输入"＝SUM(C3：F3)"，拖动填充柄到单元格 G10，快速计算出员工的年度考核总分。

(2)将光标定位于单元格 H3，单击"插入函数"按钮，在打开的"插入函数"对话框中选择 RANK 函数，弹出"函数参数"对话框，设置第一个参数 Number 为 G3，设置第二个参数 Ref 为单元格区域 G3：G10(直接输入 G3：G10，或者拖动鼠标选择这个区域)。因为固定的就是这个区域，所以这个位置要用绝对引用，方法是选中 G3：G10，按 F4 键，这时系统会自动在"G3：G10"的前面加上"＄"，变为"＄G＄3：＄G＄10"。第三个参数 Order 用来选择排序的方式是"升序"还是"降序"，因为"0"或者空白表示"降序"，所以此处什么都不填(图 6-9)。

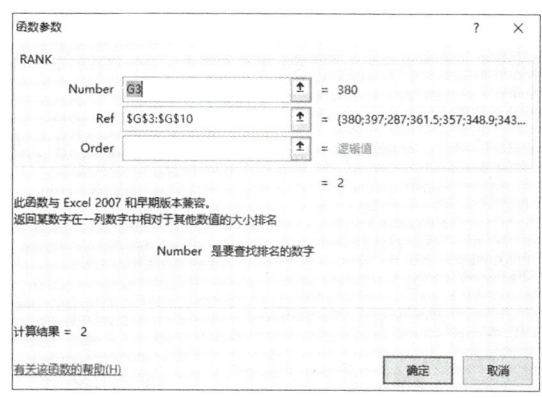

图 6-9　设置 RANK 函数的参数

（3）"插入函数"编辑框中显示"＝RANK(G3,＄G＄3:＄G＄10)"，拖动填充柄到单元格 H10，快速计算出员工的年度考核成绩的排名。

（4）将光标定位于单元格 I3，单击"插入函数"按钮，在弹出的"插入函数"对话框中选择 IF 函数，打开"函数参数"对话框，在第一个参数 Logical_test 编辑框中输入条件表达式"G3＞＝350"，第二个参数 Value_if_true 选择"是"，第三个参数 Value_if_false 选择"否"（图 6-10）。

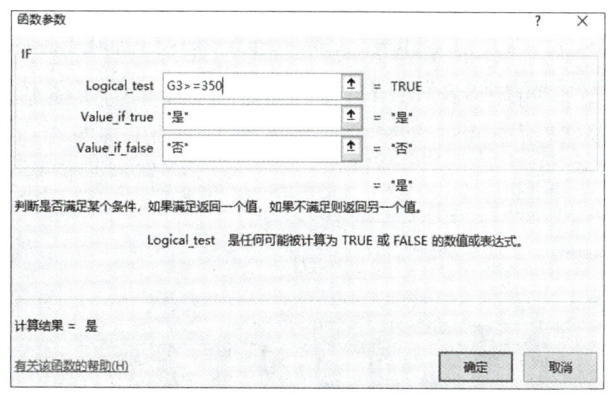

图 6-10　设置 IF 函数的参数

（5）"插入函数"编辑框中显示"＝IF(G3＞＝350,"是","否")"，拖动填充柄到单元格 I10，快速计算出员工根据年度考核成绩是否获年度奖金的情况。

操作 4　使用函数计算平均分和最高分

使用函数计算平均分和最高分的步骤如下：

（1）分别在单元格 A11、A12、A13 中输入"各季度考核平均分""年度考核平均分""年终考核总分最高分"。

（2）计算每个季度考核的平均分。将光标定位于单元格 C11，单击"插入函数"按钮右面的编辑框，输入"＝AVERAGE(C3:C10)"，从单元格 C11 向右拖动填充柄到单元格 F11，快速计算出每个季度考核的平均分。

(3)计算年度考核平均分。将光标定位于单元格 G12,单击"插入函数"按钮右侧的编辑框,输入"=AVERAGE(G3:G10)"。

(4)计算年终考核总分最高分。将光标定位于单元格 G13,单击"插入函数"按钮右侧的编辑框,输入"=MAX(G3:G10)"。

操作 5 设置表格样式

设置表格样式的步骤如下:

(1)选中单元格区域 A2:I13,选择"表格工具-设计"选项卡的"表格样式"组中的第二个样式。

(2)如果对选中的样式不满意,可以重新选择其他样式。

(3)如果要取消选中的样式,单击"表格工具-设计"选项卡的"表格样式"组中的"其他"按钮,在弹出的下拉列表中选择"清除"选项即可。

操作 6 插入图表

插入图表的步骤如下:

(1)选定"员工考核表"为当前工作表,选择不连续单元格区域 B2:B10 和 G2:G10。

(2)单击"插入"选项卡的"图表"组中的"插入柱形图或条形图"下拉按钮,在弹出的下拉列表中选择"二维柱形图"组中的第一个"簇状柱形图",自动出现图 6-11 所示的图表。

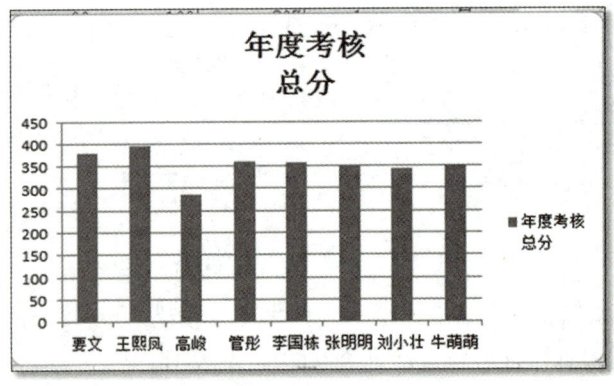

图 6-11 自动生成的图表

(3)对于自动生成的图表,可以根据需要,选择"图表工具-设计"选项卡的"快速布局"中的任一种布局进行设置。这里选择"布局 5",生成图 6-12 所示的图表。

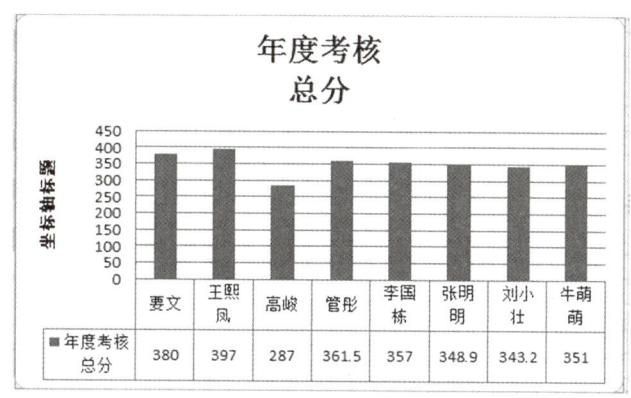

图 6-12　选择"布局 5"生成的图表

(4) 修改"坐标轴标题",单击该位置,在闪烁的光标插入点处输入"成绩",设置字体为"黑体",字号为"12"。在图表标题位置处单击,修改标题内容为"年度考核总分比较"。单击"图表工具-设计"选项卡的"图表样式"组中的"其他"按钮,在弹出的下拉列表中选择"样式 8"。修改后的图表如图 6-13 所示。

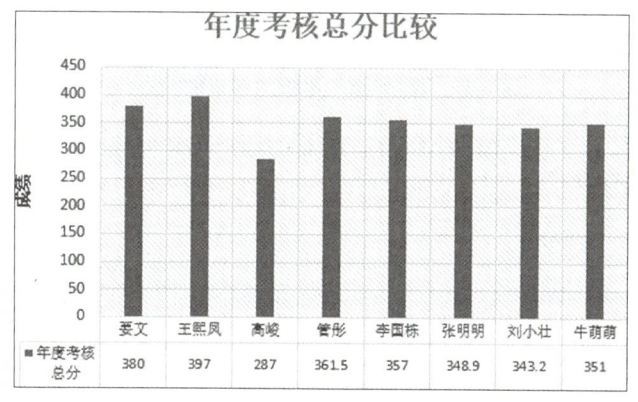

图 6-13　修改后的图表

操作 7　增加系列

增加系列的操作步骤如下:

(1) 增加"第四季度考核成绩"系列。在上面插入的图表上右击,在弹出的快捷菜单中选择"选择数据"选项,打开"选择数据源"对话框(图 6-14),单击"图例项(系列)"选项组中的"编辑"按钮,打开"编辑数据系列"对话框。

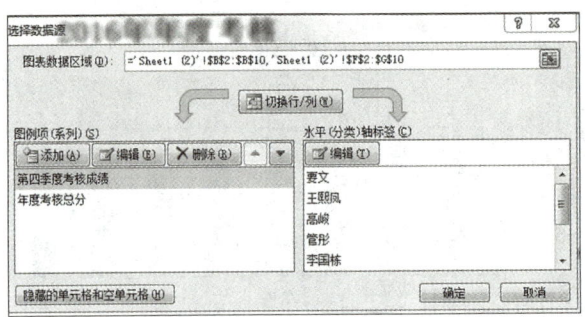

图 6-14 "选择数据源"对话框

(2)如图 6-15 所示,选择"系列名称"为单元格 F2,选择"系列值"为单元格区域 F3:F10,然后单击"确定"按钮,这样就可以增加一个图例项。

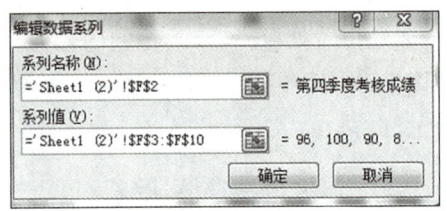

图 6-15 增加"第四季度考核成绩"系列

(3)右击"第四季度考核成绩"系列,在弹出的快捷菜单中选择"更改系列图表类型"选项,打开"更改图表类型"对话框,选择"折线图"中的第四个"带数据标记的折线图",单击"确定"按钮,效果如图 6-16 所示。

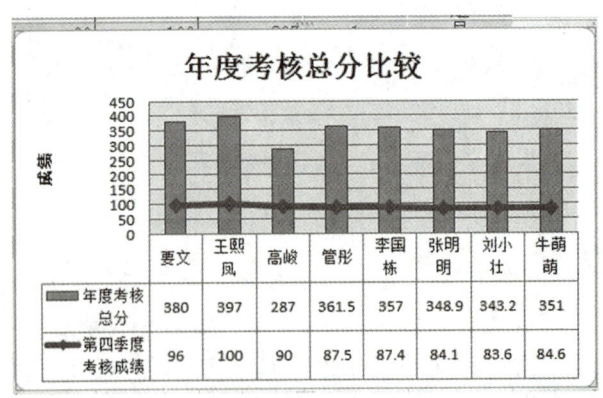

图 6-16 增加"第四季度考核成绩"系列后的图表

技能拓展

(1)输入数据时,按 Tab 键光标跳到右边的单元格,按 Enter 键光标跳到下面的单元格。也可以使用光标移动键在上、下、左、右四个方向上选择需要的单元格输入数据。

(2)若列的宽度不够,可将鼠标指针移动到"列标"之间的分隔线上,待鼠标指针变为形状后按下鼠标左键,并左、右拖动,即可改变列宽。

实训 3　销售统计表的制作

实训目标

知识目标

掌握使用 Excel 2019 输入数据和设置格式的基本方法;掌握使用公式和函数进行数据计算和统计的方法;掌握在 Excel 2019 中插入图表的相关操作方法。

技能目标

能利用 Excel 2019 在日常工作中完成数据方面的信息处理工作。

实训任务

(1)建立销售统计表,并输入数据(图 6-17)。
(2)设置工作表的格式。
(3)计算金额。
(4)汇总各公司的销售金额和各产品的销售数量。
(5)保护工作表。
(6)数据透视表的使用。

	A	B	C	D	E
1	销售统计表				
2	公司	品名	单价	数量	金额
3	一公司	主板	920	25	23000
4	一公司	显示器	1500	15	22500
5	四公司	内存条	320	56	17920
6	四公司	显卡	260	22	5720
7	三公司	显卡	260	20	5200
8	三公司	显示器	1500	23	34500
9	二公司	主板	920	22	20240
10	二公司	内存条	320	58	18560

图 6-17　销售统计表

实训时数

2 小时

实训过程

操作 1　新建销售统计表

新建销售统计表的步骤如下：

(1)新建 Excel 工作簿，工作簿名为"销售统计表"。

(2)双击 Sheet1 工作表标签，将其重命名为"销售统计表"。

(3)输入数据。

视频讲解

操作 2　利用公式计算销售金额

利用公式计算销售金额的步骤如下：

(1)单击单元格 E3。

(2)在单元格中输入"＝C3＊D3"。

(3)向下拖动填充柄，将公式复制到其他单元格，即可计算出各公司的销售金额。

操作 3　删除重复项

删除重复项的步骤如下：

(1)选定单元格区域 A3：A10，将其复制到单元格区域 A13：A20。

(2)单击"数据"选项卡的"数据工具"组中的"删除重复值"按钮　。

(3)打开"删除重复值"对话框（图 6-18），单击"确定"按钮。

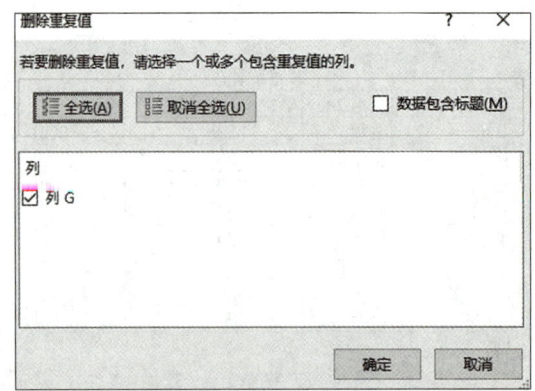

图 6-18　"删除重复值"对话框

(4)弹出提示"发现了 4 个重复值,已将其删除;保留了 4 个唯一值。"(图 6-19)。

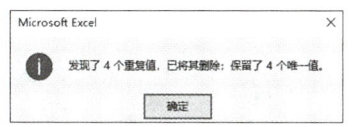

图 6-19　删除重复项的提示

(5)调整顺序,按"一公司、二公司、三公司、四公司"的顺序排列。

操作 4　定义名称及使用函数 SUMIF 计算各公司销售金额的总和

定义名称及使用函数 SUMIF 计算各公司销售金额的总和的步骤如下:

(1)选定单元格区域 A3:A10,在"名称框"中输入 gsmc(图 6-20),然后按 Enter 键,即可给这个区域起个便于记忆和使用的名称。

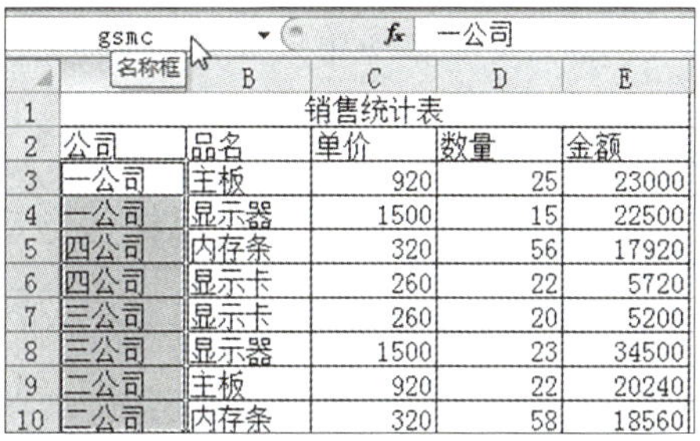

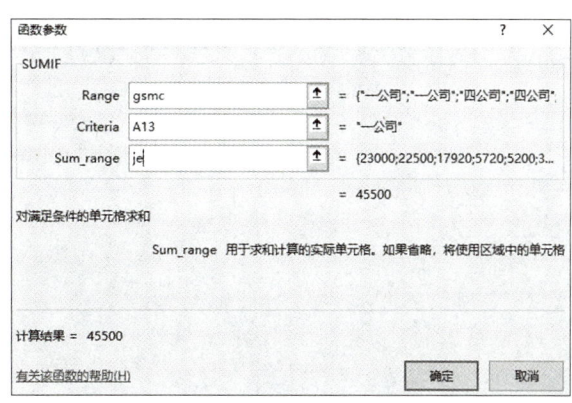

图 6-20　定义单元格区域 A3:A10 的名称

(2)选定单元格区域 B3:B10,在"名称框"中输入 pm。选定单元格区域 D3:D10,在"名称框"中输入 sl。选定单元格区域 E3:E10,在"名称框"中输入 je。

(3)将光标定位于单元格 B13,单击"插入函数"按钮,在弹出的"插入函数"对话框中选择函数 SUMIF,打开"函数参数"对话框,在 Range(条件区域)选择框中输入 gsmc(或者输入单元格区域的绝对引用＄A＄3:＄A＄10),在 Criteria(条件)选择框中输入 A13,在 Sum_range(实际求和区域)选择框中输入 je(或者输入单元格区域的绝对引用＄E＄3:＄E＄10)(图 6-21)。

图 6-21　设置函数 SUMIF 的参数

(4)单击"确定"按钮,一公司销售金额的总和如图 6-22 所示。

	A	B	C	D	E
1			销售统计表		
2	公司	品名	单价	数量	金额
3	一公司	主板	920	25	23000
4	一公司	显示器	1500	15	22500
5	四公司	内存条	320	56	17920
6	四公司	显卡	260	22	5720
7	三公司	显卡	260	20	5200
8	三公司	显示器	1500	23	34500
9	二公司	主板	920	22	20240
10	二公司	内存条	320	58	18560
11					
12					
13	一公司	45500			
14	二公司				
15	三公司				
16	四公司				

图 6-22 使用函数 SUMIF 计算一公司销售金额的总和

(5)拖动单元格 B13 右下角的填充柄到单元格 B16,即可计算出各公司销售金额的总和。

操作 5 定义名称及使用函数 SUMIF 计算产品销售数量的总和

定义名称及使用函数 SUMIF 计算产品销售数量的总和的步骤如下:

(1)选定单元格区域 B3:B10,复制到单元格区域 C13:C20。

(2)单击"数据"选项卡的"数据工具"组中的"删除重复值"按钮。

(3)打开"删除重复值"对话框,单击"确定"按钮,弹出提示"发现了 4 个重复值,已将其删除;保留了 4 个唯一值。"。

(4)单击"确定"按钮,这样就只保留 4 个唯一值"主板""显示器""内存条"和"显卡"。

(5)将光标定位于单元格 D13,插入函数 SUMIF,打开"函数参数"对话框,在 Range 选择框中输入 pm(或者输入单元格区域的绝对引用＄B＄3:＄B＄10),在 Criteria 选择框中输入 C13,在 Sum_range 选择框中输入 sl(或者输入单元格区域的绝对引用＄D＄3:＄D＄10),单击"确定"按钮,在单元格 D13 中显示主板销售数量的总和。

(6)拖动单元格 D13 右下角的填充柄到单元格 D16,即可计算出各产品销售数量的总和(图 6-23)。

图 6-23 使用函数 SUMIF 计算各产品销售数量的总和

操作 6　分类汇总

视频讲解

分类汇总的操作步骤如下：

(1) 复制当前工作表，将复制后的工作表重命名为"销售统计汇总表"。

(2) 选定单元格区域 A3：E10。

(3) 单击"开始"选项卡的"编辑"组中的"排序和筛选"下拉按钮，在弹出的下拉列表中选择"升序"选项。这样当前工作表中的数据将按公司的名称进行排序（第一个汉字汉语拼音的顺序）。

(4) 选定单元格区域 A2：E10，单击"数据"选项卡的"分级显示"组中的"分类汇总"按钮，弹出"分类汇总"对话框，在"分类字段"下拉列表框中选择"公司"，在"汇总方式"下拉列表框中选择"求和"，在"选定汇总项"列表框中选择"金额"（图 6-24）。

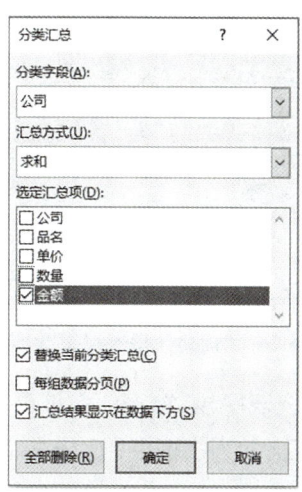

图 6-24　设定分类汇总的条件

233

(5)单击"确定"按钮,即可分类汇总出各公司的销售金额,结果如图 6-25 所示。

图 6-25　各公司的销售金额的汇总结果

操作 7　利用数据透视表

视频讲解

要想在当前工作表的基础上得到各公司每种产品的销售数量或销售金额,可以采用数据透视表,操作步骤如下:

(1)选定"销售统计表"的单元格区域 A3:E10。

(2)单击"插入"选项卡的"表格"组中的"数据透视表"下拉按钮,在弹出的下拉列表中选择"数据透视表"选项。

(3)如图 6-26 所示,打开"创建数据透视表"对话框,采用默认设置,单击"确定"按钮。

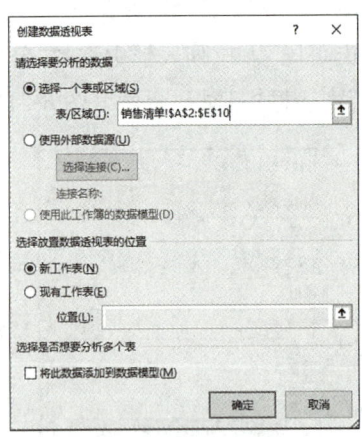

图 6-26　"创建数据透视表"对话框

(4)在窗口右侧打开"数据透视表字段"窗格。在该窗格中,把"选择要添加到报表的字段"中的"品名"拖动到"列"标签下面的列表框中,把"选择要添加到报表的字段"中的"公司"拖动到"行"标签下面的列表框中,把"选择要添加到报表的字段"中的"金额"拖动到"值"标签下面的列表框中(图 6-27)。

图 6-27 "数据透视表字段"窗格

(5)此时得到的结果是各公司每种产品的销售金额(图 6-28)。

图 6-28 各公司每种产品的销售金额

(6)如果将"金额"从"值"标签下面的列表框中拖走,把"选择要添加到报表的字段"中的"数量"拖动到"值"标签下面的列表框中,则得到的结果是各公司每种产品的销售数量(图 6-29)。

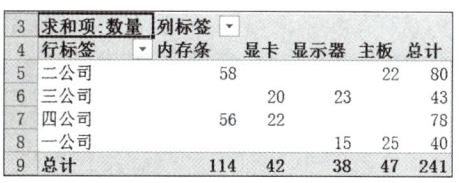

图 6-29 各公司每种产品的销售数量

(1)如果销售统计表中的公司名称和品名要经常用到,则可以把它们定义成"自定义序列",需要时,只要输入序列的第一个值,拖动填充柄,其他值就可以自动得到。

(2)销售统计表中的公司名称和品名也可使用数据有效性设置下拉选项,使用时从列表中选择即可。

(3)数据透视表是交互式报表,可快速合并和比较大量数据,可旋转其行和列以看到数据的不同汇总效果,而且可显示感兴趣区域的数据。

(4)SUMIF 函数。

①功能。SUMIF 函数用于计算单元格区域或数组中符合某个指定条件的所有数字的总和。

②格式。SUMIF(range,criteria,[sum_range])。

③参数说明。

a. range(必选):表示要进行条件判断的单元格区域。

b. criteria(必选):表示要进行判断的条件,形式可以为数字、文本或表达式,如"16"、">16"、"图书"或">"&A1。

c. sum_range(可选):表示根据条件判断的结果要进行计算的单元格区域。如果省略该参数,则对参数 range 指定的单元格区域中符合条件的单元格进行求和。

④注意事项。

a. 当参数 criteria 中包含比较运算符时,运算符必须用双引号括起,否则公式会出错。

b. 可以在参数 criteria 中使用通配符——问号(?)和星号(*)。问号用于匹配任意单个字符,星号用于匹配任意多个字符。例如,查找单元格结尾包含"商场"二字的所有内容,可以写为"*商场"。如果需要查找问号或星号本身,则需要在问号或星号之前输入一个波形符(~)。

c. 参数 sum_range 可以简写,即只写出该区域左上角的单元格,SUMIF 函数会自动从该单元格延伸到与参数 range 等高的区域范围。例如,对于公式"=SUMIF(A1:A5,">3",B2)"来说,参数 sum_range 只输入了一个单元格引用 B2,此公式相当于"=SUMIF(A1:A5,">3",B2:B6)"。

d. range 和 sum_range 必须为单元格区域引用,而不能是数组。

实训 4　员工工资管理表的制作

实训目标

知识目标

熟悉 Excel 2019 窗口的布局;掌握使用 Excel 2019 输入数据和设置格式的基本操作方法;了解工作表的管理方法;学会工作表的移动、复制、删除、重命名等编辑操作方法。

技能目标

能利用 Excel 2019 在日常工作中完成数据方面的信息处理工作。

实训任务

(1) 制作基本工资标准表,输入数据。

(2) 制作基本工资表,使用 VLOOKUP 函数从基本工资标准表中找到相匹配的数据。

(3) 制作职务工资表。

(4) 制作补贴标准表,输入数据。

(5) 制作补贴表,使用 VLOOKUP 函数从基本工资标准表和补贴标准表中找到相匹配的数据,从而计算出每位员工的补贴金额。

(6) 制作缺勤扣款及奖金表,计算每位员工基本工资的日工资(一个月按 30 天计算),根据请假的天数得出缺勤扣款额。

(7) 使用 IF 函数计算每位员工的奖金,如果本月没有请假,则有全勤奖 600 元,否则没有。

(8) 制作工资明细表,使用 VLOOKUP 函数从相应的工作表中查找到每位员工的基本工资、职位工资、补贴、奖金、缺勤扣款;使用函数或公式计算应发工资、应缴公积金、应纳税工资、应纳税额、实发工资。

(9) 制作工资条工作表,生成工资条。

实训时数

2 小时

实训过程

操作 1 制作基本工资标准表

视频讲解

制作基本工资标准表的步骤如下:

(1) 新建 Excel 工作簿,工作簿名为"工资管理表"。

(2) 双击 Sheet1 工作表标签,将其重命名为"基本工资标准表"。

(3) 输入图 6-30 所示的数据,选定单元格区域 A1:B6,在"名称框"中输入 jb。

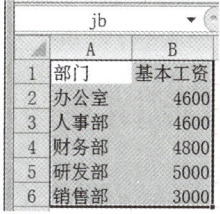

图 6-30 基本工资标准表

操作 2　制作基本工资表

制作基本工资表的步骤如下：

(1) 双击 Sheet2 工作表标签，将其重命名为"基本工资表"。

(2) 如图 6-31 所示，输入"编号""姓名""所属部门""职位"这四列的相应数据，在单元格 E1 中输入"基本工资"。

	A	B	C	D	E
1	编号	姓名	所属部门	职位	基本工资
2	RZ1001	刘勇	办公室	经理	
3	RZ1002	李南	办公室	职员	
4	RZ1003	陈双双	人事部	经理	
5	RZ1004	叶小来	办公室	职员	
6	RZ1005	林佳	销售部	经理	
7	RZ1006	彭力	销售部	主管	
8	RZ1007	范琳琳	财务部	职员	
9	RZ1008	易呈亮	研发部	经理	
10	RZ1009	黄海燕	人事部	职员	
11	RZ1010	张浩	人事部	职员	
12	RZ1011	曾春林	研发部	主管	
13	RZ1012	李锋	研发部	职员	
14	RZ1013	彭洁	研发部	职员	
15	RZ1014	徐瑜诚	财务部	经理	
16	RZ1015	丁昊	财务部	职员	
17	RZ1016	李济东	人事部	职员	
18	RZ1017	刘惠	财务部	主管	
19	RZ1018	甘倩琦	销售部	职员	
20	RZ1019	许丹	销售部	职员	
21	RZ1020	李成蹊	销售部	职员	

图 6-31　输入基本工资表的数据

(3) 将光标定位于单元格 E2，单击"插入函数"按钮，在弹出的"插入函数"对话框中选择 VLOOKUP 函数。

(4) 如图 6-32 所示，在打开的"函数参数"对话框中，Lookup_value（需要在数据表的第一列搜索的值）选择"C2"，在 Table_array（需要在其中搜索数据的信息表）中输入"jb"，在 Col_index_num（满足条件的单元格在 Table_array 数据表的列数）中输入"2"，在 Range_lookup（指定在查找时是精确匹配还是大概匹配）中输入"0"或者"False"。

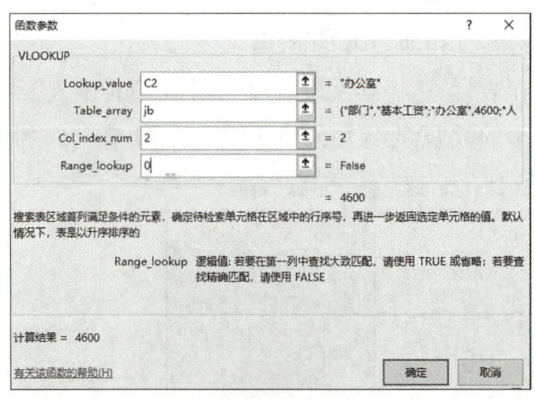

图 6-32　设置函数 VLOOKUP 的参数

(5)拖动单元格 E2 右下角的填充柄到单元格 E21,结果如图 6-33 所示。

	A	B	C	D	E
1	编号	姓名	所属部门	职位	基本工资
2	RZ1001	刘勇	办公室	经理	4600
3	RZ1002	李南	办公室	职员	4600
4	RZ1003	陈双双	人事部	经理	4600
5	RZ1004	叶小来	办公室	职员	4600
6	RZ1005	林佳	销售部	经理	3000
7	RZ1006	彭力	销售部	主管	3000
8	RZ1007	范琳琳	财务部	职员	4800
9	RZ1008	易呈亮	研发部	经理	5000
10	RZ1009	黄海燕	人事部	职员	4600
11	RZ1010	张浩	人事部	职员	4600
12	RZ1011	曾春林	研发部	主管	5000
13	RZ1012	李锋	研发部	职员	5000
14	RZ1013	彭洁	研发部	职员	5000
15	RZ1014	徐瑜诚	财务部	经理	4800
16	RZ1015	丁昊	财务部	职员	4800
17	RZ1016	李济东	人事部	职员	4600
18	RZ1017	刘惠	财务部	主管	4800
19	RZ1018	甘倩琦	销售部	职员	3000
20	RZ1019	许丹	销售部	职员	3000
21	RZ1020	李成蹊	销售部	职员	3000

图 6-33 基本工资的匹配结果

操作 3 制作职务工资表

制作职务工资表的步骤如下:

(1)双击 Sheet3 工作表标签,将其重命名为"职务工资表"。

(2)复制基本工资表中的"编号""姓名""所属部门""职位"等 4 列的相应数据到当前表中,在单元格 E1 中输入"职务工资"。

(3)将光标定位于单元格 E2,单击"插入函数"按钮,在弹出的"插入函数"对话框中选择 IF 函数。

(4)打开"函数参数"对话框,在第一个参数 Logical_test 选择框中输入"D2＝"经理"",在第二个参数 Value_if_true 选择框中输入"3000",在第三个参数 Value_if_false 选择框中输入"IF(D2＝"主管",2500,1500)"(图 6-34)。

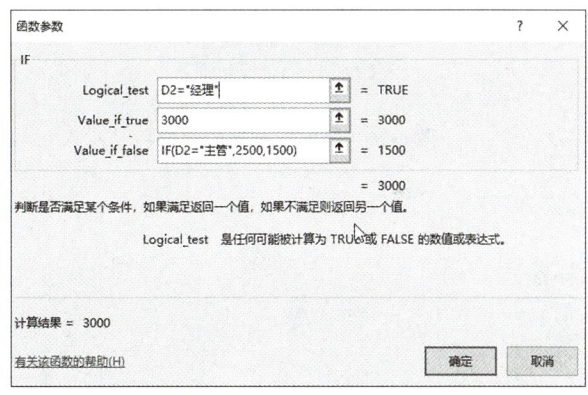

图 6-34 设置 IF 函数的参数

(5)单击"确定"按钮。拖动 E2 单元格右下角的填充柄到单元格 E21,结果如图 6-35 所示。

	A	B	C	D	E
1	编号	姓名	所属部门	职位	职务工资
2	RZ1001	刘勇	办公室	经理	3000
3	RZ1002	李南	办公室	职员	1500
4	RZ1003	陈双双	人事部	经理	3000
5	RZ1004	叶小来	办公室	职员	1500
6	RZ1005	林佳	销售部	经理	3000
7	RZ1006	彭力	销售部	主管	2500
8	RZ1007	范琳琳	财务部	职员	1500
9	RZ1008	易呈亮	研发部	经理	3000
10	RZ1009	黄海燕	人事部	职员	1500
11	RZ1010	张浩	人事部	职员	1500
12	RZ1011	曾春林	研发部	主管	2500
13	RZ1012	李锋	研发部	职员	1500
14	RZ1013	彭洁	研发部	职员	1500
15	RZ1014	徐瑜诚	财务部	经理	3000
16	RZ1015	丁昊	财务部	职员	1500
17	RZ1016	李济东	人事部	职员	1500
18	RZ1017	刘惠	财务部	主管	2500
19	RZ1018	甘倩琦	销售部	职员	1500
20	RZ1019	许丹	销售部	职员	1500
21	RZ1020	李成蹊	销售部	职员	1500

图 6-35 职务工资的结果

操作 4　制作补贴标准表

制作补贴标准表的步骤如下:

(1)插入新工作表 Sheet4,双击 Sheet4 工作表标签,将其重命名为"补贴标准表"。

(2)输入数据,如图 6-36 所示。

视频讲解

	A	B
1	部门	补贴
2	办公室	8%
3	人事部	8%
4	财务部	8%
5	研发部	10%
6	销售部	15%

图 6-36 补贴标准表的数据

(3)选定单元格区域 A1:B6,在"名称框"中输入"bt",按 Enter 键。

操作 5　制作补贴表

制作补贴表的步骤如下:

(1)插入新工作表 Sheet5,双击 Sheet5 工作表标签,将其重命名为"补贴表"。

(2)复制基本工资表中的"编号""姓名""所属部门""职位"等 4 列的相应数据到当前表中。在 E1 单元格中输入"各类补贴",在 F1 单元格中输入"补贴标准"。

(3)将光标定位于单元格 F2,单击"插入函数"按钮,在弹出的"插入函数"对话框中选择 VLOOKUP 函数。

(4)在"函数参数"对话框中,Lookup_value(需要在数据表中第一列搜索的值)选择框中选择"C2",在 Table_array(需要在其中搜索数据的信息表)选择框中输入"bt",在 Col_index_num(满足条件的单元格在 Table_array 数据表的列数)选择框中输入"2",在 Range_lookup(指定在查找时是精确匹配还是大概匹配)选择框中输入"0"或者"FALSE",单击"确定"按钮。

(5)双击单元格 F2 右下角的填充柄,即可得到每位员工的补贴标准。

(6)将光标定位于单元格 E2,单击"插入函数"按钮,在弹出的"插入函数"对话框中选择 VLOOKUP 函数。

(7)在"函数参数"对话框中,Lookup_value(需要在数据表中第一列搜索的值)选择框中选择"C2",在 Table_array(需要在其中搜索数据的信息表)选择框中输入"jb",在 Col_index_num(满足条件的单元格在 Table_array 数据表的列数)选择框中输入"2",在 Range_lookup(指定在查找时是精确匹配还是大概匹配)选择框中输入"0"或者"FALSE",单击"确定"按钮。此时在函数的编辑栏中显示"=VLOOKUP(C2,jb,2,0)"。接着在后面输入乘号"*",单击单元格,在函数的编辑栏中显示"=VLOOKUP(C2,jb,2,0)* F2"(图 6-37)。

(8)双击 E2 单元格右下角的填充柄,即可得到每位员工的补贴金额(图 6-37)。

图 6-37 补贴表

操作 6 制作缺勤扣款及奖金表

制作缺勤扣款及奖金表的步骤如下:
(1)插入新工作表 Sheet6,双击 Sheet6 工作表标签,将其重命名为"缺勤

视频讲解

扣款及奖金表"。

(2)复制基本工资表中的"编号""姓名""所属部门""职位"等 4 列的相应数据到当前表中。

(3)在"职位"列后面新增一列"请假天数",输入每位员工相应的请假天数。

(4)在单元格 F1 中输入"扣款"。将光标定位于单元格 F2,单击"插入函数"按钮,在弹出的"插入函数"对话框中选择 VLOOKUP 函数,和"操作 2"的方法一样得到每个人的基本工资。

(5)因为要计算缺勤扣款,所以应在基本工资的基础上计算出每位员工的日工资(基本工资/30),再乘以请假天数,就可得到缺勤扣款的数额,即 VLOOKUP(C2,jb,2,0)/30。

(6)插入 ROUND 函数,弹出"函数参数"对话框,在 Number(要四舍五入的数列)选择框中输入"E2*VLOOKUP(C2,jb,2,0)/30",在 Num_digits(数值要保留的位数)选择框中输入"2"(图 6-38),单击"确定"按钮。

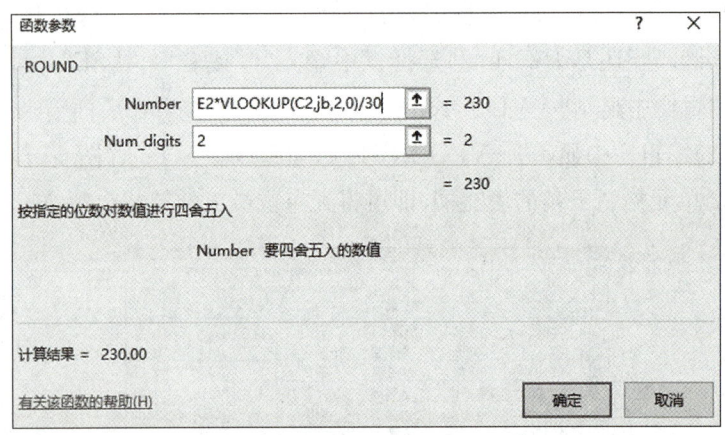

图 6-38　设置 ROUND 函数的参数

(7)如果员工本月是全勤,则有全勤奖。在单元格 G1 中输入"奖金"。将光标定位于 G2 单元格,在函数编辑栏中输入"=IF(E2=0,600,0)",即可根据出勤情况得出每位员工是否有全勤奖。

(8)将光标定位于单元格 A1,在其上面插入一行,在插入行的第一个单元格中输入"=MONTH(NOW())&"月考勤扣款及奖金记录表""(图 6-39)。MONTH 和 NOW 这两个函数一起使用可以得到当前的月份数,再通过"&(连接运算符)"和后面的字符串""月考勤扣款及奖金记录表""连接,就可以自动显示当前月的考勤扣款及奖金记录表。选定单元格区域 A1:G1,设置对齐方式为"合并后居中",结果如图 6-39 所示。

项目 6　Excel 2019 电子表格实训

图 6-39　4 月考勤扣款及奖金记录表

操作 7　制作工资明细表

制作工资明细表的步骤如下：

（1）插入新工作表 Sheet7，双击 Sheet7 工作表标签，将其重命名为"工资明细表"。

（2）将光标定位于单元格 A1，输入"＝MONTH（NOW（））&"月工资明细表""；选定单元格区域 A1:G1，设置对齐方式为"合并后居中"。

（3）将光标定位于单元格 A2，复制基本工资表中的"编号""姓名""所属部门""职位"等 4 列的相应数据到当前表中。

（4）选定基本工资表的单元格区域 A1:E21，在"名称框"中输入"jbgz"；选定职务工资表的单元格区域 A1:E21，在"名称框"中输入"zwgz"；选定补贴表的单元格区域 A1:F21，在"名称框"中输入"btjl"；选定缺勤扣款及奖金表的单元格区域 A2:G22，在"名称框"中输入"qqkk"。

（5）在单元格 E2 中输入"基本工资"。将光标定位于单元格 E3，输入"＝VLOOKUP（A3，jbgz，5，FALSE）"。通过使用 VLOOKUP 函数可以从基本工资表中查到每位职工的基本工资数据。

（6）在单元格 F2 中输入"职位工资"。将光标定位于单元格 F3，输入"＝VLOOKUP（A3，zwgz，5，FALSE）"。通过使用 VLOOKUP 函数可以从职务工资表中查到每位职工的职位工资数据。

（7）在单元格 G2 中输入"奖金"。将光标定位于单元格 G3，输入"＝VLOOKUP（A3，qqkk，7，FALSE）"。通过使用 VLOOKUP 函数可以从缺勤扣款及奖金表中查到每位职工

243

的奖金数据。

(8) 在单元格 H2 中输入"各类补贴"。将光标定位于单元格 H3,输入"＝VLOOKUP(A3,btjl,5,FALSE)"。通过使用 VLOOKUP 函数可以从补贴表中查到每位职工的补贴数据。

(9) 在单元格 I2 中输入"应发工资"。将光标定位于单元格 I3,输入"＝E3＋F3＋G3＋H3",通过对这四个单元格中数据的相加就可以求出应发工资。

(10) 在单元格 J2 中输入"扣公积金"。将光标定位于单元格 J3,输入"＝E3＊8%",求出应扣公积金。

(11) 在单元格 K2 中输入"迟到请假"。将光标定位于单元格 K3,输入"＝VLOOKUP(A3,qqkk,6,FALSE)"。通过使用 VLOOKUP 函数可以从缺勤扣款及奖金表中查到每位职工的缺勤扣款数据。

(12) 在单元格 L2 中输入"应纳税工资"。将光标定位于单元格 L3,输入"＝IF(I3－J3－5000＞0,I3－J3－5000,0)"。

(13) 在单元格 M2 中输入"所得税"。将光标定位于单元格 M3,输入"＝IF(L3＜＝3000,L3＊0.03,IF(L3＜＝12000,L3＊0.1－210,L3＊0.2－1410))"。

(14) 实发工资＝应发工资－扣公积金－迟到请假－所得税。在单元格 N2 中输入"实发工资"。将光标定位于单元格 N3,输入"＝I3－J3－K3－M3"。如果要将实发工资转为整数,可使用 ROUND 函数,即在单元格 N3 中输入"＝ROUND(I3－J3－K3－M3,0)"。

(15) 制作完成的工资明细表如图 6-40 所示。

编号	姓名	所属部门	职位	基本工资	职位工资	奖金	各类补贴	应发工资	扣公积金	迟到请假	应纳税工资	所得税	实发工资
RZ1001	刘勇	办公室	经理	4600	3000	0	368	7968	368	230	2600	78	7292
RZ1002	李南	办公室	职员	4600	1500	600	368	7068	368	0	1700	51	6649
RZ1003	陈双双	人事部	经理	4600	3000	600	368	8568	368	0	3200	110	8090
RZ1004	叶小来	办公室	职员	4600	1500	0	368	6468	368	306.67	1100	33	5760
RZ1005	林佳	销售部	经理	3000	3000	600	450	7050	240	0	1810	54.3	6756
RZ1006	彭力	销售部	主管	3000	2500	600	450	6550	240	0	1310	39.3	6271
RZ1007	范琳琳	财务部	职员	4800	1500	0	384	6684	384	160	1300	39	6101
RZ1008	易呈亮	研发部	经理	5000	3000	0	500	8500	400	166.67	3100	100	7833
RZ1009	黄海燕	人事部	职员	4600	1500	600	368	7068	368	0	1700	51	6649
RZ1010	张洁	人事部	职员	4600	1500	0	368	6468	368	460	1100	33	5607
RZ1011	曾春林	研发部	主管	5000	2500	600	500	8600	400	0	3200	110	8090
RZ1012	李锋	研发部	职员	5000	1500	0	500	7000	400	333.33	1600	48	6219
RZ1013	彭洁	研发部	职员	5000	1500	600	500	7600	400	0	2200	66	7134
RZ1014	徐瑜诚	财务部	经理	4800	3000	600	384	8784	384	0	3400	130	8270
RZ1015	丁昊	财务部	职员	4800	1500	600	384	7284	384	0	1900	57	6843
RZ1016	李济东	人事部	职员	4600	1500	0	368	6468	368	766.67	1100	33	5300
RZ1017	刘惠	财务部	主管	4800	2500	600	384	8284	384	0	2900	87	7813
RZ1018	甘倩琦	销售部	职员	3000	1500	600	450	5550	240	0	310	9.3	5301
RZ1019	许丹	销售部	职员	3000	1500	0	450	4950	240	100	0	0	4610
RZ1020	李成骁	销售部	职员	3000	1500	600	450	5550	240	0	310	9.3	5301

图 6-40 制作完成的工资明细表

操作 8　制作工资条

制作工资条有以下两种方法:

方法一:使用排序的方法,参考"项目 2 子项目 2 的任务 3"。

视频讲解

方法二：

(1)选定工资明细表的单元格区域 A2:N22,在"名称框"中输入"工资表"。

(2)插入新工作表 Sheet8,双击 Sheet8 工作表标签,将其重命名为"工资条"。

(3)在单元格 A1 中输入"工资条",设置字体为"宋体"、字号为"18 号",选定单元格区域 A1:N1,设置对齐方式为"合并后居中"。

(4)在单元格 A2 中输入"月份",在单元格 A3 中输入"＝NOW()",在"设置单元格格式"对话框中设置日期的格式(图 6-41)。

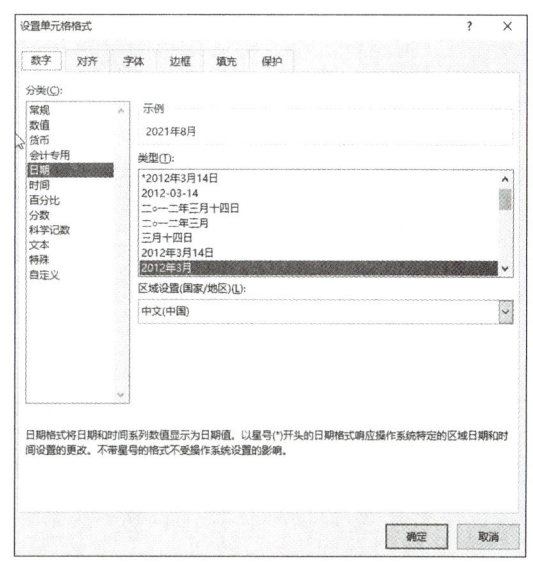

图 6-41　设置日期的格式

(5)将工资明细表的标题行的内容复制到当前工作表的单元格区域 B2:O2。

(6)将工资明细表中第一个人的编号"RZ1001"复制到单元格 B3 中。

(7)将光标定位于单元格 C3,输入"＝VLOOKUP($B3,工资表,2,0)"。

(8)拖动单元格 C3 右下角的填充柄,将公式复制到单元格 O3。

(9)这样只要修改公式中的第三个参数(列数)即可。例如,将单元格 D3 的公式中的列数改为 3,即"＝VLOOKUP($B3,工资表,3,0)",结果如图 6-42 所示。

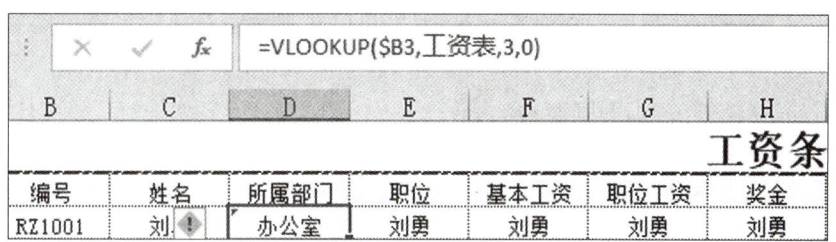

图 6-42　修改单元格 D3 公式中列数的结果

(10)依次把其他单元格的第三个参数(列数)改为 4、5、6、7、8、9、10、11、12、13、14。

(11)选定单元格区域 A1:O3,拖动右下角的填充柄,即可生成工资条(图 6-43)。

	A	B	C	D	E	F	G	H	I	J	K	L	M	N	O
1	工资条														
2	月份	编号	姓名	所属部门	职位	基本工资	职位工资	奖金	各类补贴	应发工资	扣公积金	迟到请假	应纳税工资	所得税	实发工资
3	2019年4月	RZ1001	刘勇	办公室	经理	4600	3000	0	368	7968	368	230	2600	78	7292
4	工资条														
5	月份	编号	姓名	所属部门	职位	基本工资	职位工资	奖金	各类补贴	应发工资	扣公积金	迟到请假	应纳税工资	所得税	实发工资
6	2019年4月	RZ1002	李南	办公室	职员	4600	1500	600	368	7068	368	0	1700	51	6649
7	工资条														
8	月份	编号	姓名	所属部门	职位	基本工资	职位工资	奖金	各类补贴	应发工资	扣公积金	迟到请假	应纳税工资	所得税	实发工资
9	2019年4月	RZ1003	陈双双	人事部	经理	4600	3000	0	368	8568	368	0	3200	110	8090
10	工资条														
11	月份	编号	姓名	所属部门	职位	基本工资	职位工资	奖金	各类补贴	应发工资	扣公积金	迟到请假	应纳税工资	所得税	实发工资
12	2019年4月	RZ1004	叶小来	办公室	职员	4600	1500	0	368	6468	368	306.67	1100	33	5760
13	工资条														
14	月份	编号	姓名	所属部门	职位	基本工资	职位工资	奖金	各类补贴	应发工资	扣公积金	迟到请假	应纳税工资	所得税	实发工资
15	2019年4月	RZ1005	林佳	销售部	经理	3000	3000	600	450	7050	240	0	1810	54.3	6756
16	工资条														
17	月份	编号	姓名	所属部门	职位	基本工资	职位工资	奖金	各类补贴	应发工资	扣公积金	迟到请假	应纳税工资	所得税	实发工资
18	2019年4月	RZ1006	彭力	销售部	主管	3000	2500	600	450	6550	240	0	1310	39.3	6271
19	工资条														
20	月份	编号	姓名	所属部门	职位	基本工资	职位工资	奖金	各类补贴	应发工资	扣公积金	迟到请假	应纳税工资	所得税	实发工资
21	2019年4月	RZ1007	范琳琳	财务部	职员	4800	1500	0	384	6684	384	160	1300	39	6101

图 6-43　生成的工资条

技能拓展

(1)当需要在原来输入数据的基础上上调一定值时,可以这样操作:首先在任意一个单元格中输入上调的值,然后复制,接着选择所有需要上调的单元格,右击,在弹出的快捷菜单中选择"选择性粘贴"选项,在弹出的"选择性粘贴"对话框的"运算"选项组中选中"加"单选按钮,单击"确定"按钮。

(2)想要快速选定不连续的单元格,可以按 Shift+F8 组合键。

项目 7

PowerPoint 2019 演示文稿实训

实训 1 "教师节庆祝及表彰大会"演示文稿的制作

实训目标

知识目标

熟悉 PowerPoint 2019 的工作界面;学会使用 PowerPoint 2019 创建与保存演示文稿;学会在幻灯片中输入并编辑文本;学会插入、复制和删除幻灯片;学会设置幻灯片的版式和背景,以及使用幻灯片主题和母版等;学会在幻灯片中插入并编辑图片、图形、艺术字、组织结构图;学会演示文稿的放映等操作。

技能目标

能够使用 PowerPoint 2019 制作、编辑简单的演示文稿;完成演示文稿的修饰和放映;完成演示文稿的链接、打包、页面设置、打印等,具备制作演示文稿的能力。

实训任务

(1)制作"教师节庆祝及表彰大会"演示文稿,输入文字内容,设置字符格式(图 7-1)。
(2)根据需要使用恰当的演示文稿主题。

(3)合理使用系统已有的动画效果,通过设计将它们组合起来,以达到特定的效果。

图 7-1 "教师节庆祝及表彰大会"演示文稿的效果

 **实训时数**

2 小时

 **实训过程**

 操作 1 新建演示文稿

视频讲解

新建演示文稿的步骤如下:
(1)新建演示文稿,文件名为"教师节庆祝及表彰大会"。
(2)选择"设计"选项卡的"主题"组中的"跋涉"主题。
(3)单击"开始"选项卡的"幻灯片"组中的"版式"下拉按钮,在弹出的下拉列表中选择"标题和内容"版式。
(4)选中"视图"选项卡的"显示"组中的"网格线"复选框(图 7-2),演示文稿页面显示网格线。

图 7-2 选中"网格线"复选框

操作 2　输入文字并插入 logo

输入文字并插入 logo 的步骤如下：

(1)在"单击此处添加标题"处输入文字"信息学院"。

(2)在"单击此处添加文本"处输入文字"教师节庆祝及表彰大会"，设置字体为"黑体"，字号为"66"，对齐方式为"居中"。

(3)单击"开始"选项卡的"段落"组中的"项目符号"下拉按钮，在弹出的下拉列表中选择"无"，把文本前面的项目符号去掉。

(4)单击"插入"选项卡的"图像"组中的"图片"按钮，在打开的"插入图片"对话框中找到信息学院的 logo，单击"插入"按钮。

(5)单击"图片工具-格式"选项卡的"调整"组中的"颜色"下拉按钮，在弹出的下拉列表中选择"设置透明色"选项，将 logo 设置为透明色。

操作 3　logo 及文字动画的设置

logo 及文字动画的设置步骤如下：

(1)为 logo 设置动画"陀螺旋"，设置"开始"为"与上一动画同时"，设置"延迟"为"00.25"。

(2)为"教师节庆祝及表彰大会"文字设置动画"浮入"，设置"开始"为"与上一动画同时"，设置"持续时间"为"01.50"，设置"延迟"为"01.25"。

操作 4　插入 8 个正方形

(1)插入一个正方形，设置高度为"3 厘米"，宽度为"3 厘米"；设置正方形的"形状填充"为"紫色"，"形状轮廓"为"无轮廓"。

(2)将插入的正方形复制 7 个，"形状填充"分别为"蓝色""浅蓝""绿色""淡绿""黄色""淡黄""红色"。

(3)如图 7-3 所示，按住鼠标左键，从第 1 个正方形拖动到第 8 个正方形。拖动的过程中会有一个浅蓝色的虚框，当第 8 个正方形也在虚框中时，松开鼠标，这样就可以把 8 个正方形全部选中(图 7-4)。

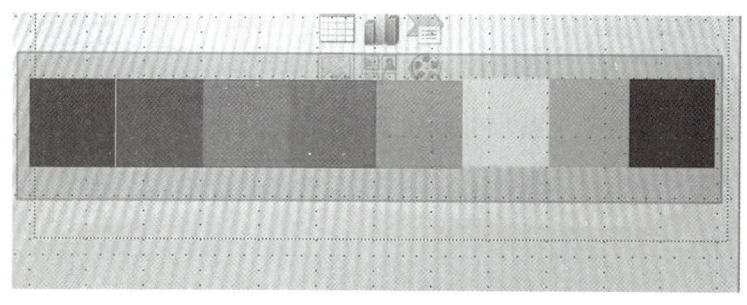

图 7-3　拖动选定 8 个正方形

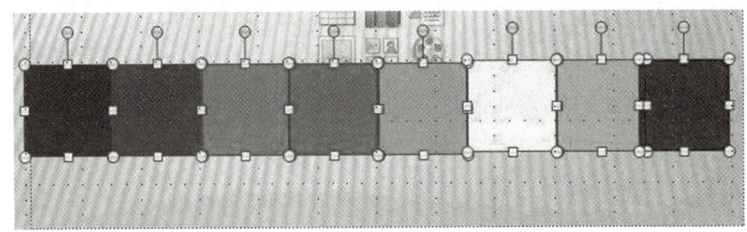

图 7-4　8 个正方形全部被选中

（4）单击"绘图工具-格式"选项卡的"排列"组中的"对齐"下拉按钮，在弹出的下拉列表中设置对齐方式为"底端对齐""横向分布"。

 操作 5　制作第一个紫色的正方形动画效果

视频讲解

为第一个紫色的正方形分别添加"进入"中的"淡化"、"动作路径"中的"弧形"和"强调"中的"陀螺旋"三个动画效果。

（1）插入一条直线（这是一条辅助线，功能是保证所有正方形结束动画后，底部仍然是对齐的），放到这 8 个正方形的中间（图 7-5）。

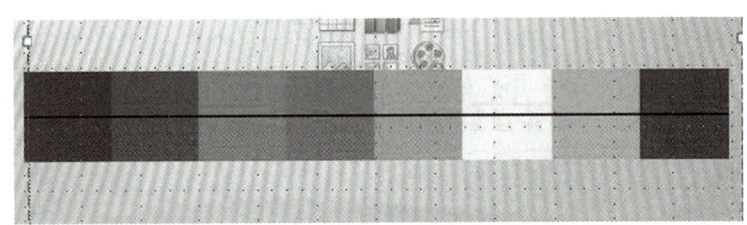

图 7-5　插入一条直线

（2）选中第一个紫色的正方形，添加动画效果为"进入"中的"淡化"，设置"开始"为"与上一动画同时"，设置"持续时间"为"00.25"。

（3）继续为第一个紫色的正方形添加动画效果，选择"动作路径"中的"弧形"，设置"开始"为"与上一动画同时"，设置"持续时间"为"02.00"。这样第一个紫色的正方形就有了从"紫色三角"到"浅蓝三角"的弧形动作路径（图 7-6）。

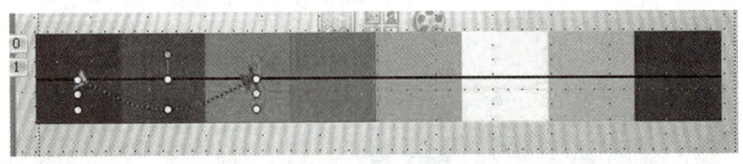

图 7-6　第一个正方形的弧形动画

（4）选择"效果选项"下拉列表（图 7-7）中的"反转路径方向"，效果如图 7-8 所示。

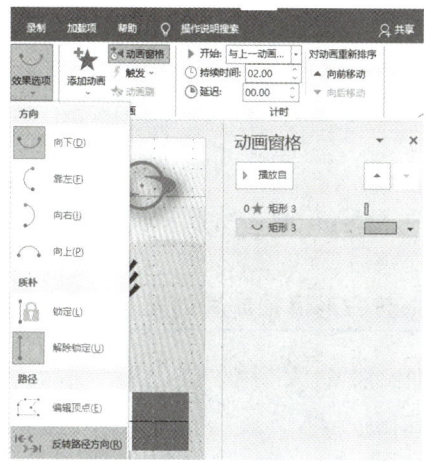

图 7-7　设置反转路径方向

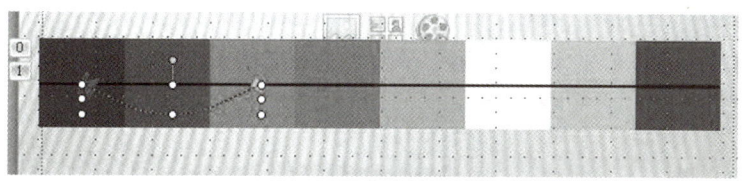

图 7-8　第一个正方形的弧形动画（反转路径）

(5) 如图 7-9 所示，选中这个弧形动作路径，它的四边会有一些白色的小圆圈，当光标定位于右面中间的小圆圈位置时，光标变成双箭头形状，按住鼠标左键往右拖动，则拉长动作路径；当光标定位于底部中间的小圆圈位置时，按住鼠标左键往下拖动，则加大这个弧形动作路径的弧度。

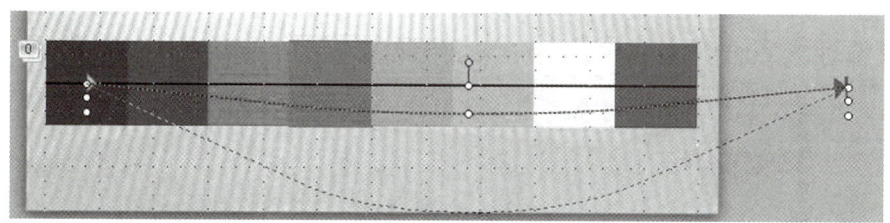

图 7-9　拉长第一个正方形的弧形动画

注意：拖动时，要保证动作路径的结束位置（红色三角）位于插入的直线上，这样才能保证所有的正方形结束"动作路径"后，它们的底部仍然是对齐的。

(6) 为第一个紫色的正方形再添加一个动画效果，选择"强调"组中的"陀螺旋"，设置"开始"为"与上一动画同时"，设置"持续时间"为"02.00"。

(7) 这样在"动画窗格"窗格中可以看到完成后的动画效果（图 7-10）。

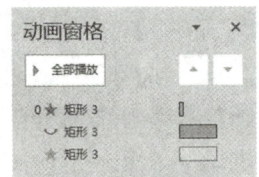

图7-10 第一个正方形的动画效果

操作6　为第二、三个正方形添加动画效果

视频讲解

为第二、三个正方形分别添加"进入"中的"淡化"、"动作路径"中的"弧形"和"强调"中的"陀螺旋"三个动画效果。

(1)选中第一个紫色的正方形,双击"动画"选项卡的"高级动画"组中的"动画刷"按钮,用它单击第二个蓝色的正方形,就可以将第一个正方形的动画效果复制给第二个蓝色的正方形。在"动画窗格"窗格中可以看到复制后的动画效果,如图7-11所示,"动画窗格"窗格中的"矩形4"的动画,即第二个蓝色的正方形。

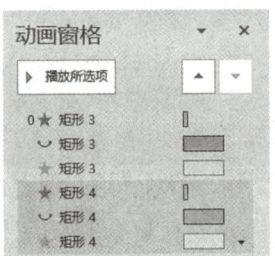

图7-11 第二个正方形的动画效果

(2)选中第二个蓝色正方形的"弧形"动画,将光标定位于底部中间的小圆圈位置,按住鼠标左键往上拖动,效果如图7-12所示。同样注意,拖动时不要让"结束"的位置离开那条辅助线。

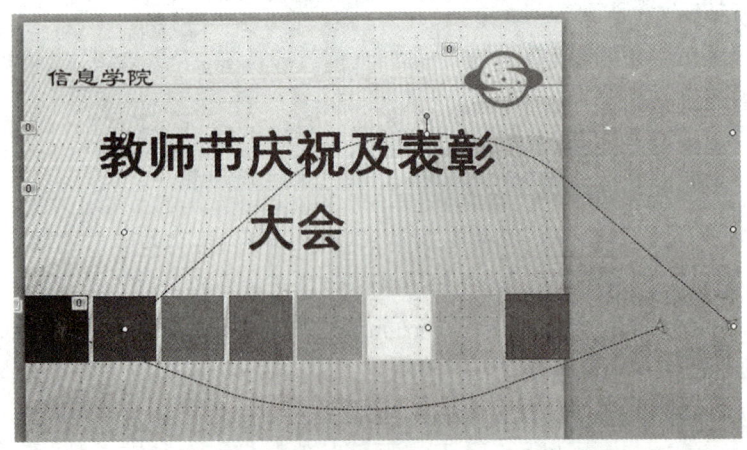

图7-12 往上拖动第二个正方形的"弧形"动画

(3)选中第二个蓝色的正方形,采用同样的方法将它的动画效果复制给第三个浅蓝色的正方形,这样在"动画窗格"窗格中可以看到复制后的动画效果。

(4)选中第三个浅蓝色正方形的"弧形"动画,将光标定位于底部中间的小圆圈位置,按住鼠标左键往上拖动,加大弧度(比第二个正方形的弧度深);选中第三个浅蓝色正方形的"陀螺旋"动画,选择"效果选项"中的"逆时针"。

> **操作 7　制作第四个到第八个正方形的动画效果**

视频讲解

为第四个到第八个正方形分别添加"进入"中的"淡化"、"动作路径"中的"转弯"或"弧形","强调"中的"陀螺旋"三个动画效果。

(1)使用动画刷把第一个正方形的动画效果复制给第四个正方形。

(2)选中第四个正方形"动作路径"中的"弧形",选择"动作路径"组中的"转弯",即可将它改变为"转弯"效果(图7-13)。

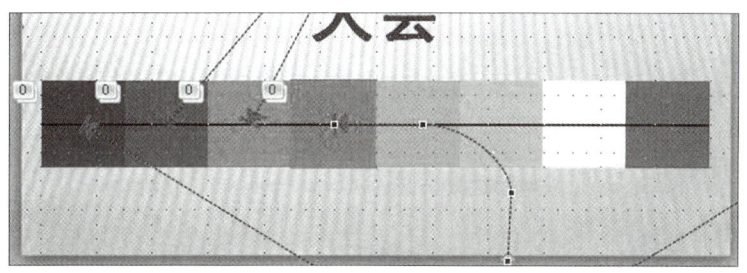

图7-13　第四个正方形的转弯动画

(3)选择"效果选项"下拉列表中的"反转路径方向",能够让正方形运动完成后回到原位置。

(4)选择"效果选项"下拉列表中的"编辑顶点",在第四个正方形的"转弯"效果上会有一些黑色的点,拖动这些黑色的点即可改变动作路径。拖动中间两个顶点,动作路径变为向右倒下的"又"字形状(图7-14)。

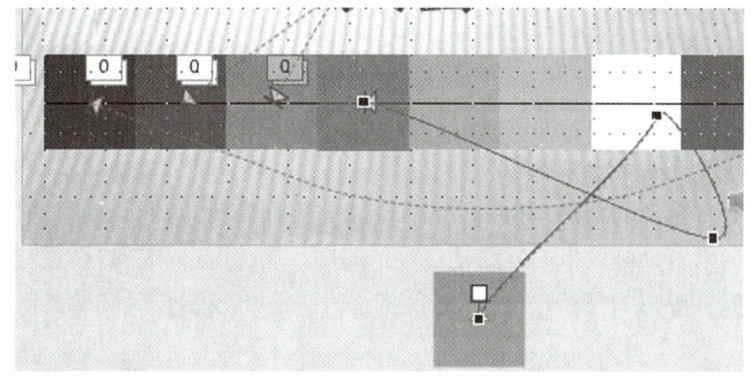

图7-14　第四个正方形的转弯动画(拖动变形)

(5)使用动画刷把第三个正方形的动画效果复制给第五个正方形。选择"效果选项"下拉列表中的"编辑顶点",在第五个正方形的"弧度"效果上会有一些黑色的点,拖动"弧度"右下角的点到左面,可将"动作路径"变为"又"字形状。

(6)使用动画刷把第五个正方形的动画效果复制给第六个正方形。

(7)使用动画刷把第一、二个正方形的动画效果复制给第七、八个正方形。也可使用"编辑顶点"命令修改一下动作路径的形状。

(8)删除前面添加的那条辅助线。

操作8　编辑窗口外的正方形的动画效果

在演示文稿编辑窗口的左右两侧也添加了若干个正方形(图7-15)。这些正方形的颜色可以自己设置,动画效果可使用动画刷复制演示文稿编辑窗口中的某个正方形的效果,但是一定要保证最后这几个正方形要消失或者是运动到窗口外。

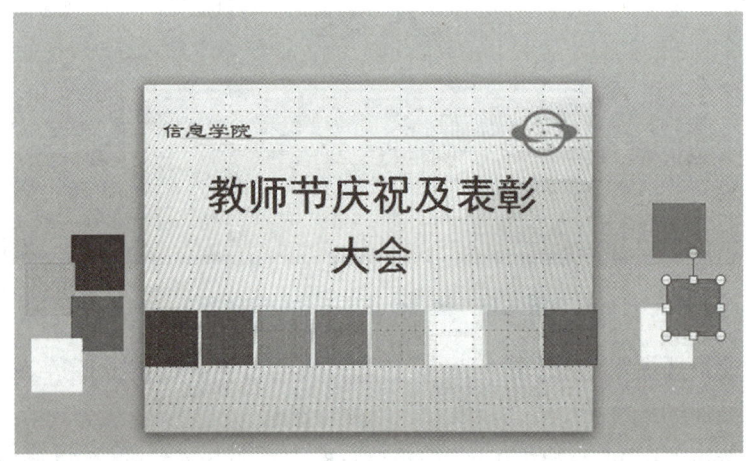

图7-15　窗口外的正方形

窗口外的正方形动画效果的制作方法有以下两种:

(1)插入矩形,设置高度和宽度,设置填充颜色,复制某个颜色的正方形的动画效果。

(2)直接复制窗口中的某个颜色的正方形,然后修改高度、宽度和填充颜色。

技能拓展

对于一个包含很多动画的幻灯片来说,放映时有时需要动画效果,有时不需要动画效果。设置放映时没有动画效果的方法是:单击"幻灯片放映"选项卡的"设置"组中的"设置幻灯片放映"按钮,在弹出的"设置放映方式"对话框中选中"放映时不加动画"复选框。

实训 2　PowerPoint 线条动画的制作

实训目标

知识目标

熟悉 PowerPoint 2019 的窗口布局；理解和掌握线条动画的概念、线条动画在实际生活中的应用；学会复杂线条动画的分解和制作；熟练掌握动画设计和动画效果的设置；具备根据主题设计与主题整体协调的线条动画的能力。

技能目标

能利用 PowerPoint 2019 设计较复杂的线条动画。

实训任务

(1)使用线条画出简单线条动画的艺术字"1"(图 7-16)。

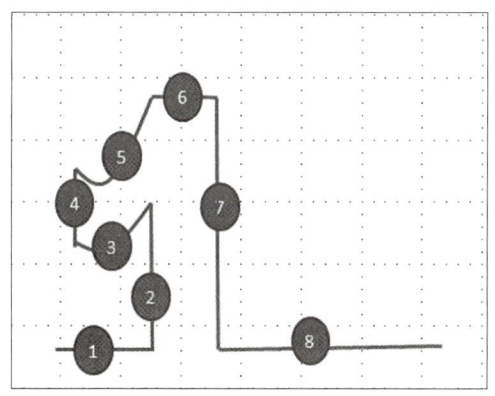

图 7-16　简单线条动画的艺术字"1"

(2)进行简单线条动画的设置，包括自选图像的绘制，每一个组成元素的动画效果的设置，基本属性的设置。

(3)由简单线条动画到复杂线条动画(图 7-17)，了解位图和矢量图的基本概念和区别。

图 7-17　复杂线条动画

(4) 设计复杂线条动画的基本操作过程。

实训时数

2 小时

实训过程

操作 1　简单线条动画的制作

(1) 单击"插入"选项卡的"插图"组中的"形状"下拉按钮,在弹出的下拉列表中选择"线条"组中的"直线",在新建演示文稿中拖出一条长短适中的横直线,以横直线的终点为起点拖出一条自下而上的竖线,以竖线的终点为起点拖出一个自由曲线,拖动曲线时,要注意弧度适中,然后继续按照顺序进行绘制,直到绘制成图 7-16 所示的艺术字样式的"1"。绘制结束后,可以通过按 Ctrl+↑(↓、←、→)组合键进行位置的微调。

(2) 为每一个组成元素添加动画效果。按照绘制顺序依次选择每一根线条,首先选择第 1 根横线,单击"动画"选项卡的"高级动画"组中的"添加动画"下拉按钮,在弹出的下拉列表中选择"擦除"。

(3) 单击"动画"选项卡的"动画"组中的"效果选项"下拉按钮,在弹出的下拉列表中设置方向为"自左侧"。在"计时"组中,设置"开始"为"单击时";持续时间为默认值,如果想让动画速度慢点,可以把持续时间调长一些。

(4) 按照从左到右的勾勒顺序,把每一个元素(直线或曲线)的动画效果设置为"擦除",动画方向按照勾勒的顺序进行设置,第 2 条竖直线的动画方向为"自底部",第 3 条曲线的动画方向为"自右侧",第 4 条竖直线的动画方向为"自底部",第 5 条曲线的动画方向为"自左侧",第 6 条横直线的动画方向为"自左侧",第 7 条竖直线的动画方向为"自顶部",第 8 条横直线的动画方向为"自左侧"。

(5)除了第 1 条横直线外,设置其他线条的"开始"方式为"上一动画之后",设置完成后如图 7-18 所示,播放时就会呈现出类似描红效果的线条动画。

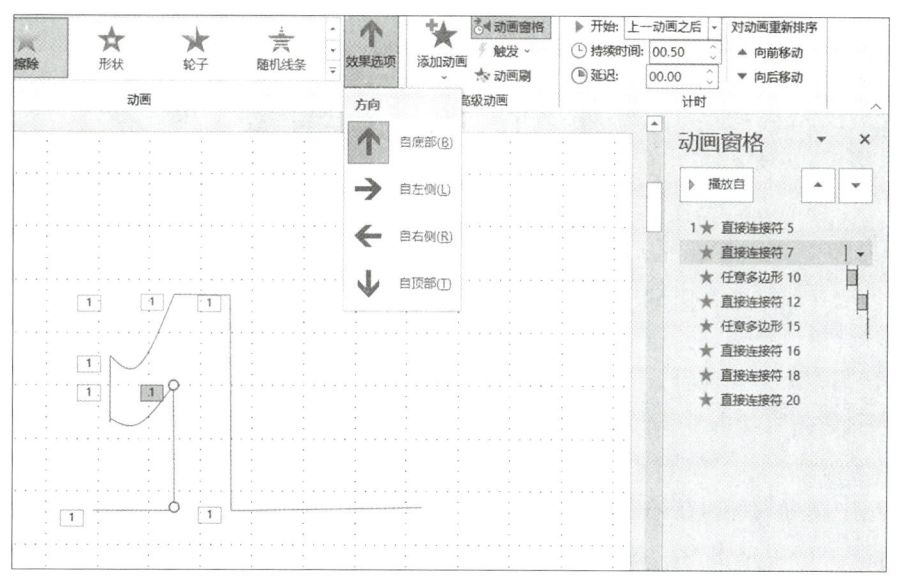

图 7-18　简单线条动画的设置

(6)可以根据需要插入一个文本框,并编辑相应的主题文字,设置字体、字号。

(7)为了增加生动的效果,还可以给动画添加适合的音乐。

操作 2　复杂线条动画的制作

复杂线条动画是直接在已有的素材图片上进行动画效果的设置。可以设置动画效果的素材图片一般是矢量图。日常生活中的图片分为两大类:一类是位图,另一类是矢量图。位图是由点像素构成的,矢量图是由点、线、面构成的。常见的矢量图就是剪贴画,图标是一种新的 Office 剪贴画,可以选取"图标"作为素材。

(1)单击"插入"选项卡的"插图"组中的"图标"按钮,弹出"插入图标"对话框,选择左边列表的第三个"车辆",接着选择右边列表的第二行的第六个(图 7-19),单击"插入"按钮,这个"车辆"图标就会出现在演示文稿中。

图 7-19 图标中的"车辆"

(2)选中图标,右击,在弹出的快捷菜单中选择"组合"→"取消组合"选项,在打开的提示对话框(图 7-20)中单击"是"按钮。再执行一次"取消组合"命令,图片被分解成若干元素(图 7-21)。

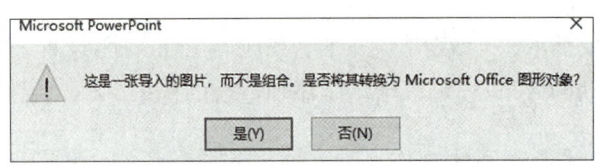

图 7-20 提示对话框

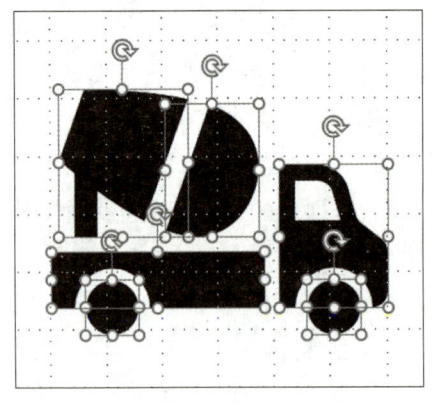

图 7-21 图片被分解成若干元素

(3)在空白处单击,再单击"车头"部分,就可以单独选中"车头"(图 7-22)。

图 7-22　单独选中"车头"

（4）接下来的操作和简单线条动画的操作相同，按照勾勒"车"的线条顺序进行动画效果的设置，动画效果还是"擦除"，动画的方向按照勾勒"车"的流线型的效果依次进行设置。除第一个动画效果外，其他动画效果的"开始"方式都为"上一动画之后"。

（5）设置完成后，单击"播放"按钮，查看动画效果设置的基本情况，并加以完善和修改。

技能拓展

大家看过 Eyeful 公司的 PPT 作品吧？看过 Eyeful 公司作品的人，常常被其流畅、细腻的动画所吸引。许多人往往很疑惑，这么多形状千差万别的线条，绘制起来得是一个多么浩大的工程啊？下面我们就抛砖引玉，制作"植物生长线条动画"，希望能给大家一些启发。

（1）新建文件，命名为"植物生长线条动画"。

（2）单击"开始"选项卡的"幻灯片"组中的"版式"下拉按钮，在弹出的下拉列表框中选择"空白"版式（图 7-23）。

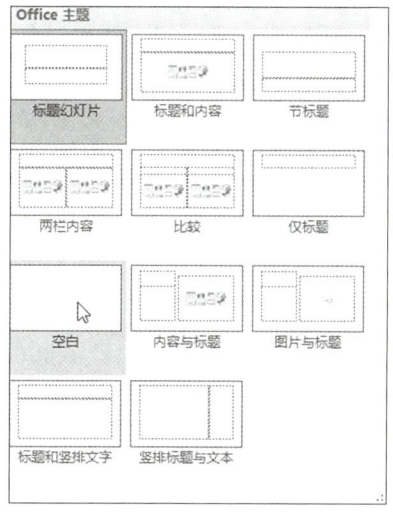

图 7-23　选择"空白"版式

(3)选中"视图"选项卡的"显示"组中的"网格线"复选框,让屏幕显示网格线。

(4)单击"插入"选项卡的"插图"组中的"形状"下拉按钮,在弹出的下拉列表中选择"曲线",光标变成十字形状,在窗口中画出一条"S"形的曲线(图 7-24),这样树枝就画好了。

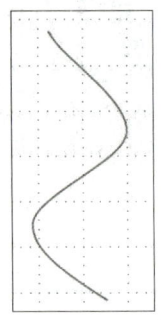

图 7-24　"S"形的曲线

(5)设置曲线(树枝)的颜色为"绿色",粗细为"2.25 磅"。

(6)设置曲线(树枝)的动画为"擦除",方向为"自底部","开始"为"单击时","持续时间"为"02.50"。

(7)插入素材库中的"树叶"图片(图 7-25)。

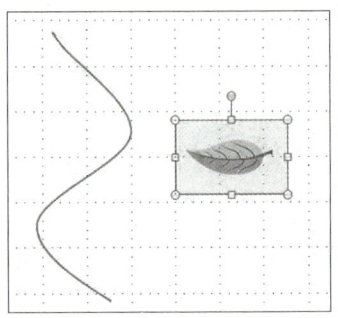

图 7-25　插入"树叶"图片

(8)"树叶"图片上的黄色背景需要删除。单击"图片工具-格式"选项卡的"调整"组中的"删除背景"按钮(图 7-26),即可删除黄色背景。

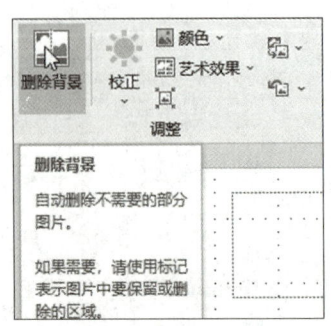

图 7-26　单击"删除背景"按钮

(9)调整"树叶"图片的大小,让它正好和屏幕网格上的最小方格大小一样,长度和宽度都为"2 厘米"。

(10)"树叶"图片要设置的动画效果是"进入"组中的"缩放",如果直接设置这个动画效果,则"树叶"将整体被放大,而此处需要的效果是树叶从根的位置慢慢放大。所以,把"树叶"图片旋转 45°,让"树叶"图片的根对正屏幕网格线交叉部分(图 7-27)。

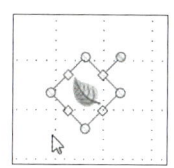

图 7-27　让"树叶"图片的根对正屏幕网格线交叉部分

(11)插入一个正方形,长度和宽度都为"4 厘米",设置形状填充为"无填充颜色",设置形状轮廓为"无轮廓"。

(12)将正方形和"树叶"图片放一起,位置如图 7-28 所示,然后将它们组合起来。

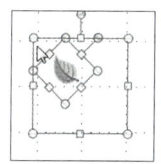

图 7-28　"树叶"图片与正方形组合

(13)如图 7-29 所示,将"树叶"图片放到"1"标明的位置。

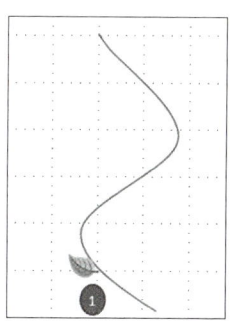

图 7-29　将"树叶"图片放到"1"标明的位置

(14)单击"动画"选项卡的"高级动画"组中的"添加动画"下拉按钮,在弹出的下拉列表中选择"进入"组中的"缩放"效果(图 7-30)。

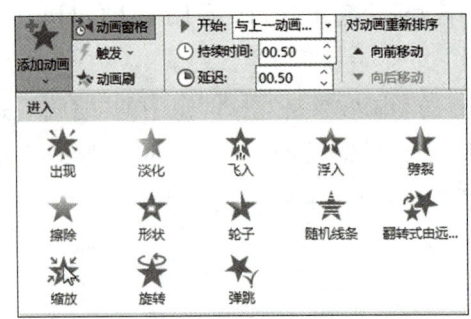

图 7-30　选择"缩放"效果

(15) 复制 5 个这样的"树叶"图片,依次将它们放到"2""3""4""5""6"数字标明的位置,然后将这些"树叶"图片旋转一定的角度,让"树叶"和"树枝"挨到一起(图 7-31)。

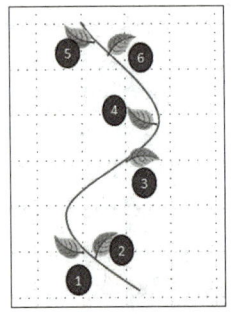

图 7-31　"树叶"图片位置

(16) 如图 7-32 所示,"动画窗格"窗格中的"组合 3"就是"树叶 1"图片的缩放动画,设置"开始"为"与上一动画同时","持续时间"为"00.50","延迟"为"00.50"。

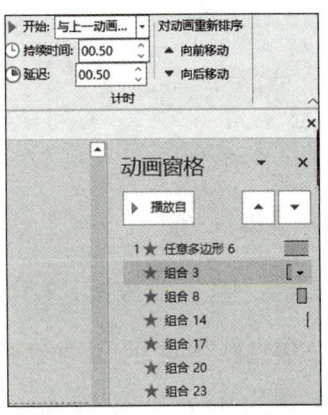

图 7-32　"树叶 1"图片动画

(17)"组合 8"就是"树叶 2"图片的缩放动画,设置"开始"为"与上一动画同时","持续时间"为"00.50","延迟"为"01.00"。

(18)"组合 14"就是"树叶 3"图片的缩放动画,设置"开始"为"与上一动画同时","持续时间"为"00.50","延迟"为"01.50"。

(19)依此类推,数字排在后面的"树叶"图片比前面一个的延迟增加"00.50",即"树叶4"图片的"延迟"设置为"02.00","树叶5"图片的"延迟"设置为"02.50","树叶6"图片的"延迟"设置为"03.00"。

项目 8

网络组建与 Internet 应用实训

实训 1　浏览器的使用

实训目标

知识目标

掌握浏览器的使用方法;学会使用搜索引擎;学会使用搜索引擎的更多选项。

技能目标

能够使用搜索引擎搜索信息。

实训任务

(1)使用浏览器打开百度网页,使用百度搜索"组装计算机 配件清单 5000 元"。
(2)使用百度搜索"五笔输入法"的教学视频。
(3)使用百度搜索 logo 图片。
(4)使用百度产品——百度翻译。

实训时数

2 小时

实训过程

操作 1　搜索"组装计算机 配件清单 5000 元"

（1）双击桌面 Internet Explorer 浏览器或 360 浏览器图标，启动浏览器。

（2）在浏览器窗口的地址栏中输入 www.baidu.com，然后按 Enter 键，即可打开百度首页。

（3）在搜索栏中输入用空格分隔的搜索关键字"组装计算机 配件清单 5000 元"，然后单击"百度一下"按钮，搜索结果如图 8-1 所示。

图 8-1　"组装计算机 配件清单 5000 元"的搜索结果

（4）在搜索出的条目列表中选择有价值的搜索结果，单击链接即可打开该网页，如图 8-1 所示。

图 8-2　选择搜索结果并打开链接

实训操作篇

操作 2　搜索"五笔输入法"教学视频

（1）在百度首页上单击"视频"选项，在搜索栏中输入"五笔输入法"，单击"百度一下"按钮，搜索结果如图 8-3 所示。

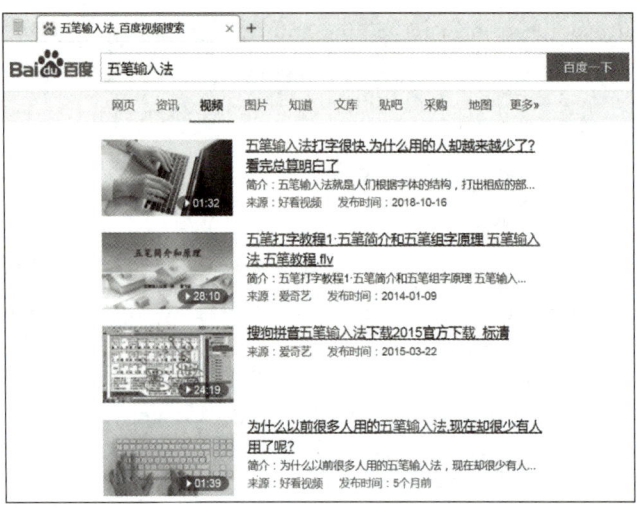

图 8-3　"五笔输入法"视频的搜索结果

（2）根据需要单击相关链接即可观看视频（图 8-4）。

图 8-4　观看视频

操作 3　搜索 logo 图片

（1）在百度首页单击"图片"选项，在搜索栏中输入"logo"，单击"百度一下"按钮，搜索结果如图 8-5 所示。

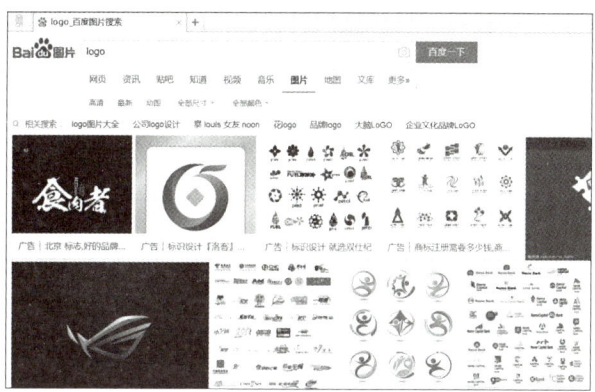

图 8-5　logo 图片的搜索结果

(2)单击任意一张图片,可以查看原始图片及访问出处(图 8-6)。

图 8-6　查看原始图片及访问出处

(3)在图片上右击,在弹出的快捷菜单(图 8-7)中选择相关选项,可以进行保存图片、复制图片等操作。

图 8-7　"图片"快捷菜单

操作 4　使用百度产品——百度翻译

(1) 在百度首页,将鼠标指针移到"更多产品",即可展开图 8-8 所示的下拉列表。下拉列表中只显示了部分百度产品,单击"全部产品"链接,就可以打开百度"产品大全"页面。

图 8-8　"更多产品"下拉列表

(2) 单击"百度翻译"图标,打开"百度翻译"页面,在文本框中输入英文单词或句子,单击"翻译"按钮,即可将英文翻译成中文(图 8-9)。除了默认的由英文翻译成中文外,还可以设置在不同语言之间进行翻译。

图 8-9　将英文翻译成中文

技能拓展

新力公司的小王准备在休年假期间去北京大学找在读研究生的同学相聚,小王计划选择早上始发中午前后到达的火车,到达北京后计划乘坐地铁去北京大学,请帮助小王查询并选择最合适的车次,并在 8684 公交查询网上查询最快捷的地铁换乘方式。

实训 2　双绞线的制作

实训目标

知识目标

熟知 RJ-45 网络连接器的线序；掌握用 5 类或超 5 类双绞线制作 RJ-45 网络连接器的方法；能够对 RJ-45 网络连接器进行连接测试，并能通过 RJ-45 网络连接器连接计算机和网络设备。

技能目标

理解直通线和交叉线的应用范围，熟练掌握直通线和交叉线的制作方法。

实训设备和器材

计算机、网络适配器（网卡）、交换机、网络测线仪、电缆剥线压线钳、5 类或超 5 类网线（双绞线）、水晶头。

实训任务

（1）分别制作 EIA/TIA-568B 标准和 EIA/TIA-568A 标准的双绞线。
（2）测试直通线和交叉线的连通性。
（3）完成双绞线与设备的连接。

实训时数

1 小时

实训过程

操作 1　认识网线制作材料与工具

RJ-45 网络连接器（水晶头）如图 8-10 所示，电缆剥线压线钳如图 8-11 所示，网络测线仪如图 8-12 所示。

视频讲解

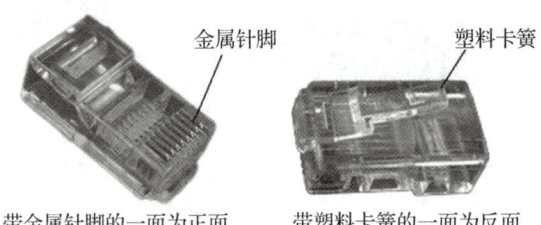

图 8-10　RJ-45 网络连接器头

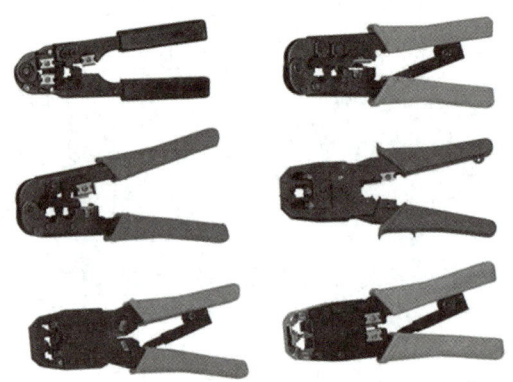

图 8-11　电缆剥线压线钳

图 8-12　网络测线仪

操作 2　排列线序

(1) 在不超过 100 m 的距离内连接计算机和网络，一般都使用 RJ-45 网络连接器。由于该连接器连接的设备不同，网络在水晶头中排列的顺序（线序）也不同。两端线序完全一致的线称为直通线（straight cable），直通线用于连接交换机与计算机；两端线序不一致的线称为交叉线（crossover cable），交叉线用于连接交换机与交换机、计算机与计算机。

视频讲解

(2) 直通线和交叉线的线序。

① 直通线的线序(计算机与交换机连接)。

1　2　3　4　5　6　7　8

A 端:橙白,橙,绿白,蓝,蓝白,绿,棕白,棕。

B 端:橙白,橙,绿白,蓝,蓝白,绿,棕白,棕。

② 交叉线的线序(双机互连)。

1　2　3　4　5　6　7　8

A 端:橙白,橙,绿白,蓝,蓝白,绿,棕白,棕。

B 端:绿白,绿,橙白,蓝,蓝白,橙,棕白,棕。

操作 3　网线处理

1. 剪断网线

用电缆剥线压线钳的剪线刀口剪取长度约为 3 m 的网线,注意要将线头剪整齐,使剪断口与线的长度方向垂直。

2. 除去护套

将线头放入剥线刀口,使刀口与线端的距离约为 1.5 cm,刀口略切进护套,转动线钳慢慢旋转一周,拿开线钳,轻折护套并将其除去。这样,护套内的双绞线就被暴露出来。为了更好地进行下一步操作,最好用剪线刀口剪断护套与绞线之间的抗拉丝。

3. 电缆排序

仔细观察护套内 8 根电缆的排列和颜色,它们分成四对相互绞在一起,成为四对双绞线,其颜色分别是橙白、橙、绿白、绿、蓝白、蓝、棕白、棕。特别是白色和其他颜色相间的电缆更应仔细观察,以免除去缠绕后乱序。在观察确认无误后,将四对绞线分别解除缠绕,将每一根电缆都捋直(图 8-13)。将捋直后的电缆按"操作 2"中的线序排列好并压平(不要重叠)。

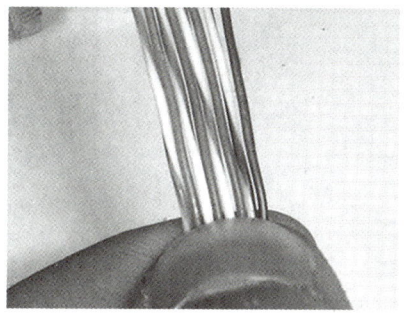

图 8-13　捋直电缆

4. 剪齐电缆

把排序完成的电缆的顶端剪齐,剪口与电缆保持垂直(图 8-14)。剪口与护套口之间的距离要适当,若太长,则水晶头不能压住护套,连接器的抗拉性差;若太短,则电缆的导线芯不能紧密地接触到水晶头顶端的卡针。

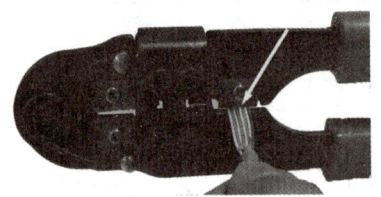

图 8-14 剪齐电缆

操作 4 连接水晶头与电缆

(1)往水晶头中插入电缆。如图 8-15 所示,一只手以拇指和中指捏住水晶头,使有塑料卡簧的一侧向下,针脚一方朝向远离自己的方向,并用食指抵住;另一只手捏住双绞线的护套与电缆的连接处,缓缓用力将八条电缆同时沿水晶头内的八个线槽插入,一直插到线槽的顶端。插入后压紧前,应观察两个关键地方:一是每一根电缆的导线芯是否都接触到水晶头顶端的卡针,二是护套是否进入水晶头的卡槽(水晶头的最窄处)。

(2)压制连接头。压制前仔细检查线序及接触情况,确认无误后,用压线钳将水晶头连网线从无牙的一侧推入压线钳夹槽,用力握紧线钳(可使用双手挤压),将伸在外面的针脚全部压入水晶头(图 8-16)。

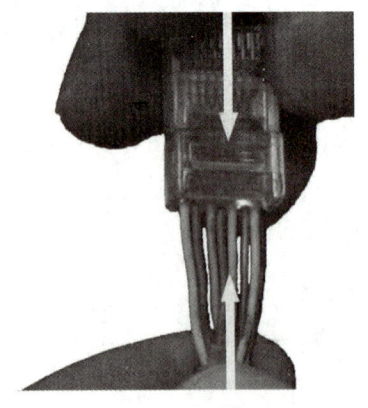

图 8-15 往水晶头中插入电缆

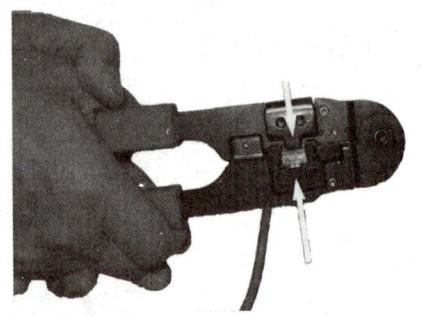

图 8-16 压制连接头

(3)至此,RJ-45 网络连接器的一端已经制作完成(图 8-17)。按同样的方法,重复上述步骤,制作完成连接器的另一端。制作完成的电缆如图 8-18 所示。

项目 8　网络组建与 Internet 应用实训

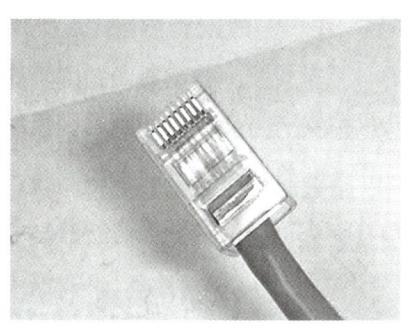 

图 8-17　制作完成的 RJ-45 网络连接器的一端　　　　图 8-18　制作完成的电缆

操作 5　连通性测试

(1)如图 8-19 所示,将连接器分别插入测试器的接口内,打开发送端电源,发送端将通过电缆按顺序发送信号,接收端接收到信号后,指示灯将顺序亮起。制作无误的连接器发送端和接收端的指示灯是顺序且同步动作的。如果出现跳过或有的指示灯没有动作,则表明测试的连接器存在问题。

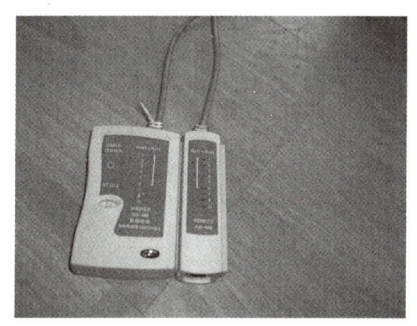

图 8-19　线缆测试

(2)对于存在问题的连接器,应该重新制作。在重新制作之前应仔细观察可能是哪一端出现了问题,出现频率比较高的现象有两个:一是线序错误,二是电缆导线芯与水晶头卡针接触不良。找到瑕疵端后(甚至两端都存在瑕疵),将水晶头剪掉,重复上述操作 3、操作 4 步骤,直到成功为止。

操作 6　连接计算机与设备

将通过测试的连接器一端连接到计算机的网络适配器上,另一端连接到网络交换机上,观察网络适配器和网络交换机或集线器的工作状态,并通过计算机进一步进行与网络相关的操作。

实训操作篇

技能拓展

Windows 操作系统含有多种网络命令,利用这些网络命令可以对网络进行简单的操作,了解 ping、ipconfig、tracert 等常见的网络命令的使用方法,并进行简单的操作。

实训 3　打印机共享

实训目标

知识目标

理解共享打印机使用的安装原理及设置过程。

技能目标

能熟练进行本地打印机和网络打印机的安装,并完成打印机的共享设置,实现异地网络打印功能。

实训设备和器材

计算机、打印机。

实训任务

(1)安装并共享本地打印机。
(2)安装网络打印机。
(3)完成打印机的基本设置。

实训时数

1 小时

实训过程

操作 1　安装并共享本地打印机

视频讲解

(1)执行"开始"→"设备和打印机"命令或在"控制面板"中选择"设备和打印机",均可打开"设备和打印机"窗口(图 8-20)。单击"添加打印机"按钮,可打开"添加打印机"对话框(图 8-21)。

项目 8　网络组建与 Internet 应用实训

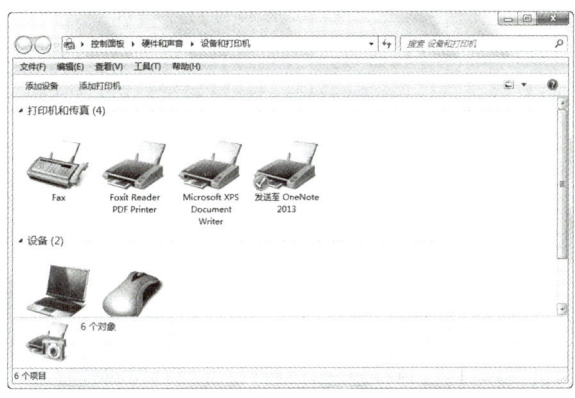

图 8-20　"设备和打印机"窗口

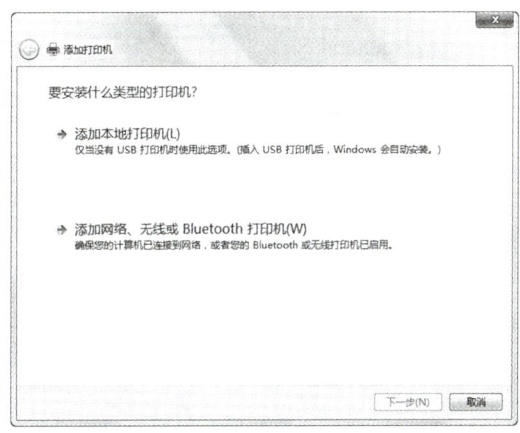

图 8-21　"添加打印机"对话框

(2)选择"添加本地打印机",单击"下一步"按钮,打开"选择打印机端口"界面(图 8-22)。在"选择打印机端口"界面中,可以为打印机选择一种端口,系统为用户提供了许多打印端口,一般选择"LPT1:(打印机端口)",目前比较常用的还有 USB 端口。

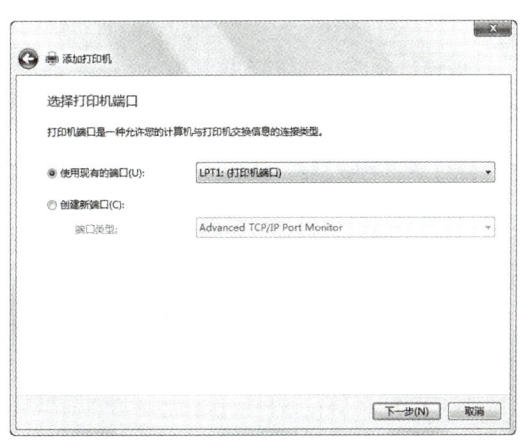

图 8-22　"选择打印机端口"界面

(3)单击"下一步"按钮,打开"安装打印机驱动程序"界面(图8-23),在"厂商"列表框中选择所安装打印机的生产厂商,在"打印机"列表框中选择打印机的型号。如果有安装光盘,可单击"从磁盘安装"按钮,选择驱动程序文件来源后单击"确定"按钮,进行磁盘安装。

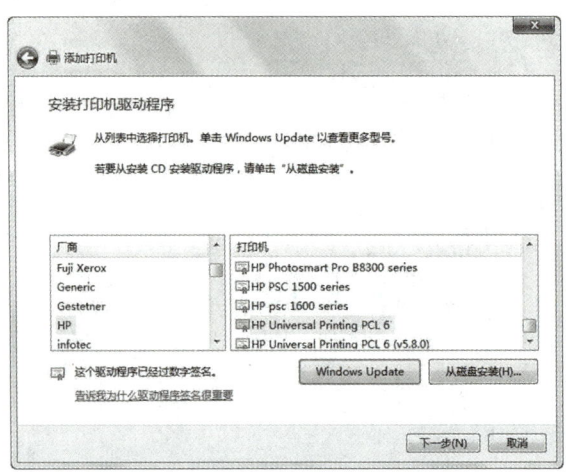

图8-23 "安装打印机驱动程序"界面

(4)单击"下一步"按钮,打开"键入打印机名称"界面(图8-24),系统会给出一个默认的打印机名称,用户也可以自行设置打印机名称。

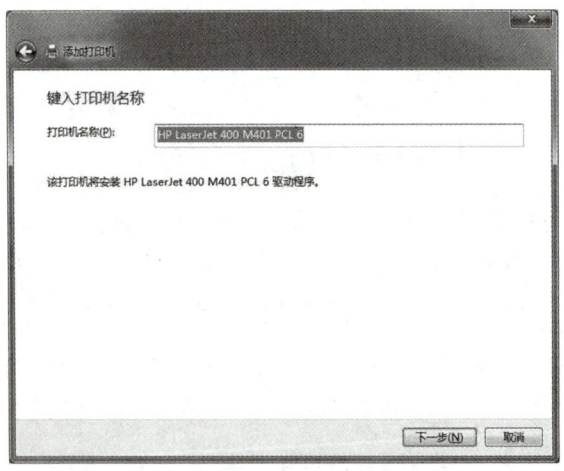

图8-24 "键入打印机名称"界面

(5)单击"下一步"按钮,打开"打印机共享"界面(图8-25)。如果要使这台打印机为共享打印机,则选中"共享此打印机以便网络中的其他用户可以找到并使用它"单选按钮,并在"共享名称"文本框中输入一个共享名。如果选中"不共享这台打印机"单选按钮,则这台打印机将不能被网络上的其他用户使用。

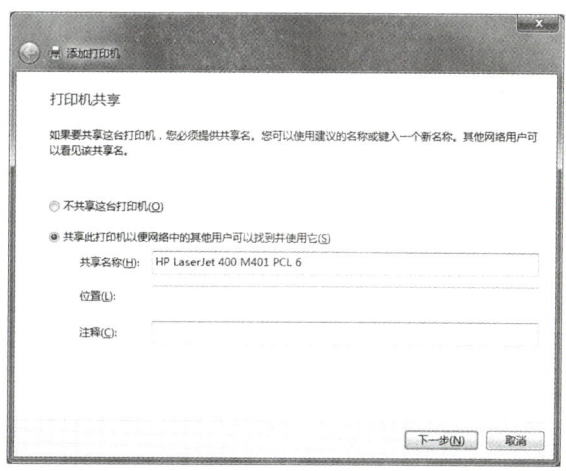

图 8-25 "打印机共享"界面

(6)单击"下一步"按钮,打开"您已经成功添加 HP LaserJet M401 PCL 6"界面(图 8-26),如果选中"设置为默认打印机"复选框,则可将所安装的打印机设置为默认打印机;如果单击"打印测试页"按钮,可以通过打印来测试所安装的打印机是否能够完成正常的打印。

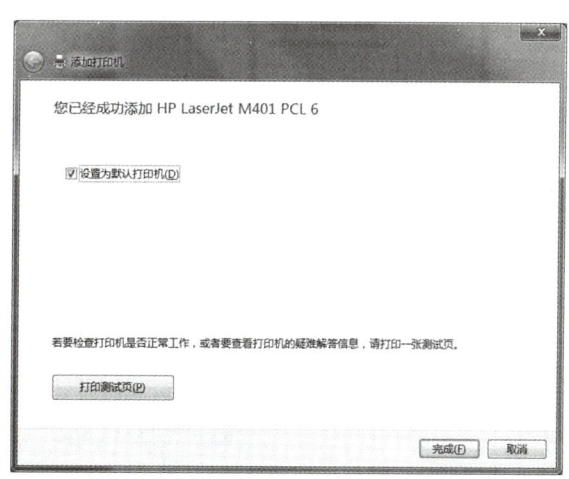

图 8-26 "您已经成功添加 HP LaserJet M401 PCL 6"界面

操作 2　安装网络打印机

安装网络打印机的步骤如下:

(1)选择另一台计算机,但该计算机必须与安装本地打印机的计算机处于同一个网络中。在图 8-21 所示的"添加打印机"对话框中选择"添加网络、无线或 Bluetooth 打印机",打开"按名称或 TCP/IP 地址查找打印机"界面(图 8-27)。若选中"浏览打印机"单选按钮,则可以浏览网络中所有共享的打印机,找到要共享的打印机;当知道共享网络打印机的具体路径和名称时,若选中"按名称选择共享打印机"单选按钮,则需要在文本框中输入共享网络打印机的具体路径和名称,如\\sxjy\HPLase 或\\192.168.19.95\HP LaserJet 400 M401 PCL 6;若选中"使用 TCP/IP 地址或主机名添加打印机"单选按钮,则需要输入可用的 IP 地址或主机名。

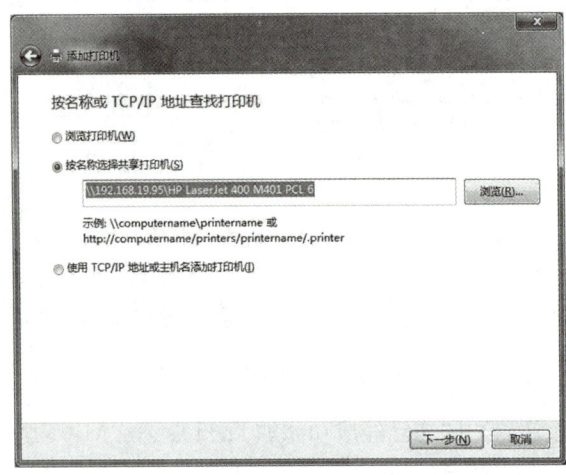

图 8-27 "按名称或 TCP/IP 地址查找打印机"界面

(2)单击"下一步"按钮,开始网络打印机的安装。安装完成后,给网络打印机命名后(图 8-28)就可进行打印了。在本地计算机上配置完成一台网络打印机后,网络打印机的图标将出现在"设备和打印机"窗口中。此时,用户可以通过本机方便地进行打印。网络打印机的用法和本地打印机相同,前提是连接本地打印机的计算机处于开启状态。

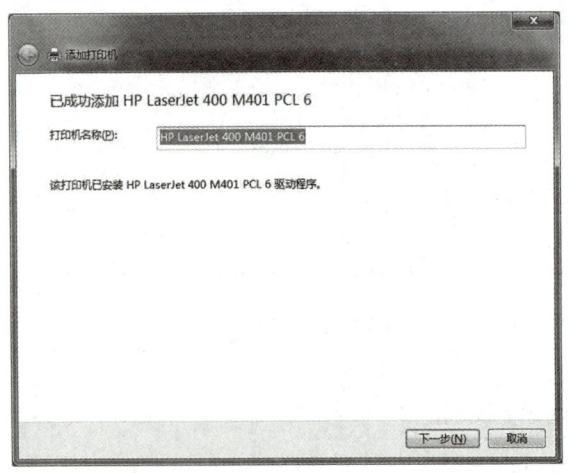

图 8-28 设置网络打印机名称

操作 3 打印机的基本设置

(1)打开要打印的文档,执行"打印"命令,打开"打印"对话框(图 8-29),在该对话框中可以对"页面范围""打印内容""份数"等属性进行设置。

项目 8　网络组建与 Internet 应用实训

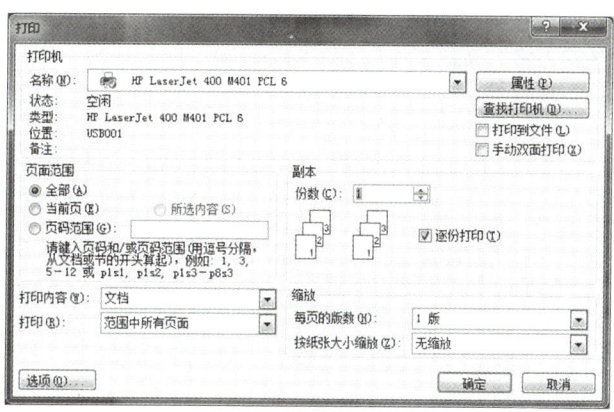

图 8-29　"打印"对话框

(2)如果还需进行更为详细的设置,可单击"属性"按钮,在弹出的属性对话框中对打印机进行更为详尽的设置(图 8-30)。

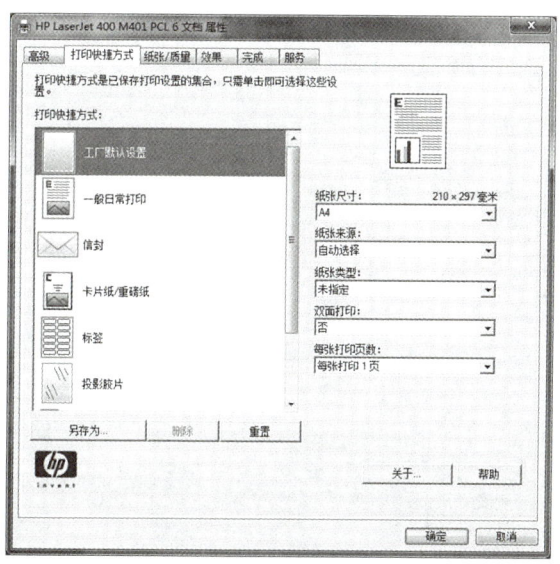

图 8-30　打印机的属性设置

技能拓展

电子发票和普通发票都是被国家税务总局认可的,具有法律效力。随着现代科技的发展,越来越多的商家采用电子发票,但我们在报销时仍然要将其打印出来。商家的电子发票一般是通过电子邮箱发送给客户的,客户收到后该如何打印呢？